汇聚未来

国家会展中心（天津）

智慧建造创新实践

亓立刚　隋杰明　刘飞　主编

中国建筑工业出版社

图书在版编目（CIP）数据

汇聚未来：国家会展中心（天津）智慧建造创新实践 / 亓立刚，隋杰明，刘飞主编.—北京：中国建筑工业出版社，2023.8
ISBN 978-7-112-28869-4

Ⅰ.①汇… Ⅱ.①亓…②隋…③刘… Ⅲ.①会堂—工程项目管理—介绍—天津 Ⅳ.①TU242.1

中国国家版本馆CIP数据核字（2023）第117107号

本书全面介绍了国家会展中心（天津）建造过程中的创新技术。全书共分为5篇，第1篇国家会展中心（天津）工程概况介绍了项目背景、建筑概况、工程概况。第2篇施工方案优选及深化设计介绍了地基基础施工方案优选、主体结构施工方案优选、全专业深化设计管理、幕墙施工方案优选、屋面施工方案优选、装饰装修施工方案优选、机电工程方案优选、室外工程施工方案优选。第3篇大型会展智能建造技术介绍了主体结构智能建造技术、钢结构智能建造技术、机电安装智能建造技术、幕墙工程智能建造技术、屋面工程智能建造技术、多专业协同的创新管理模式。第4篇大型会展创新施工技术介绍了地基基础工程创新施工技术、钢结构工程创新施工技术、外围护结构创新施工技术、机电工程创新施工技术、装饰工程创新施工技术、大型会展施工测量关键技术。第5篇大型会展绿色智慧施工技术介绍了大型会展施工资源节约技术、大型会展施工环境保护技术、GIS+BIM+AI智慧运维技术、施工装配式关键技术。本书内容全面、翔实，可供相关项目技术管理人员参考使用。

注：本书未注明单位的，长度单位均为"mm"，标高单位均为"m"。

责任编辑：徐仲莉　王砾瑶
责任校对：芦欣甜

汇聚未来

国家会展中心（天津）智慧建造创新实践

亓立刚　隋杰明　刘飞　主编

*

中国建筑工业出版社出版、发行（北京海淀三里河路9号）
各地新华书店、建筑书店经销
北京点击世代文化传媒有限公司制版
北京富诚彩色印刷有限公司印刷

*

开本：880毫米×1230毫米　1/16　印张：20¾　字数：544千字
2023年11月第一版　2023年11月第一次印刷
定价：**395.00**元
ISBN 978-7-112-28869-4
（41285）

编审委员会

编写组

前　言

随着城市经济结构的不断演进和升级优化，会展业已成为衡量一个城市开放度、城市活力和发展潜力的重要标志之一。现代会展类建筑具有工程体量大、系统功能全、后期运维难、绿建要求高等特点，需从设计、施工、运维全建设周期进行统筹策划，以满足建设功能需求。

国家会展中心（天津）毗邻海河，是贯彻落实习近平总书记对天津工作"三个着力"重要要求和京津冀协同发展战略的标志性工程，继上海、广州之后，商务部与天津市政府共同打造的第三个国家级会展中心，是京津冀协同发展战略的标志性工程，是优化国家会展业发展战略布局、承接北京非首都功能疏解、打造全球会展新高地的重要平台。项目建成后，将与国家会展中心（上海）（2014年建成）、广交会展馆（2022年建成）三驾齐驱，一北一中一南，纵向引领中国会展向前发展，必将对世界会展业格局产生深远影响。

项目由中国建筑科学研究院与德国GMP公司联合设计，以"会展结合，以会带展，以展促会；重工业题材与轻工业题材结合，轻重协调发展；货物贸易与服务贸易结合，打造高端服务业新引擎"为发展模式，立足环渤海、辐射东北亚、面向全世界，成为具有持续领先能力的国际一流会展综合体，项目致力于打造中国最好用的超大型展馆，成为承接国家级、国际化会议和展览的最佳场地。

国家会展中心（天津）项目为特大型展览建筑，项目总建筑面积共计138万 m²，其中展馆107万 m²，配套区31万 m²，施工占地约150万 m²，由展馆区、中央大厅、人防地下室、连廊及综合配套区组成。该项目共分两期建造，从2019年的一整片池塘洼地到拔地而起的138万 m² 展览中心及会议中心，经过团队紧锣密鼓地推进，项目拔地而起，造就了北方璀璨的展馆区、天津的又一个新地标。

截至2022年4月，经过3年艰苦鏖战，团队出色地完成项目一期建设，并且已配合国家完成一期项目16个展馆的"三会一展"活动。而二期项目已完成主体验收工作，顺利进入机电、装饰装修及室外工程全面施工阶段。项目履约得到政府、业主单位及相关方的高度认可。

整个项目建设期困难重重，秉承中建八局"铁军文化"、项目"合一精神"，顺利交竣工，完成首期三会一展。"天津市首个项目获批复工"到"现场全面复工生产"，每个阶段都打造了天津市标杆，其中新华社2021年3月6日关于项目全面复工的报道两日点击量超过122万次，为项目营造了良好的社会效益。

项目以"工程总承包管理"理念管理施工总承包项目，积极开展全员"五大能力"的提升，加强"四推进一考核""三全管理"，以集成化设计、协同化采购、模块化施工的管控思想实施总承包照管与服务，全面推行集成平行信息化总承包管理，充分发挥专业化管理优势和丰富的总承包管理经验，在实现项目进度、质量、安全、成本、文明施工控制目标时，最大限度地追求"和谐共赢、低碳环保和可持续发展"。

"三全"BIM 助推智能建造，通过实施 BIM 技术"全员、全专业、全过程"的管理方法及 C8BIM+ 智慧工地相互配合的平台管理举措，建立项目特有的"3+2"管理模式。采用 BIM+4D 工期施工模拟技术，对工程施工进行全过程模拟，结合 C8BIM 平台应用，以确保现场有效实施，构建智慧工地管理平台，10 大板块、近 50 项功能协助工程智慧化管控。同时制定运维模型交付标准，并将所有国展建设项目纳入同一体系，确保平台信息的统一性。

技术创新破解建造难题。坚持创新自主研发，形成 20 余项关键技术。本项目以国家会展中心（天津）为载体，研发泥浆原位固化再利用技术、单立柱空间折线大悬挑树形柱施工技术、"海鸥"式四弦凹形桁架大跨钢结构施工技术、超大面积多功能复杂造型外围护结构施工技术，解决泥浆排放、树形大悬挑钢结构施工、大跨度海鸥桁架施工、大体量复杂外围护结构施工等施工难题，形成各专业单项技术成果，最终形成国家级特大型展览建筑综合施工技术，成果整体技术达到国际先进水平，部分技术达到国际领先水平。

匠心营造过程精品。采用人力、机械、材料、方法、环境工程质量管理方法，以"质量管理标准化、信息化"为抓手。精心组织质量创优策划、细化创优 BIM 模型，统一细部节点做法，确定施工合理工序，实现全专业协同创优。精益施工、严控过程，企业样板引路、实测实量，确保结构、钢结构、机电、幕墙等质量一次成优，筑造过程精品。

精细化管理实现过程安全。坚持"全员安全"管理的理念，按"五落实、五到位"、十项"零容忍"的要求。高标准执行安全防护，现场每日开展消防巡查，确保施工防护和消防安全。每日公示现场临边和危险作业内容，开展可视化安全检查和验收，实行网格化分包分区责任管理，确保安全管理全覆盖。

全面策划实现本质绿色。以绿色建筑二星和 LEED 金级认证为目标，精心策划，着力打造实体绿色、本质绿色。通过灌注桩后注浆技术、销键型脚手架及支撑架、钢结构深化设计与物联网应用技术、钢结构智能测量技术、虚拟样板展示技术、地铁及基坑监测技术、ALC 预制条板墙技术、混凝土地面一次成型技术、基于物联网的劳务管理信息技术等创新技术，实现高效建造。本项目累计实施绿色施工技术 114 项。

科技创新赢得丰硕成果。国展团队形成的科技成果获得科学技术奖 1 项，授权发明专利 18 项、实用新型专利 24 项、软件著作权 2 项，获得省部级以上工法 5 项，发表核心期刊论文 26 篇。囊括了 AEC 全球大奖、"创新杯"特等成果、"优路杯"金奖、2021 年度中国钢结构金奖杰出工程大奖、2022 年詹天佑铁道科学技术奖绿色建造技术专项奖一等奖、2020 年 ISA 国际安全奖等。

与政府、业主、监理、分包、高校等单位开展党建联建活动，以党建促生产，推动项目建设高效运行。联合各级单位开展了"不忘初心、牢记使命"主题教育、庆祝新中国成立 70 周年音乐会等多项活动，获得国家级荣誉 1 项，省部级荣誉 1 项，局级荣誉 1 项，布置了天津市 3 年来首个质量安全观摩工地。

党建联动打造精英团队。项目建设初期，公司领导将本项目定位为全公司头号重点工程，一、二期设立综合党支部。抽调 300 余名精英组建项目共同管理团队，并由各分公司派优秀技术骨干到项目轮流挂职锻炼。邀请国内行业专家组建会展类建造顾问委员会，为项目成功建设保驾护航。开展项目每周一讲、导师带徒、员工轮岗锻炼、先进个人评选和全员绩效考核，凝聚项目团队的向心力和战斗力。通过标准化实施，培养了多支展馆类工程施工管理团队，同时为公司输送了多位领导型、科技型人才。

本项目的成功实施，感谢各级主管单位、社会各界及领导的关心和支持，感谢各参建单位的鼎力支持和协作，也感谢国展整个团队全心全意、夜以继日地奋战在施工一线。

本书内容无法全面覆盖会展整体技术，同时限于专业水平，不当之处在所难免，还望广大读者批评指正，愿共勉之。对于书中的问题，读者可发邮件至 GJHZ2GY@vip.163.com。

目 录

第1篇　国家会展中心（天津）工程概况　001

　　第1章　项目背景　002
　　第2章　建筑概况　004
　　第3章　工程概况　007
　　　　3.1　建筑设计概况　007
　　　　3.2　结构设计概况　008
　　　　3.3　机电设计概况　008
　　　　3.4　幕墙设计概况　011
　　　　3.5　屋面设计概况　012
　　　　3.6　装修设计概况　013
　　　　3.7　室外工程设计概况　016
　　　　3.8　智能化设计概况　016
　　　　3.9　工程重点难点分析　018

第2篇　施工方案优选及深化设计　021

　　第4章　地基基础施工方案优选　022
　　　　4.1　大体量桩基施工方案　022
　　　　4.2　基坑及承台方案　024
　　第5章　主体结构施工方案优选　028
　　　　5.1　条板墙施工方案　028
　　　　5.2　管沟施工方案　031
　　　　5.3　大跨度桁架施工方案　033
　　　　5.4　大跨度人行天桥施工方案　034
　　　　5.5　伞柱施工方案　035

5.6 劲性柱施工方案 037

5.7 近地铁施工专项方案 039

第 6 章 全专业深化设计管理 042

6.1 总承包深化设计组织架构 042

6.2 设计管理难点 042

6.3 建筑设计要点 043

6.4 本工程结构设计管理 047

第 7 章 幕墙施工方案优选 056

7.1 轨道式升降平台及吊架系统幕墙施工方案 056

7.2 幕墙龙骨整体吊装方案 060

7.3 超高单片桁架式幕墙施工方案 060

第 8 章 屋面施工方案优选 068

8.1 超大面积金属屋面施工方案 068

8.2 细部节点施工方案 072

第 9 章 装饰装修施工方案优选 074

9.1 固化耐磨地面施工方案 074

9.2 埃特板施工方案 080

9.3 室内装饰装修深化与施工技术 087

9.4 金属拉伸网施工方案 088

9.5 石材地面施工方案 091

第 10 章 机电工程方案优选 097

10.1 电气施工方案 097

10.2 给水排水及供暖施工方案 115

10.3 通风空调施工方案 130

第 11 章 室外工程施工方案优选 163

11.1 混凝土路面施工方案 163

11.2 石材铺装施工方案 167

11.3 景观绿化施工方案 171

第 3 篇 大型会展智能建造技术 173

第 12 章 主体结构智能建造技术 174

12.1 基于不同阶段的 BIM 场地布置规划 174

12.2 人字柱柱脚复杂节点预埋钢筋精细化管理 176

12.3 人防工程人防门扇开启安全距离空间协调 177

第13章 钢结构智能建造技术 180

    13.1 基于 BIM 技术大跨度 V 形桁架方案比选 180

    13.2 伞柱自平衡体系有限元分析技术 183

    13.3 三维激光扫描点云模型复核现场质量偏差 185

    13.4 大跨度人行天桥道路导行方案及分段吊装工序 186

    13.5 钢结构的深化设计 187

    13.6 V 架支撑体系及卸载工艺 189

    13.7 自动焊接机器人的设计 191

第14章 机电安装智能建造技术 194

    14.1 BIM 技术在大型项目管廊中的机电管线综合排布及支架计算的应用 194

    14.2 BIM 运维在大型项目中的应用落地 196

第15章 幕墙工程智能建造技术 197

第16章 屋面工程智能建造技术 199

第17章 多专业协同的创新管理模式 202

    17.1 "2+3" 管理模式 202

    17.2 基于云平台的孪生项目信息共享 204

第4篇 大型会展创新施工技术   211

第18章 地基基础工程创新施工技术 212

    18.1 泥浆固化改良再利用施工技术 212

    18.2 近地铁施工水位监测回灌智能控制技术 215

    18.3 海河故道地层被动式降水土方开挖施工技术 217

第19章 钢结构工程创新施工技术 218

    19.1 空间受限下大跨度钢结构整体提升技术 218

    19.2 复杂工况超重异形人行天桥施工技术 224

    19.3 装配式单立柱空间折线大悬挑树形柱施工技术 238

    19.4 "海鸥" 式四弦凹形桁架大跨钢结构施工技术 247

    19.5 复杂钢结构节点深化设计技术 252

    19.6 超大跨度平面桁架施工技术 255

第20章 外围护结构创新施工技术 257

    20.1 异形折边式装配幕墙施工技术 257

    20.2 单立柱桁架式装配幕墙施工技术 258

    20.3 中空式吊挂底板金属屋面保温系统施工技术 261

第21章 机电工程创新施工技术 267

　　21.1　结构楼板高强地板辐射供暖管道施工技术 267

　　21.2　机电安装在大型会展中的高效建造技术 270

　　21.3　异形支架"梅花桩"成排管线施工技术 273

　　21.4　地源热泵高效车载式泥浆转运施工技术 275

　　21.5　高强度地埋灯施工技术 276

　　21.6　绿建三星机电技术在国家会展的应用 283

第 22 章　装饰工程创新施工技术 289

　　22.1　装配式墙面装饰施工技术 289

　　22.2　多功能装配一体化智慧中心 291

第 23 章　大型会展施工测量关键技术 295

　　23.1　单基站 RTK 平面控制网引测施工技术 295

　　23.2　桁架拼装测量控制技术 297

　　23.3　单立柱空间折线大悬挑树形柱施工测量技术 301

　　23.4　超大面积展馆混凝土地面实时测控技术 304

第 5 篇　大型会展绿色智慧施工技术　　　　　　　　　　　　　　　　　**309**

第 24 章　大型会展施工资源节约技术 310

第 25 章　大型会展施工环境保护技术 314

第 26 章　GIS+BIM+AI 智慧运维技术 316

第 27 章　施工装配式关键技术 319

　　27.1　超大悬挑无支撑树形结构自平衡安装施工技术 319

　　27.2　"海鸥"式大跨度预应力四弦凹形桁架钢结构施工技术 319

后　记 **321**

第1篇
国家会展中心（天津）工程概况

第1章 项目背景

国家会展中心（天津）由商务部和天津市政府合作共建，是贯彻落实习近平总书记对天津工作"三个着力"重要要求和京津冀协同发展战略的标志性工程，是优化国家会展业发展战略布局、承接北京非首都功能疏解、辐射"三北"地区、打造全球会展新高地的重要平台。

项目北临城市天然轴线的海河，东至卫津河，南至天津大道，西至宁静高速。展馆周边交通发达，距首都国际机场约 134km、北京大兴国际机场约 99km、天津滨海国际机场约 10km、天津港约 20km、高铁站约 15km，多条高速和各等级公路交汇于此，天津地铁一号线直达展馆，国家会展中心站及国瑞路站 2019 年底已正式开通，客商自北京可快速便捷到达展馆。未来，北京大兴国际机场至天津西站将建联络线，津雄高铁也将在津南区设站。2020 年京津冀核心区 1 小时交通圈、相邻城市间 1.5 小时交通圈基本形成。完善的海陆空、轨四维立体交通网络使天津成为辐射北方地区和国际的重要枢纽。

项目以"会展结合，以会带展，以展促会，将重工业题材与轻工业题材结合，轻重协调发展；货物贸易与服务贸易结合，打造高端服务业新引擎"为发展模式，立足环渤海、辐射东北亚、面向全世界，成为具有持续领先能力的国际一流会展综合体。项目致力于打造中国最好用的超大型展馆，成为承接国家级、国际化会议和展览的最佳场地。

推动京津冀协同发展，是以习近平同志为核心的党中央作出的重大决策，项目将紧紧围绕承接北京非首都功能疏解这一核心任务，立足天津市"一基地三区"功能定位，顺应国际会展业务发展的新趋势、新要求，在深入推动供给侧结构性改革、加快构建开放型经济新体制过程中发挥重要平台的作用。

项目体量庞大、造型规整，集展览、会议、商业、办公、酒店功能于一体。总建筑面积约 134 万 m²，其中室内展览面积约 40 万 m²，室外展览面积约 15 万 m²，为中国展览面积最大、使用体验最佳的会展综合体。项目分两期建设，一期工程总建筑面积约 80 万 m²，室内展览面积约 20 万 m²，总停车位共 5000 余个。

采用国际标准精心设计。以简洁的十字轴心动线串联，单层无柱结构设计和开阔的室外展场能够满足举办重型题材展览及相关活动的需求。项目整体布局如下：西侧为高 24m 单层展馆，东侧配备充足的商业配套。

国家会展中心（天津）"以人为本"，抬高的中央连廊为客商提供多样化的需求，方便客商在各展厅间风雨无阻自由穿行；每个展厅有 4 组大型平开门（宽 6m，高 6.6～7.7m），可供货车直接通行，周边设有大型货车轮候区，直接与内部环线系统相连；内部物流通道连通各展厅，实现客货分流。

　　运用 5G、大数据等行业顶尖先进技术，致力于打造全球顶级智慧展馆，为国内外客商提供符合实际需求的一站式智能化服务。不断完善以客户为中心的服务体系、提升智能化服务水平、打造智慧会展新平台。

第 2 章 建筑概况

国家会展中心（天津）项目为特大型展览建筑，以海鸥振翅高飞的钢桁架及超大悬挑树形柱阵列组合构建宏大布展空间，具有造型奇、体量大、工期紧、标准高等大型会展建筑特点。建设注重功能与艺术的融合，建筑设计上采用大跨度、造型迥异、空间曲美、不规则的钢结构建筑结构形式，"海鸥"式四弦凹形桁架、单立柱空间折线大悬挑树形柱等均采用工业风设计理念，以结构构件本身原始不加装饰的姿态来展现建筑结构美，如图 2-1 ~ 图 2-7 所示。

图 2-1　国家会展中心（天津）总体效果图

图 2-2　国家会展中心（天津）中央大厅效果图

图 2-3 国家会展中心（天津）夜景图

图 2-4 国家会展中心（天津）展厅效果图（1）

图 2-5 国家会展中心（天津）展厅效果图（2）

图 2-6 国家会展中心（天津）东入口大厅

图 2-7 国家会展中心（天津）国家会议中心

第3章 工程概况

3.1 建筑设计概况

建筑设计概况详见表 3.1-1。

表 3.1-1

建筑设计概况

序号	项目	内容			
1	综述	国家会展中心（天津）位于天津市津南区咸水沽镇，项目总建筑面积 1073508m²，其中地上总建筑面积 798888m²，地下建筑面积（包含人防工程）为 274620m²。建筑集展览、会议、商业、办公、酒店功能于一体			
2	建筑功能	本工程分为六大功能区：功能 1 区为地下车库、人防及机房，功能 2 区为展览区（2 个中央大厅、32 个展厅），功能 3 区为会议区（中央大厅、交通连廊二层东侧、多功能展厅），功能 4 区为餐饮区（交通连廊二层西侧），功能 5 区为设备机房（交通连廊三层），功能 6 区为供能区（能源站）			
3	建筑特点	本工程建筑整体外檐造型为海鸥展翅，自由翱翔；32 把巨型树形伞柱，高大庄严。以独特的建筑构图、优雅的建筑比例、清晰有序的线条，塑造稳重大气、气质高贵的建筑形象。 展馆区地下 1 层，地上 3 层，中央大厅建筑高度为 33.9m，展厅及交通连廊建筑高度为 23.9m，能源站建筑高度为 9.0m。 本工程以简洁的十字轴心动线串联，单层无柱结构设计和开阔的室外展场可满足举办重型题材展览及相关活动的需求			
4	建筑面积	总建筑面积	一期 1073508m²		
		地上建筑面积	一期 798888m²		
		地下建筑面积	一期 274620m²		
5	建筑层数	地下	中央大厅地下 1 层		
		地上	展厅地上 1 层，中央大厅地上 2 层，交通连廊地上 3 层，能源站地上 1 层		
6	建筑层高	地下	中央大厅地下 1 层 6m，地铁通道地下 1 层 7m		
		地上	展厅	交通连廊	中央大厅	能源站
			23.9m	23.9m	33.9m	9.0m
7	建筑高度	基底	±0.000 绝对标高	室内外高差	建筑高度（顶）标高
		-11.519m	3.8m	0.000m	33.9m
8	外装修	屋盖	金属屋面，地砖上人屋面		
		外墙	玻璃幕墙、铝板幕墙、涂料幕墙		

续表

序号	项目		内容
9	室内装修	顶棚工程	金属拉伸网吊顶、石膏板吊顶、矿棉装饰板吊顶、乳胶漆顶棚、金属格栅顶棚
		楼、地面工程	高强耐磨混凝土地面、花岗石石材地面、防静电架空活动地板、防滑陶瓷地砖地面、水泥自流平地面、地毯地面
		内墙装修	穿孔埃特板装饰墙面、干挂石材板墙、涂料墙面、釉面砖防水墙面、矿棉装饰吸声板墙、白色铝板装饰墙面、无机阻燃布装饰墙面
		门窗工程	钢质玻璃门、大象门、玻璃幕墙门、铝板幕墙门、钢质防火门、自动排烟窗、防火玻璃、防火卷帘门、电动遮阳帘
10	防水	底板及地下室外墙	钢筋混凝土自防水和高分子反应粘交叉膜防水卷材
		外墙、屋面	幕墙、金属屋面为 TPO 防水卷材、混凝土屋面为高分子反应粘交叉膜防水卷材

3.2 结构设计概况

1. 中央大厅

中央大厅屋盖是树状钢柱支撑的大跨钢结构，柱距 36m 或 39m，结构总高 32.8m，屋面总尺寸 141.3m×285.3m。中央大厅内部附属房间及两侧连桥均与屋盖钢结构脱开，采用钢框架结构。

2. 展厅

展厅屋盖为单层大跨钢结构，每个展厅总长度 186m，跨度约为 84m，屋面结构高度 23.28m，每两个展厅合并为一个屋面结构单元，每个屋面结构单元总尺寸为 186.36m×159.7m，采用钢柱及钢桁架的结构体系。展厅内部附属房间均与屋盖钢结构脱开，采用钢框架或者钢框架 + 中心支撑结构。

3. 交通廊

连接各展厅的交通廊屋顶为大跨钢结构，屋面结构高度 23.28m，每个屋面结构单元总尺寸为 186.36m×73.9m，采用与展厅外观一致的钢柱及钢桁架的结构体系。内部附属房间采用钢框架结构，屋盖钢结构局部柱子落于框架柱顶。

4. 东入口大厅

东入口大厅为大跨钢结构，屋面结构高度为 23.28m，内部附属房间采用钢框架结构。

5. 钢筋混凝土结构

垃圾站采用钢框架结构，单层，高 5.5m。中央大厅地下室，深 6～7m，采用钢筋混凝土框架结构体系，地上钢结构柱在地下为型钢混凝土柱，落至基础。东入口大厅地下室，深度 2.19m、5.70m，采用钢筋混凝土框架结构体系，地上钢结构柱在地下为型钢混凝土柱，落至基础。

3.3 机电设计概况

机电设计概况见表 3.3-1。

机电设计概况　　　　　　　　　　　　　　　　　表 3.3-1

专业名称	系统名称	概述
电气工程	变配电系统	本工程在轮候区设置一座 110kV/10kV 变电站，为一、二期展馆区提供 10kV 供电电源；110kV/10kV 变电站自市政引接两路 110kV 电源，两路 110kV 电源分别引自上级两个不同的 220kV 变电站，当其中一路电源故障时，另一路电源不应受到损坏，具有 100% 的供电能力。 在二期展馆主体建筑内设置 13 座 10kV 变电所，其中地下设置 M1～M3 变电所（兼区域 10kV 配电中心）、S9 变电所，地上设置 S1～S8 变电所，室外展场北侧（临海河）设置 4 座箱式变电站，分别为 X1～X4，新增人防空间内设置 1 座 S10 变电所。 M1～M3 变电所 10kV 电源均引自 110kV/10kV 变电站，其中 M1、M2 分别引入 4 路，M3 引入 2 路
	应急柴油发电机系统	本工程设置应急柴油发电机组作为应急备用电源，服务平时保障性负荷和消防状态负荷。在东、西展区中间部位设置应急柴油发电机房，东、西展区各 2 处；每处机房内均设置一台柴油发电机组，1m³ 日用储油间，并设置室外快速注油口
	人防电气系统	独立人防汽车库为特大型一类汽车库，按一级负荷供电，自展馆区地下一层 M1，M2 变电所的 10kV 配电各引入一路 10kV 电源至 S10 变电所
给水排水工程	给中水系统	本工程给中水分别由市政管网引入两路供水管。管网竖向分高、低两个区，首层以下（含首层）为低区，市政水直供；二层及以上为高区，由水箱、变频给（中）水泵组加压供给。泵房位于中央大厅地下室，包括给水泵房 2 座（流量 4.4L/s）、中水泵房 2 座（流量 6.6L/s）、冷却塔补水泵房 2 座（流量 9.2L/s），分别为东西区供水。快接水气箱共 960 个，位于每个展厅管沟内，取水自中央大厅地下泵房，管道经由交通连廊地下管廊接入展厅
	排水系统	本工程污废水采用合流制，排放量约为 1625m³/d，室内地面 ±0.000m 以上采用重力流排出，地下各层污废水排入集水坑后，经潜污泵提升排至室外。 虹吸雨水系统用于中央大厅、交通廊、展厅、东入口大厅等大屋面，共 426 套系统，管线长约 36000m，雨水斗安装最大高度约为 34m；重力雨水系统用于局部小屋面（如冷却塔放置屋面、交通连桥等）
	热水系统	根据功能需求，在公共卫生间设置局部电热水器。选用的电热水器应带有保证使用安全的装置
	供暖系统	冬季地板辐射供暖系统设置于中央大厅、交通廊及东入口大厅处，供回水温度分别为 45℃/35℃
通风空调工程	空调风系统	中央大厅建筑室内净空高度超过 30m，采用分层空调的形式，对大厅上空的部位进行自然通风，避免上部空气温度过高。东入口大厅采用定风量一次回风全空气系统，展厅、交通廊、大型餐厅、会议室采用可变新风量的定风量一次回风全空气系统；小型会议、办公、餐厅等辅助用房，采用新风机组与两管制风机盘管机组结合的空调通风方式，制冷机房设置平时通风系统及事故通风系统
	防排烟系统	所有展厅、中央大厅、二层交通连廊、中央大厅二层辅助用房、交通廊夹层餐厅、垃圾转运站、东入口大厅东侧两层通高处以及两层区二层采用自然排烟，地下一层与地铁连通处、东入口大厅二层板下区域、首层交通连廊采用机械排烟，所有不满足自然通风、采光要求的封闭楼梯间均设正压送风系统，地下停车库按照建筑防火分区设置通风和消防排烟合用系统
	机械通风系统	垃圾转运站、地下暖通空调设备机房、配电设备机房和给水排水设备机房分别设置机械通风系统，以满足工作人员所需新风量和设备机房的通风换气要求

续表

专业名称	系统名称	概述
通风空调工程	空调水系统	采用两管制空调水系统，冷冻水系统采用变流量二级泵系统，冷却塔设置在中央大厅两侧交通连廊屋面。冷却水循环泵均设置于地下制冷机房内，压缩机转速不应大于10000rpm。在中央大厅、交通廊、东入口大厅设冬季地板辐射供暖系统
	地源热泵地埋管系统	地埋管系统占地面积约34000m²；地源热泵地埋管敷设于西北角室外停车位地面下。换热孔约1381个。地埋侧水系统采用变流量，循环水泵采用变频水泵。地埋管系统分17个区，每个区设1个分集水器。管换热器采用同程连接分成3～5组接至地埋管各区的分集水器，分集水器设在室外地下小室内。各集分水器供回水总管汇成一路总管后接至制冷机房
消防工程	消防水源	本工程由津滨水厂提供市政水源，从市政供水管引两路DN300供水管，供水管接入红线后成DN300生活消防合用环管供水，室外消火栓从消防环管接出
	室内消火栓系统	室内消火栓系统采用临时高压系统。系统竖向不分区，设置为环状网。地下室设消防专用贮水池，消防泵房设置于中央大厅地下一层，内设消火栓加压泵2台，1用1备。水箱间设置在9号展厅交通廊高位，内设18m³消防水箱及消火栓系统稳压泵及气压罐
	自动喷水灭火系统	除变配电室、消防、安防控制中心等不宜用水扑救的场所外均设自动喷水灭火系统；中央大厅地下一层（含地铁通道）、人防地下室采用预作用灭火系统，其他区域（如办公区、厨房、餐厅等）均采用湿式自动喷水灭火系统
	防火玻璃防护冷却系统	部分功能房间采用防火玻璃及防火门分隔，在功能用房一侧设置自动喷水系统进行保护，系统独立设置，采用独立的管网和泵组
	自动消防炮系统	在净高大于18m的中央大厅、东入口大厅、难以设置自动喷水灭火系统的展厅等部位设置自动消防炮或大空间智能型主动喷水灭火系统
	其他灭火系统	展厅变电所、制冷机电配电室等重要设备室设置七氟丙烷气体自动灭火系统；地下一层交通连廊主管沟内设置自动干粉灭火系统
	火灾自动报警系统	消防控制室设置于交通廊，人防地下一层设置分消防控制室，系统采用控制中心报警系统。系统由集中火灾报警控制器、区域火灾报警控制器、消防联通控制器、火灾探测器、手报按钮、声光报警器、消防应急广播、消防专用电话、消防控制室图形显示装置、UPS电源等组成。 消防联动控制包括启动消火栓泵、喷淋泵、气体灭火系统电梯回降、防排烟、防火卷帘等消防设备
	应急照明系统	变配电室、消防水泵房、综合监控中心、排烟机房、电梯机房等重要机房设100%应急备用照明；备用照明灯具采用正常照明灯具，火灾时保持正常照度
电梯工程	安装部位	本工程电梯共计102部，包含客梯42部、食梯4部、货梯6部、自动扶梯38部及步道梯12部。电梯设于人防地下室6部客梯、展厅和交通连廊30部电梯(客梯20部、食梯4部、货梯6部)、中央大厅14部及东入口大厅2部客梯，自动扶梯设于交通连廊及中央大厅室内26部、东入口大厅2部、中央大厅地下室6部、北广场4部，步道梯设于交通连桥
	控制方式	电梯控制方式为相邻两部电梯要求并联控制以及连续服务方式；门保护功能为多光束光幕门保护；内设轿内误操作取消功能；其中无障碍电梯设置有盲文按钮

3.4　幕墙设计概况（表 3.4-1）

幕墙总面积约 25 万 m²（加上一期），共包含 8 个系统，整体简洁通透，展现出优美现代的外墙视觉效果，涉及 35000 余块玻璃，2000t 铝板面材，1500t 铝型材，幕墙类型有横明竖隐玻璃幕墙、全明框架式玻璃幕墙、金属铝板幕墙、涂料幕墙等，整体简洁通透，展现出优美现代的外墙视觉效果。

幕墙设计概况　　　　　　　　　　　　　　　　　表 3.4-1

系统	位置	幕墙形式	配置
100 系统	中央大厅、东入口大厅	横明（无立柱）框架式幕墙	面材：8+12A+8mm 中空超白双银 Low-E 钢化玻璃；6+1.52PVB+6+12Ar+5+1.52PVB+5mm 中空夹胶双银 Low-E 钢化玻璃；8+1.52SGP+8mm 超白夹胶钢化玻璃； 型材：铝合金型材室内 / 室外铝合金型材表面氟碳喷涂
300 系统	展厅、通廊、中央大厅、东入口大厅 13.2m 以下	铝板幕墙	面材：3mm 氟碳喷涂铝板； 钢材：F100×5 镀锌方管；L50×5 镀锌角钢
400 系统	展厅、通廊 13.2m 以下	全明框架式幕墙	面材：8+12A+6mm 钢化中空玻璃；6+1.52PVB+6+12Ar+5+1.52PVB+5mm 中空夹胶钢化玻璃； 主立柱：280mm×70mm×16mm
500 系统	展厅、交通连廊 13.2m 以上	横明竖隐框架式幕墙	面材：8+12A+6mm 钢化中空玻璃； 主立柱：220mm×70mm×16mm×16mm、295mm×70mm×30mm×16mm
600 系统	交通连廊、东入口大厅 13.2m 以下入口	出入口幕墙系统	面材：8+12Ar+6mm 中空双银 Low-E 钢化玻璃、6+1.52PVB+6+12Ar+5+1.52PVB+5mm 中空夹胶双银 Low-E 钢化玻璃； 钢材：280mm×70mm×16mm 焊接钢管；180mm×70mm×15mm 焊接钢管；180mm×70mm×15mm T 形钢梁
700 系统	展厅与交通连廊交接处	横明竖隐框架式幕墙	面材：8+16Ar+8mm 中空超白双银 Low-E 钢化玻璃、8+12Ar+6mm 中空双银 Low-E 钢化玻璃； 钢材：竖龙骨 440mm×70mm×22mm 方钢，横龙骨 180mm×70mm×15mm×5m T 形横梁
800 系统	连桥	横明竖隐框架式幕墙	面材：8+12Ar+6mm 中空双银 Low-E 钢化玻璃； 钢材：180mm×70mm×18mm/20mm 焊接钢管；300mm×200mm×16mm×16mm 钢梁；铝合金装饰盖 480mm×70mm
900 系统	中央大厅下沉广场	玻璃、格栅幕墙	面材：8+12Ar+6mm 中空超白双银 Low-E 钢化玻璃； 铝合金格栅（60mm×40mm×1.5mm 铝合金格栅间距 60mm）；不锈钢板； 型材：铝合金型材室内 / 室外铝合金型材表面氟碳喷涂

3.5 屋面设计概况

国家会展中心工程金属屋面工程总面积 59.3 万 m²，其中金属屋面系统 48 万 m²、天沟系统 3.7 万 m²、采光玻璃及天窗系统 5.3 万 m²、格栅系统 2.3 万 m²。

屋面工程施工范围为主体屋面钢架以上的结构檩条体系（含檩托）、隔气系统、保温隔热系统、屋面板、天窗系统、排水沟系统、檐口包边系统、屋面检修系统、屋面防雷系统等。

金属屋面构造层做法依次为檩托、底板、隔汽层、保温层、支撑层、保温层、防水层、屋面板，标准构造层做法详见表 3.5-1。

建筑设计概况　　　　　　　　　　　　　　　　表 3.5-1

序号	构造层做法
1	1.0mm 厚氟碳喷涂铝镁锰屋面板
2	1.5mmTPO 防水卷材
3	70mm+70mm 厚保温岩棉
4	30×30 镀锌钢丝网
5	XZ150×50×20×2.5/2.2 Z 形镀锌檩条
6	自粘 SBS 改性沥青隔汽膜
7	0.6mm 厚镀锌压型钢板

室内区域屋面构造示意图详见图 3.5-1。

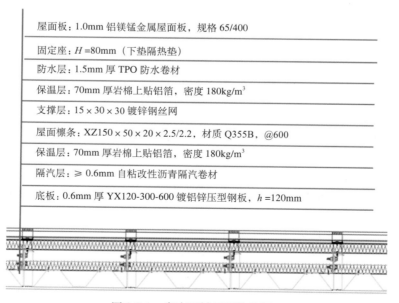

屋面板：1.0mm 铝镁锰金属屋面板，规格 65/400

固定座：H=80mm（下垫隔热垫）

防水层：1.5mm 厚 TPO 防水卷材

保温层：70mm 厚岩棉上贴铝箔，密度 180kg/m³

支撑层：15×30×30 镀锌钢丝网

屋面檩条：XZ150×50×20×2.5/2.2，材质 Q355B，@600

保温层：70mm 厚岩棉上贴铝箔，密度 180kg/m³

隔汽层：≥0.6mm 自粘改性沥青隔汽卷材

底板：0.6mm 厚 YX120-300-600 镀铝锌压型钢板，h=120mm

图 3.5-1 室内区域屋面构造图

标准构造施工顺序三维图详见图 3.5-2。

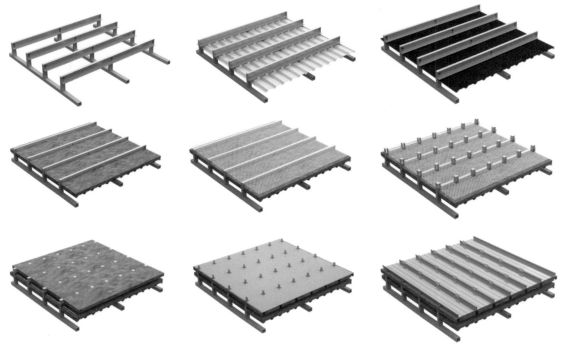

图 3.5-2　标准构造施工顺序三维图

3.6　装修设计概况

装修设计概况如表 3.6-1 所示。

装修设计概况　　　　　　　　　　　　　　　　　　表 3.6-1

序号	项目	内容
1	工程名称	国家会展中心工程二期项目中央大厅（国家会议中心）
2	工程地点	工程位于天津市津南区。用地东侧为国瑞路，北侧为海河南道，西侧为宁静高速公路，南侧为国展大道
3	建设单位	国家会展中心（天津）有限责任公司
4	设计单位	中国建筑科学研究院有限公司
5	建筑分类	大型会议中心；高层建筑；装饰设计耐火等级：一级
6	设计内容及范围	精装区域-中央大厅 F1：中央大厅首层公共区、公共区域开敞楼梯、公共区走道、贵宾室、随行人员室、新闻发布/主办工作室、公共服务室、贵宾卫生间、贵宾服务间、贵宾室前厅、贵宾走道兼扩大前室、走道、公共区走道兼扩大前室、男女卫生间、无障碍卫生间、第三卫生间、新闻发布厅记者工作区、同声传译、采访间、会议厅、迎宾厅、南入口门厅、过厅、服务用房；中央大厅 F2：会议室、合用前室兼电梯厅、贵宾室、贵宾室前厅、会议准备室、中央大厅二层平台、中央大厅二层公共区、公共区走道、男女卫生间、清洁间、走道、设备区走道；中央大厅 F3：会议中心、合用前室兼电梯厅、男女卫生间、会议中心公共区；中央大厅 B1：消防电梯前室，卫生间清洁间，一、二期连通通道，精装范围内楼梯及扶梯景观楼梯

续表

序号	项目	内容
7	重点部位介绍一	一层会议厅：墙面做法为"A级实木饰面板、大理石、A级实木饰面格栅、不锈钢饰面"；天花做法为"A级实木饰面格栅、A级灯膜、石材饰面、不锈钢饰面"；地面做法为"水泥砂浆找平"
8	重点部位介绍二	迎宾厅、南入口门厅：墙面做法为"A级织物饰面板、A级实木饰面板、不锈钢饰面"；天花做法为"A级实木饰面格栅、A级灯膜、不锈钢饰面"；地面做法为"水泥砂浆找平"。
9	重点部位介绍三	贵宾室：墙面做法为"金属编织网、石膏板无机涂料墙面、A级织物饰面板"；天花做法为"石膏板白色无机涂料"；地面做法为"水泥砂浆找平"

续表

序号	项目	内容
10	重点部位 介绍四	三层会议中心：墙面做法为"Ａ级实木饰面板、Ａ级实木饰面格栅、不锈钢饰面"；天花做法为"Ａ级实木饰面格栅、Ａ级灯膜、Ａ级实木饰面板、不锈钢饰面"；地面做法为"水泥砂浆找平"
11	重点部位 介绍五	展厅部位地面做法采用灰色耐磨地面；墙面做法采用白色埃特板、白色铝板、玻璃幕墙等组成，在通往交通连廊位置墙面采用白色铝板及玻璃隔断高低配合，更好地体现视觉冲击力
12	重点部位 介绍六	交通廊做法：地面做法采用白麻系列花岗石；墙面做法采用白色埃特板、白色铝板、玻璃幕墙等组成，大面积使用平板埃特板，顶面为白色喷涂的金属拉伸网完成面，内侧喷黑色乳胶漆，黑白形成鲜明对比

3.7 室外工程设计概况

国家会展中心（天津）工程（一期、二期）项目室外工程包括但不限于除智能化工程、热力外线以外的市政、绿化（不含国展大道和国瑞路的绿化）、景观、电气、给水、中水、雨水、污水、室外消防、燃气、海绵城市、城市家具、雕塑、交通设施、停车场设施设备、智能化及标识系统的预留预埋（含带丝）等。总建筑面积 66.6 万 m²，其中道路工程花岗石石材约 10.9 万 m²，沥青混凝土路面约 7.1 万 m²，混凝土路面约 41.5 万 m²，透水砖路面约 16600m²。景观绿化包含椭圆绿地 8 个，常绿乔木 557 株，落叶大乔木 1179 株，小乔木及灌木 5188 株，地被 43178m²。景观结构工程包含雨水蓄水池 29 座，景观喷泉水池 5 座；化粪池 17 座，还有座椅、主旗杆、旗阵、地下车库出口、自行车停靠器、自行车棚、电缆分支箱围栏、土建排水沟、缝隙排水沟、成品垃圾桶、升降柱等。其室外效果图见图 3.7-1。

室外工程作为国家会展中心（天津）的配套工程，渠化交通，保障主体电力供应，水源供应，排水排污，服务主体，美化外观。

图 3.7-1 室外效果图

3.8 智能化设计概况

国家会展中心（天津）项目包含智能化子系统和智慧化子系统。

智能化子系统包括综合布线系统、计算机网络系统、无线覆盖及人员定位系统、网络安全系统、数字电视系统（仅光纤）、时钟系统、多媒体信息发布与导引系统、会议系统、建筑设备监控系统、建筑能耗采集系统、视频监控系统、一卡通控制系统、无线对讲与巡更系统、报警系统、停车场管理系统、反向寻车系统、数字平台、机房工程和通信运营商移动信号覆盖系统。本区域的所有系统应与项目一期建设的数字平台相连接，实现所有系统的协同应用，见图 3.8-1。

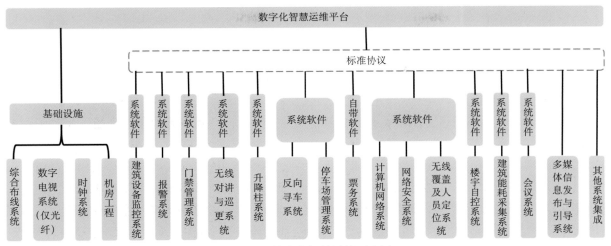

图 3.8-1 数字化智慧运维平台图

智慧化子系统包括云平台、数字平台和智慧化应用方面的内容，利用云计算、物联网、大数据、AI 等先进技术，使用最高标准、最新理念来打造智慧展馆。其中，智慧应用层包含内网和外网门户、智慧运营中心、智慧场馆管理类和智慧会展运营类应用。数字平台是智慧化解决方案的核心，包括通用平台、集成平台、数字底座和应用平台，提供了构建智慧化解决方案的关键能力，为业务集成提供数据接入、数据分析存储、通用工具、业务逻辑服务，达成汇聚公共能力、支持上层业务能力、支撑水平业务扩展能力的目标。云平台是指以云化的方式提供可靠的计算、存储、网络资源，实现硬件资源的集中管理。其系统架构见图 3.8-2。

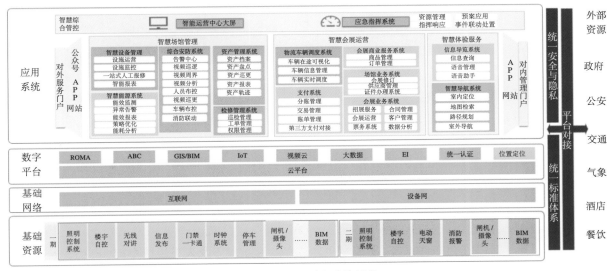

图 3.8-2 云平台系统架构

3.9 工程重点难点分析

国家会展中心（天津）工程项目体量大、专业多、工期紧张、安全质量标准高，项目从开工初期进行整体策划，对建设过程中将存在的重点及难点情况进行分析，并制订应对措施，主要存在以下方面。

（1）工程体量超大，工期管控是重点。本工程体量巨大、工序多、穿插施工多、周转料具投入量大、建设要求高，工期紧张。

（2）专业系统多，总包管理协调要求高。本工程体量大、专业及分包单位多、质量和安全文明施工要求高，总包管理量大、要求高、责任重，施工总包管理、协调工作是本工程的难点。针对难点，项目组建经验丰富、高效的项目总包管理团队，设置 14 个职能部门，配备管理人员 150 余人。以工期管理为主线，以考核为手段，以多专业协调为抓手，推行"三全"管理模式，聚焦"五大能力"的提升，实现总承包管理的"五化"，从而保证项目全面履约。

（3）交通疏导与平面布置难度大。全施工阶段材料运输量大，工程车辆出入口均设置在项目一侧，水平运输压力大。各专业穿插施工，材料堆场及加工区需求大，平面布置困难。针对难点，通过设置东、西两侧展厅，除常用环形道路外，增设多条临时道路用于施工材料水平运输。施工现场根据需求布置多个钢筋加工场和堆场，根据施工进度安排按需进行材料进场，确保工程材料和周转材料合理有序使用。

（4）安全文明施工、绿色环保管理要求高。本工程为天津市重点工程，深受社会各界的关注，安全文明施工目标为天津市市级文明工地；国家对绿色环保要求日益严格，作为市重点工程，需为绿色环保作表率，目标是打造绿色建筑三星工地。工程体量大，投入资源多，多工种平面、大构件吊装、立体交叉作业，易出现各种安全隐患，重点是安全管控。针对难点，建立包括业主、监理单位、总包在内的安全领导小组，将工程所有分包纳入总包安全文明和绿色施工管理体系；绿色环保观念深入人心，大力推广绿色施工新技术，实现绿色建筑目标。制订安全文明施工和环境管理方案，分阶段进行危险源和环境因素辨识。制订有针对性的土方开挖、钢结构吊装、大型机械安拆等关键工序的安全技术方案和应急预案。

（5）大面积展厅地面裂缝控制为难点。展厅地面长度及宽度比较大，裂缝控制难度大；施工工艺相对复杂，工序衔接要求高。严格控制原材料质量，并在过程中加强对混凝土性能的监测。加强养护工作，地面采用分缝处理，减少影响。分析工艺流程，做好工序分解，针对工序实施要求做好策划及交底，确保工序实施顺畅。

（6）展厅采用四弦凹形屋盖，单个展厅桁架长度达 93m，桁架高度 6.75m，宽度为 15.7m，最高处为 22.8m，单跨质量达 280t，屋盖施工效率与施工质量为难点。中央大厅树状伞形支撑结构外形尺寸达 30m×30m，最高处为 32.8m，悬挑达 15m，高度高、构件多、悬挑长，安装难度大。通过策划将展厅桁架进行分段拼装吊装，每跨桁架分为三段，采用 350t 履带式起重机进行吊装，并用全站仪进行拼装及吊装定位，保证施工质量，提高安装效率。对树状伞柱进行合理分节，采用"自平衡"施工技术，使结构对称受力，确保结构安全，采用全站仪对各个构件进行定位安装，保证安装精度。

（7）金属屋面防渗漏为难点。金属屋面总面积约 34.8 万 m²，且节点形式较多。屋面上存在较多的屋脊、檐口、山墙等复杂节点，斜面屋面被天窗分割，增加了漏水的隐患。通过选择专业厂家，控制屋面板的加工精度、锁边咬合紧密。设计阶段细化、优化，加强施工过程控制，突出细部重点处理。加强过程控制，在施工时严格执行"三检制度"，做到上道工序不合格，严禁进入下道工序的施工。

（8）机电安装系统多、安装量大。本工程管线体量巨大，水管道 236 万 m，电缆 54 万 m，电气桥架 21 万 m，风管 25 万 m^2，配电箱柜 5700 台，风阀 1.1 万台，水阀 1.8 万台，电线 183 万 m。通过运用 BIM 对管线进行综合排布，合理选用综合支架。通过提前招标、技术策划、流水段施工等措施，解决大工程量、大区域面积下的机电施工难题，利用装配式安装优化施工工艺，在保证工期的前提下，确保工程施工的安全与质量。

（9）地铁口过街通道为施工重点。过街通道工期紧，前期准备工作多，制约因素多，近地铁施工，变形控制报警值 5mm，变形控制要求严；基坑深度大，工序多，工期紧张。通过加强与外部各相关单位沟通，根据倒排工期，尽快完成前期准备工作；在施工期间，加强地铁变形监测，采用"对称、平衡、分层"开挖方式，控制基坑变形，统筹施工工序，加大设备、人员投入，做好工序穿插，加快工序，缩短施工时间。

（10）中央大厅大型设备多、安装区域密集。地下室主要以核心设备用房为主，消防泵房、制冷机房、给水泵房、中水泵房、补水泵房、变电所、空调机房、弱电机房及风机房等主要设备用房，设备数量多，吊装任务重。通过组建具有丰富的展馆施工经验的管理团队，分区域、按专业配备协调工程师，细化协调管理工作流程，明确责任分工。设备吊装错开时间，减少高峰期人员垂直运输压力；提早订货，利用塔式起重机尚未拆除阶段，将冷却塔、空调机组及大口径管道等物资运到施工现场，吊运至各作业面。制订设备材料运输需求计划，严格执行垂直运输预申请和专项协调会机制。

（11）中央大厅幕墙钢桁架吊装是难点。中央大厅幕墙钢桁架为 32.3m 高的片状结构，其上、下两点通过固定销轴连接，要求精度高，吊装难度大。通过从加工厂管理、原材开始监控，把控原材料的加工精度。片状桁架超长构件自制胎具，确保成品构件的精度要求。预先办理超长运输车辆及熟悉运输路线，对预埋件及销轴耳板预先校核安装。构件进场后选用 1 台 50t 吊车及 1 台 25t 吊车配合吊装，构件吊至空中完成翻转，50t 吊车继续起吊至顶部，先安装顶部的销轴，再固定底部的销轴。

（12）大面积人防工程施工管理是难点。人防地下室总建筑面积为 81150m^2，其中，地下一层 37706m^2，地下二层 43444m^2；共包含 17 个防护单元，人防的构造及做法特殊性、报验计划性要求高，且包含深基坑与高支模等超危工程。通过组织专家对开挖方案进行论证，研究设计方案的可实施性；超规模且危险性较大的分部分项工程部分采用盘扣脚手架，论证方案后方可进行施工。积极组织考察学习其他地方的优秀方法，改密肋楼盖为普通梁板，加快进度。

（13）深化设计多，整体管控是重点。工程深化设计专业多、工程量大、各专业交叉多、工艺复杂，从设计管理、可视化方案策划、智能型施工管理和自动运营管理方面进行统筹安排是重点。设置 BIM 深化设计部，对深化设计工作专人负责，进行统一管理和技术支持；应用中建八局 BIM 设计及管理平台，实现模型零碰撞，深化图确认后用于施工；动态 4D 施工模拟，随进度合理地进行在施部分深化设计管控。

第 2 篇
施工方案优选及深化设计

第4章　地基基础施工方案优选

4.1　大体量桩基施工方案

国家会展中心（天津）工程项目的总建筑面积为 138 万 m^2，总占地面积为 150 万 m^2，灌注桩共计 21564 根，预应力混凝土管桩共计 38272 根，约 87.7 万延米。

灌注桩主要分布在展厅管沟位置、交通连廊位置、中央大厅、人防地下室以及人行天桥，桩径包括 600mm、700mm，桩长 31.8 ~ 40.7m，其中桥桩桩径包括 1000mm、1200mm，桩长 30 ~ 45m；预应力混凝土管桩主要分布在展厅内及垃圾站，桩型 PHC-AB-400（95），桩长 21 ~ 25m，工程桩和管桩大样见图 4.1-1。

4.1.1　技术难点

（1）本工程占地面积大，桩基体量大，工期紧张，在保证施工质量的前提下，还要保证施工效率。

（2）展厅区域既要进行灌注桩施工，又要进行预应力管桩施工，二者的施工流水和施工组织是难点。

（3）项目环境复杂，地处海河故道，紧邻地铁线路，桩基施工质量控制难度大，同时应注意对地铁结构的保护。

4.1.2　方案分析

1. 大体量桩基施工组织

将现场划分为 11 个施工区域，如图 4.1-2 所示。

管桩施工时，在 2 区、3 区、8 区、10 区各投入 6 台柴油锤打桩机，该区管桩施工完成后流水施工相邻区域；其中，1 区展厅区域管桩施工完成后，就近施工垃圾站管桩，8 区展厅区域管桩施工完成后，就近施工东入口大厅管桩。

灌注桩施工时，每两个展厅与对应连廊区域划分为一个施工段，每个区段投入 6 台潜水钻机，共 48 台潜水钻机，在管桩施工完成 2 天后施工，其中四个区域（1/4/7/9）先行施工交通连廊，待展厅两侧场地满足灌注桩施工条件后再组织施工。

中央大厅划分为南、北两侧，各投入 12 台潜水钻机；人防地下室共投入 24 台潜水钻机；人行天桥区域投入 2 台旋挖钻机。各施工段先进行施工试桩，就近施工塔式起重机桩。

下面以 1 区和 2 区为例介绍管桩与灌注桩施工：1 号、2 号展厅管桩先行施工，自南向北退步施工，

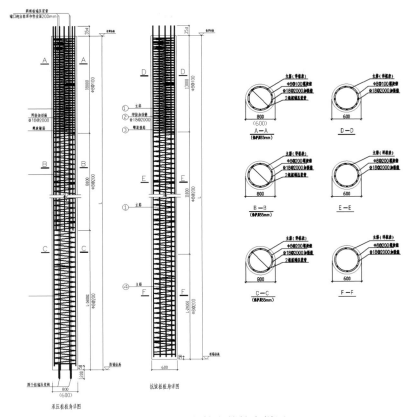

图 4.1-1　工程桩和管桩大样图

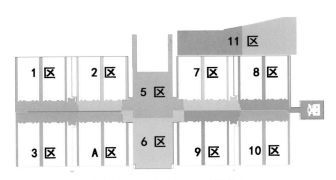

图 4.1-2　二期施工区域划分

单个展厅中间渣土路为管桩运输路线，展厅南侧管桩与灌注桩邻近部位 3 排管桩 3d 施工完成，后插入灌注桩施工；1 号、2 号展厅管桩施工完毕后，流水施工 3 号、4 号展厅的管桩（图 4.1-3）。

管桩与灌注桩施工时间间隔 7d 以上，形成管桩与灌注桩的时间空间错开。其他区域施工组织与此相同。

2. 灌注桩施工

灌注桩施工采用潜水钻机，施工中采用正循环钻进清孔的工艺，采用泥浆护壁成孔工艺，泥浆的制备以自然造浆为主，以人工造浆为辅。主要施工控制要点包括成孔钻进、清孔、钢筋笼加

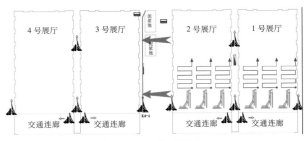

图 4.1-3　施工线路

工运输与吊装、混凝土灌注和后注浆。

3. 预应力混凝土管桩施工

根据现场地层条件及场地条件，预应力混凝土管桩施工采用锤击法，施工机械采用柴油锤打桩机。根据桩长分节施工，第一节沉桩施工开始时宜采用低锤施工，调整重锤落距，控制落锤冲击能，使桩稳定下沉。当入土一定深度并保持稳定后，再按要求的落距沉桩。

当底桩桩头（顶）露出地面 0.5 ~ 1.0m 时，即应暂停锤击，进行管桩接长。方法是先将接头上的泥土、铁锈用钢丝刷刷净、调直对接后，再用电焊在剖口圆周上均匀对称点焊 4 ~ 6 点，然后对称、分层、均匀、连续地施焊，分 3 层满焊，焊缝应饱满连续，待焊接自然冷却后，进行防腐剂涂刷。最后继续沉桩作业。停锤标准以标高控制为主，贯入度控制为辅。

4.1.3　小结

本工程桩基体量巨大，具有工期紧、环境复杂、施工组织困难等特点，通过综合考虑各方面因素，合理进行机械设备排布，科学规划施工路线，保证施工有序高效进行；精密控制施工质量，重视对周边环境的保护，整体保证高质量高效完成大体量桩基施工。

4.2　基坑及承台方案

1. 技术概况

该项目主要基坑支护范围包括东西交通连廊（开挖深度 5.5m）、中央大厅及地库出入口（开挖深度 3.5 ~ 7m）、东入口大厅、人防地下室（开挖深度 6.2 ~ 7.91m）。总土方量约 69 万 m³。根据各单体基坑深度不同，分别采用支护桩 + 一道钢筋混凝土内支撑支护体系、钢板桩 + 钢管撑支护体系进行基坑支护；采用止水帷幕止水，大口井降水，部分区域采用集水明排方式边开挖边降水。

2. 技术难点

（1）项目地处海河故道，水位高，且临近地铁，避免降排水施工对地铁结构造成影响是难点。

（2）基坑开挖深度小、宽度小，但对地铁评级影响巨大。

（3）基坑开挖土方量大，开挖施工和土方运输组织是难点。

3. 方案分析

1）止水帷幕施工

采用跳槽式双孔全套复搅式连接，在围护墙转角处或有施工间断情况下，采用单侧挤压式连接方式。桩机应平稳、平正，并用线坠对龙门立柱垂直定位观测以确保桩机的垂直度。水泥掺入量为 15%，拌浆及注浆量以每钻的加固土体方量换算，注浆压力为 1.5 ～ 2.5MPa，以浆液输送能力控制。

2）降水工程

降水工程采用明排为主，结合降水井疏干的方式降水。人防区拟布置共 80 口降水井，其中局部深坑处为钢管减压井，井底标高 −13.55 ～ −10.15m；沿基坑周边每隔 40m 设置 24 口观测井，井底标高 −9.4m；中央大厅拟布置 46 口降水井，井底标高 −10.06 ～ −8.35m，基坑南侧设置 2 口观测井（图 4.2-1）。

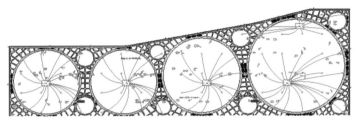

图 4.2-1　降水示意图

3）土方开挖

根据整体施工部署将土方开挖施工区域划分为 7 个区域，包括中央大厅与交通连廊交接处 A 区、中央大厅中间区域 B 区、东西交通连廊 C 区、人防地下室 D 区、地库出入口 E 区、东入口大厅 F 区、展厅两侧管沟及承台 G 区（图 4.2-2）。

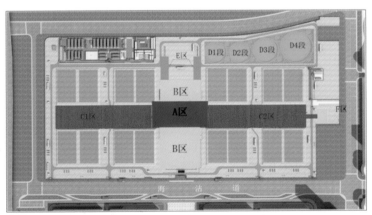

图 4.2-2　土方开挖施工区域划分

中央大厅整体分两步开挖，与交通连廊交接处（A 区）第一步开挖至冠梁、支撑底标高位置，同时，中央大厅中间区域（B 区）进行边坡土方开挖，边坡卸荷，随土方开挖插入 A 区支撑冠梁、支撑施工，钢板桩施工随第二步土方开挖进度，提前插入。

第二步土开挖沿东西两侧基坑支护边开挖，基坑两侧开挖浓度为 1m 的明排水沟。在中央大厅中间南北纵向预留临时 8m 出土道路最后开挖，道路两侧采用二级放坡形式，向中间预留道路退台开挖。最后退至预留道路两侧时，由中央大厅中间向南、北两侧分级退台开挖。

人防地下室 D 区共分两步进行开挖。首先进行支撑范围土方开挖，开挖至支撑底（-4.9m），开挖深度 1.5m，插入冠梁及支撑施工。待冠梁及支撑强度达到设计要求（80%）后，分别从 D2、D3 区整体向东、西两侧分层退台开挖。

东西交通连廊土方开挖分两步进行，首先进行边坡卸荷，挖至大沽高程 -2.0m 位置施打钢板桩、施工护坡；然后退台开挖至管沟底标高，随挖随撑预留 300mm 人工挖除。

展厅两侧及基础承台开挖在展厅桩基施工完成后进行，开挖顺序整体由交通一侧向南或向北退挖。

4）基础承台施工

（1）桩头处理、基础垫层施工方法如下。

灌注桩桩头处理：现场灌注桩桩顶标高超灌 1000mm，进行桩头破除。

钢管桩桩头处理：桩顶内孔应用混凝土灌注饱满，灌注深度 3500mm，用 C35 微膨胀混凝土灌桩。

基础垫层：采用 100mm 厚 C15 素混凝土。

（2）砖胎膜砌筑方法如下。

承台、集水坑、条基等模板支设采用蒸压加气混凝土砌块（图 4.2-3）。

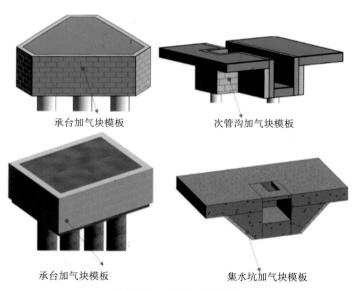

承台加气块模板　　　　　次管沟加气块模板

承台加气块模板　　　　　集水坑加气块模板

图 4.2-3　加气块示意图

（3）混凝土浇筑方法如下。

分层浇筑：由于本工程的基础底板及承台厚度大（承台局部厚度达到 3m），为保证混凝土施工质量，采用移动式分层浇筑方法。

混凝土振捣：大体积混凝土浇筑振捣时，先用插入式振捣器，顺浇筑方向边浇筑边振捣。振捣时，将振捣棒移动间距控制在 400mm 左右，振点应均匀排列、逐点移动、顺序进行、不得遗漏，第一次振捣后隔 20 ~ 30min 用平板振捣器进行二次复振。

4. 小结

本工程地处海河故道，水位高，为基坑及基础施工带来了很大困扰。通过技术方案优化，施工过程中合理策划、科学部署、精密控制，最终克服施工环境困难，在预期时间内完成基坑及基础施工。

第5章 主体结构施工方案优选

5.1 条板墙施工方案

5.1.1 技术概况

1. 工程整体概况

本工程总建筑面积为 598573m²，主要建设大型展馆、室外展场、人行天桥（会展廊桥）、会展辅助设施等。一共 7 栋建筑，A 号楼为一层垃圾转运站，建筑高度 6.2m；B、D 号楼为展厅及交通连廊，展厅部分一层通高，交通连廊部分为三层，建筑高度 24m；C 号楼为中央大厅，主空间为一层，内部东西两侧局部二层，建筑高度为 34m；E 号楼为东入口大厅，主空间一层，西侧局部二层，建筑高度 21m；F 号楼为人防地下室，地下二层；G 号楼为连接一、二期跨市政道路海沽道的连桥，东、西各 1 座；A、B、D 号楼均属于多层公共建筑，C 号楼为建筑高度大于 24m 的单层公共建筑，基坑最深处达 −13.569m。本项目 ±0.000 相当于绝对标高为 +3.8m（大沽高程）。结构形式为展馆 A 号楼垃圾转运站为钢筋混凝土框架结构，B、C、D、E 号楼中央大厅、展厅及通廊大跨度屋顶、内部附属房间地上部分为钢结构，地下室为钢筋混凝土框架结构；F 号楼为人防地下室，共地下两层，基坑深度为 9.85m，采用钢筋混凝土框架体系。

2. 条板墙概况

本工程装配率达 66%，其中地上除涉水房间、电梯井均为 ALC 条板墙，强度 A5.0，耐火极限大于 3h，密度不大于 700kg/m³。

5.1.2 方案分析

1. 超高墙体

本工程通廊首层高度为 7.7m，二层高度 6.5m，中央大厅会议厅位置首层 11m，三层 19m，而条板墙生产限高为 6m。因此，项目针对 7.7m、11m、19m 墙体采取不同的技术手段。

针对 7.7m 墙体，采用钢梁 + 吊柱施工方法，将原有的通长钢柱优化为吊柱施工，如图 5.1-1 所示。

附加框架均采用 200mm × 150mm × 4mm，Q235B 级钢，钢材居墙中，具体安装流程如下。

外墙板施工流程：弹出 ALC 外墙板就位墨线；沿墙体安装并焊接或锚固上、下导向角钢、门窗包框扁钢、超高处附加钢梁钢柱；ALC 外墙板吊装，上下端紧靠上、下导向角钢，可预先在板材上打出钩头螺栓安装孔；吊装并安装钩头螺栓；ALC 外墙板底用砂浆填实缝隙；ALC 外墙板拼缝及螺栓安装孔使用专用修补材进行修补，ALC 外墙板与梁或楼板底的缝隙处打 PU 发泡剂或填塞其他材料；验收。

内墙板施工流程：地坪和顶部墙体安装位置弹线放样；设定墙体安装水平标高控制线、垂直度控制线以及门窗洞口安装位置控制线；超高处附加钢梁钢柱；手翻车运输板材；墙板拼缝处刮粘结砂浆；利用手翻车及捯链竖起墙板，利用撬棒调整墙板的垂直度和拼缝粘结砂浆的挤浆；配件的固定；门、窗口及洞口钢加固；检查修补墙板破损；填缝处理。

针对 11m 墙体，采用两层竖装 + 钢梁、钢柱施工方法，钢柱采用 200mm×300mm×8mm，钢梁采用 200mm×200mm×4mm，第一层使用 6m 墙体，第二层墙体高度 5.38m，墙体按外墙做法施工，如图 5.1-2 所示。

针对 19m 墙体，13m 内采用条板墙横装施工技术，13m 以上使用硅酸钙板进行防火封堵，此技术减少了大量的钢梁，墙体按外墙做法施工，如图 5.1-3 所示。

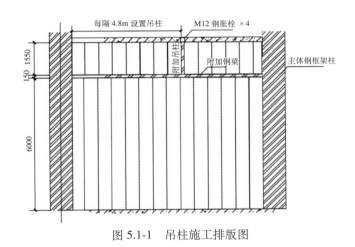

图 5.1-1　吊柱施工排版图

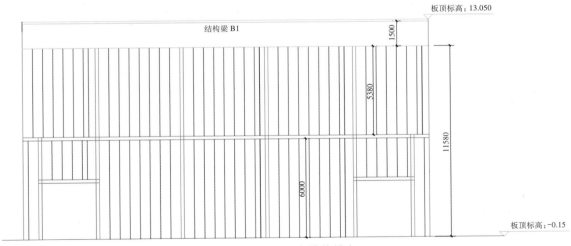

图 5.1-2　11m 高墙体排布

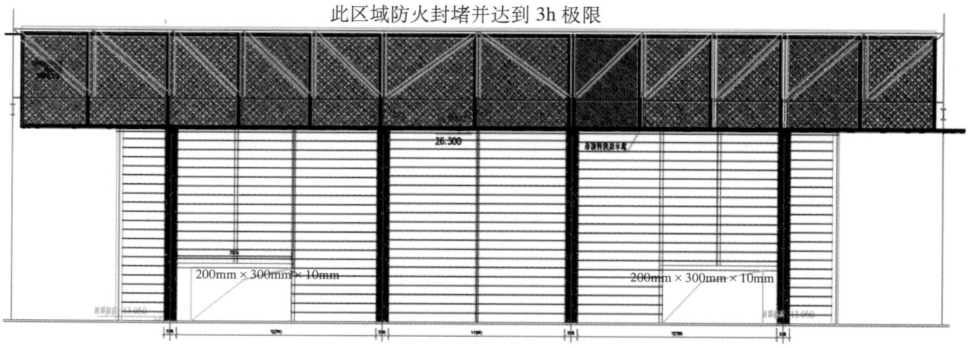

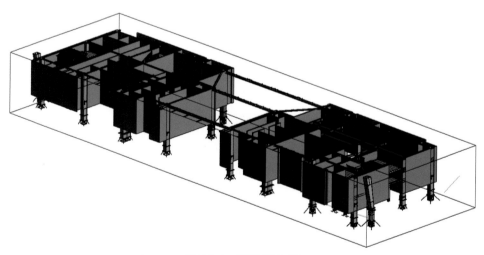

图 5.1-3 19m 高墙体排布

2. 多专业与条板墙的碰撞

涉及机电洞口与条板墙钢梁碰撞为本工程考虑的重点，机电洞口标高每个区段内标高均不相同，另外，外侧幕墙梁与条板墙的钢梁也存在碰撞现象，因此，对条板墙的综合排布尤为重要。

利用 BIM 建模技术，结合深化设计要求、更为直观地确定条板墙与钢结构、钢梁、幕墙梁是否碰撞，确定超高墙体二次钢结构支撑体系的位置，避免因后期切割浪费而造成结构的不稳定。

通过 BIM 与一墙一洞图的结合，现场使用二维码扫描，更加快捷、方便地加快现场施工，如图 5.1-4 所示。

图 5.1-4 BIM 深化图

3. 小结

根据三种不同高度墙体的安装方法，与各专业交叉的设计优化，实现了对安装条板墙的精确控制，为后续类似工程的施工提供参考经验。

5.2　管沟施工方案

5.2.1　技术概况

对于会展建筑来说，管沟就相当于血管对于人体一般，负责将水、电、信号等线路隐蔽地衍射至展厅的各个角落，是会展类建筑的特点之一。会展工程管沟施工具有开挖后后期回填方量大、不好回填、体量大、成本高、质量控制难度大的问题，见图 5.2-1、图 5.2-2。本工程共 16 个展厅，单个展厅含 30 条管沟，管沟施工创新采用砖胎膜 + 内支撑模板的形式，解决了管沟施工的多个难题。

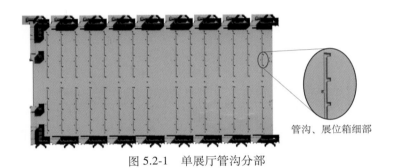

图 5.2-1　单展厅管沟分部

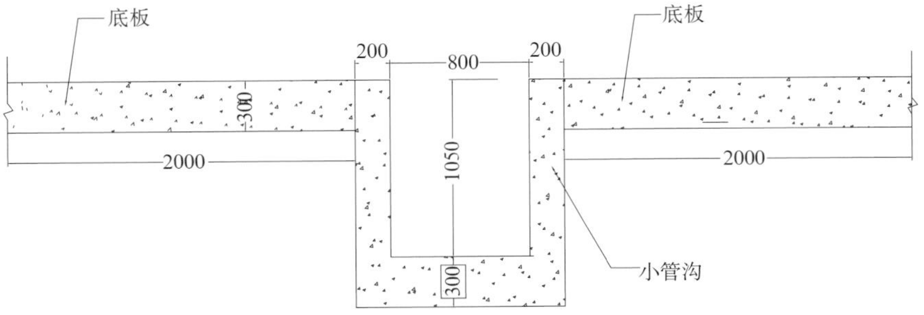

图 5.2-2　管沟剖面详图

5.2.2　方案分析

从施工周期、质量、操作便捷性等多方面对两种方案进行比较分析，如表 5.2-1 所示。

方案比较　　　　　　　　　　　　　　　　表 5.2-1

名称	施工方法	详细操作	优缺点	可行性
方案一	传统双侧木模板支模浇筑管沟	开挖后进行管沟底板施工，而后双侧支设传统木模板浇筑管沟侧壁，最后回填土浇筑展厅地面	现场施工步骤多周期长、安装精度控制难，难以保证质量	可行
方案二	砖胎膜 + 木模板组合形式浇筑管沟	开挖后进行管沟底板施工，而后砌筑砖胎膜，支设管沟木模板，回填土后一次性浇筑管沟侧壁及展厅地面	施工操作相对简单，施工步骤少，周期短，质量控制较容易	可行

　　根据方案比选，选择方案二进行现场施工，管沟施工共分为七步进行：

　　（1）进行土方开挖，开挖深度为垫层底标高，宽度为管沟侧墙外侧左、右各多挖 300mm，开挖如图 5.2-3 所示。

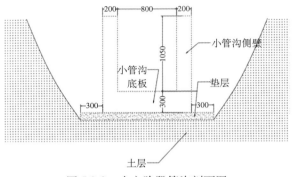

图 5.2-3　土方阶段管沟剖面图

　　（2）素土夯实及垫层浇筑。将回填的素土进行夯实，夯实到设计标高即进行垫层浇筑，垫层浇筑长度为小管沟长度，宽度为小管沟宽度 + 两侧砌块宽度 +2×100mm。在本说明中，垫层浇筑宽度为 1600mm，高度为 100mm。

　　（3）砌筑及回填土。在浇筑完的垫层上进行砌筑砖胎膜，砖胎膜顶标高为底板垫层底标高，根据小管沟底板垫层底标高距底板垫层底标高的距离进行排版，确定沿小管沟方向砖胎膜的排数。以国家会展中心（天津）一期项目为例（图 5.2-4），砖胎膜砌筑高度为 1050+300-300-100=950（mm）。经计算，沿高度方向砌筑皮砖总高度为 240×3+190=910（mm），加上砌筑砂浆厚度每层砌筑砂浆 10mm，砂浆砌筑总高度为 10×4=40（mm），总砌筑高度为 910+40=950（mm）。

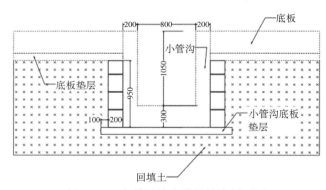

图 5.2-4　砌筑回填土阶段管沟剖面图

　　（4）小管沟底板钢筋绑扎及浇筑。对小管沟底板的钢筋进行绑扎，并进行浇筑。

　　（5）零层板垫层浇筑、底板钢筋绑扎、小管沟侧壁钢筋绑扎。对零层板的垫层进行浇筑，等上一定强度后再进行零层板底板钢筋、小管沟侧壁钢筋绑扎。

（6）小管沟侧壁模板支模。先进行模板安装计算，确定主次龙骨的大小间距。以 ×× 项目为例，主龙骨采用直径为 48.3mm 的钢管，次龙骨采用 50mm × 100mm 的木方，对撑采用长度为 300mmU 托和 300mm 的带螺纹套管。对撑距地 200m，沿高度方向 500mm 一道，沿管沟方向 450mm 一道。小管沟截面支撑方式及支模剖面图如图 5.2-5 所示。

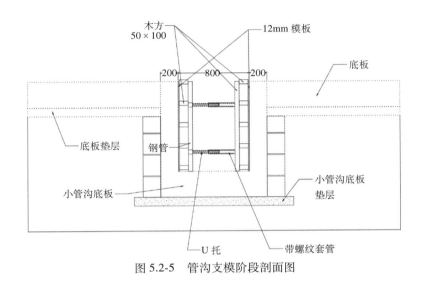

图 5.2-5　管沟支模阶段剖面图

（7）小管沟侧壁及零层板混凝土浇筑。检查模板垂直平整度、加固措施是否按照方案支模，经确认无误后，再进行混凝土浇筑。

5.2.3　小结

管沟施工方案，区别于传统的全木模加固体系，可以提前进行小管沟侧壁回填，避免了因为管沟侧壁已经浇筑而回填带来的极大成本，优化了施工工序，很大程度上缩短了工期，可以有效管控小管沟观感质量，提升工程整体观感效果。

5.3　大跨度桁架施工方案

1. 技术概况

展厅、交通连廊屋面由人字柱及屋盖桁架组成，人字柱为变截面箱形，桁架为 V 形架、圆管弦杆及拉杆组成。展厅、交通连廊屋盖均为单层大跨钢结构，每个展厅总长度 186m，最大跨度为 84m，每两个展厅共用一个屋盖，每个屋面结构单元总尺寸为 186.36m × 159.7m。交通连廊桁架最大跨度为 36m，每个通廊屋面结构单元总尺寸 186.36m × 73.9m。展厅屋盖轴测图见图 5.3-1。

2. 方案分析

从施工周期、施工安全、质量、成本等多方面对两种方案进行比较分析，如表 5.3-1 所示。

图 5.3-1　展厅屋盖轴测图

方案比较　　　　　　　　　　　　　　　　　　　　　表 5.3-1

名称	施工方法	详细操作	优缺点	可行性
方案一	散件进场、散件安装	所有构件由工厂加工完成后编号分批进场，现场安装时由中间向两边逐件进行安装、焊接，形成稳定结构后，进行技术复核，发现偏差及时调整	现场施工周期长、安装精度控制难、高空作业风险大、安装费用高，质量难以保证	可行
方案二	散件进场、分段拼装、整体吊装	将屋面桁架整体划分为若干个施工段，所有构件工厂加工完成后按施工段统一编号打包，分批进场。现场在地面分段拼装，拼装完成后由中间向两边分块、分段整体吊装	工厂加工简便，可快速发运至现场，整体施工周期有保障，成本低，但现场拼装质量控制难	可行

3. 小结

综合考虑施工周期、施工安全、质量、成本后，选用方案二"散件进场、分段拼装、整体吊装"的施工方法进行展厅及交通连廊屋面桁架的施工，精确控制拼装过程中的桁架空间位置，节省施工工期。

5.4　大跨度人行天桥施工方案

1. 技术概况及难点

1）结构概况

国家会展中心（天津）工程二期项目共两座人行天桥（图 5.4-1），位于国展一期和二期之间，南北跨越市政道路国展大道，横跨地铁出入口。桥长均为 157.0m，最大跨度 90.2m，最大吊装质量约 60t（下弦杆）。桥上部结构为钢桁架，材料等级 Q345qD，个别构件采用 Q420qD，最大板厚 50mm，弦杆均为箱形梁，桁架之间设置水平构件连接，并设置水平撑。钢结构主要由主构件（桁架）、次构件（水平横杆、水平斜撑、钢次梁、平台梁等）、楼梯等附属结构组成。

2）技术难点

（1）单根构件超宽超重，分段后部分散件存在超重（39t）、超宽（4.46m）问题，常规物流车辆无法满足运输条件。

（2）存在占路施工，两座人行天桥横跨城市主干道海沽路，施工过程影响市政道路车辆通行，施工范围内存在既有障碍物（地铁出站口、高压线、路牙石等）影响安装，施工过程变量多。

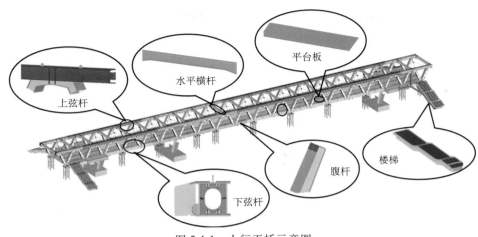

图 5.4-1　人行天桥示意图

（3）焊接难度大，天桥钢结构板厚 8 ～ 50mm，存在大量厚板焊接，且桥梁焊接质量等级要求高，焊接质量控制是重点。

2. 方案分析

从施工周期、施工安全、质量、成本等多方面对两种方案进行比较分析，如表 5.4-1 所示。

方案比较

表 5.4-1

名称	施工方法	详细操作	优缺点	可行性
方案一	散件进场、散件安装	所有构件由工厂加工完成后编号分批进场，进行现场安装。按照安装下弦杆—安装腹杆—安装上弦杆—安装水平横杆—安装平台板—安装楼梯的顺序高空散件安装	高空焊接量大，难以保证焊缝质量，安全风险高，施工周期长	可行
方案二	散件进场、分单元拼装、整体吊装	所有构件由工厂加工完成后编号分批进场，将上弦杆与腹杆现场地面整体拼装为单元体，按照安装下弦杆—安装拼装单元体—安装水平横杆—安装平台板—安装楼梯的顺序高空安装	高空作业相对减少，施工周期短，质量容易保证，但对吊装设备要求较高、加工成本高	可行

3. 小结

在吊装设备能够满足需求的前提下，综合考虑施工周期、施工安全、质量、成本后，选用方案二"散件进场、分单元拼装、整体吊装"，减少了高空作业，推进了施工的顺利进行，高质高效地完成了人行天桥钢结构安装。

5.5　伞柱施工方案

1. 技术概况及难点

1）结构概况

中央大厅是伞状钢柱支撑的大跨钢结构，柱距 36m 或 39m，结构总高 32.8m，屋面总尺寸为

141.3m×357.3m。屋面结构的主要支承体系由36根相互连接的伞形柱及局部大跨屋面桁架共同构成，柱列形成4×10的纵横网格，整体成矩形平面，如图5.5-1和图5.5-2所示。

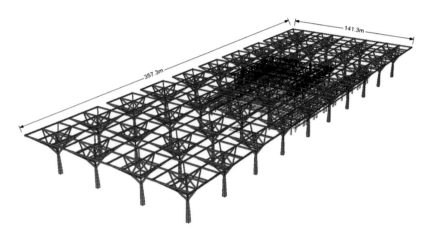

图 5.5-1 中央大厅主体结构轴测图

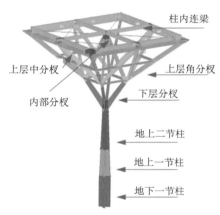

图 5.5-2 中央大厅伞形柱模型图

2）技术难点

（1）场地狭小，中央大厅除伞状伞形结构外，其余均为功能性用房，包含会议厅、东西连桥、南北向东西侧二层平台、楼梯、马道、吊顶转换层、幕墙龙骨等多个子项，在空间和时间上施工组织难度特别大。

（2）高处作业多，钢结构吊装、焊接施工等全是高空作业，安全管控风险大。

（3）变形量控制难度大，伞形柱为大空间折线悬挑结构，不同于常规框架结构，施工时变形控制难度大。

2. 方案分析

从施工周期、施工安全、质量、成本等多方面对两种方案进行比较分析，如表5.5-1所示。

方案比较　　　　　　　　　　表 5.5-1

名称	施工方法	详细操作	优缺点	可行性
方案一	散件进场、高空散装	所有构件由工厂加工完成后编号分批进场，现场从伞柱由下往上的顺序采用格构柱支撑逐层安装、焊接，形成稳定结构后，进行技术复核，发现偏差及时调整	高空焊接量大，焊缝质量难以保证，安全风险高，施工周期长	可行
方案二	散件进场、分单元拼装、整体吊装＋无支撑自平衡	所有构件由工厂加工完成后编号分批进场，将"下分权""内分权"构件现场地面整体拼装为单元体，由下往上的顺序安装，中分权、边梁使用自平衡体系吊装	高空作业相对减少，施工周期短，质量容易保证，但对吊装设备要求较高、加工成本高	可行

3. 小结

综合考虑施工周期、施工安全、质量、成本后，选用方案二"散件进场、分单元拼装、整体吊装＋无支撑自平衡"，减少了高空作业，推进了施工的顺利进行，高质高效地完成了伞柱结构安装。

5.6　劲性柱施工方案

1. 技术概况及重难点

中央大厅整体为钢混结构，设置一层地下室，地下室采用钢筋混凝土框架结构体系，地上为树状钢柱支撑的大跨钢框架结构，由 36 个树状结构形成，柱距 36m、39m，结构总高 32.8m，屋面平面尺寸 141.3m×285.2m。

中央大厅地下结构安装主要包括地脚螺栓预埋及地下钢骨柱安装，钢骨柱主要为十字箱形柱、十字柱、矩形钢柱和型钢柱，其中十字箱形柱宽度 2800mm，箱体宽度 400mm，箱形柱有 □1400×800×60×60，以及型钢柱 H950×800×30×30。材质为 Q355B，最大板厚 60mm。钢骨柱长度均小于 9m，最大单件质量 29.7t，采用 80t 汽车式起重机进行吊装。劲性柱钢筋密集，内部型钢结构布置不规则（图 5.6-1）。

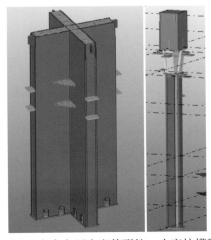

图 5.6-1　中央大厅十字箱形柱、十字柱模型图

中央大厅地下结构点多面广体量大，单个构件质量大，场地极复杂，主要依靠汽车式起重机进行配合吊装。此种超大异形劲性柱吊装定位，异形截面组合结构模板支设，劲性柱、组合楼板混凝土浇筑工序衔接等都存在较大施工难度。

2. 方案分析

根据现场实际工况，分别从方案可行性、经济性、安全性、施工效率等方面进行优缺点对比分析。

1）模板支设方案对比

对模板支设进行方案对比，具体分析如表5.6-1所示。

模板支设施工方案对比　　　　　　　　　　　　　　　　　　表5.6-1

方案	优点	缺点
方案一 采用定制钢模板	施工便利、效率高、质量好	因劲性柱截面尺寸空间上不规则，定制钢模板成本较高
方案二 采用"普通木模＋木方＋方圆扣"体系	散支散拆，灵活性强，解决劲性柱截面尺寸不规则问题，成本可控	方圆扣施工质量可控，效率满足正常施工，针对截面规则的劲性柱效益突出

通过对比方案，选定方案二进行施工。

异形和规则劲性柱均采用"普通木模＋木方＋方圆扣"模板系统，充分发挥"散支散拆"模板体系的方便及灵活性，降低异形柱模板支设操作难度。提前在钢骨上焊接对拉螺杆接驳器，与高强度螺杆进行机械连接，一次成优。

2）劲性柱安装与混凝土浇筑工序方案对比

由于地下室钢结构构件单重大，现场塔式起重机起重能力不足，且无法全范围覆盖，故采用汽车式起重机上底板的方式吊装。"确保主线，有序推进"，钢骨柱施工影响着土建柱筋绑扎、支模等相关专业和工序的施工，且吊装位置占用的大量底板位置影响周边其他专业施工，故钢骨柱为中央大厅地下室的主线工序，因此必须根据土建施工顺序，全力保障钢柱吊装工期，给后续工序作业创造条件，具体分析见表5.6-2。

劲性柱安装与混凝土浇筑工序方案对比　　　　　　　　　　表5.6-2

方案	内容	优点	缺点
方案一	先施工劲性柱安装，再顺序施工梁板混凝土浇筑	顺序施工，运输、吊装操作面大，质量、安全可控	不利于关键线路，劲性柱吊装施工直接制约附近结构模板支设
方案二	劲性柱吊装和梁板混凝土一起流水施工	分区流水施工，操作面满足施工即可，利于关键线路	质量、安全管理力度增大，施工组织难度大

通过方案的对比，选定方案二进行施工。

土建地下室施工顺序为由南向北整体推进施工，故地下室钢结构施工方向与土建一致。先施工劲性柱安装，再顺序施工梁板混凝土浇筑方案，结构整体进度缓慢。提前规划异形和规则劲性柱运输路线与吊装作业面，与主体混凝土浇筑一起流水施工，保证关键线路的工期与计划一致（图5.6-2）。

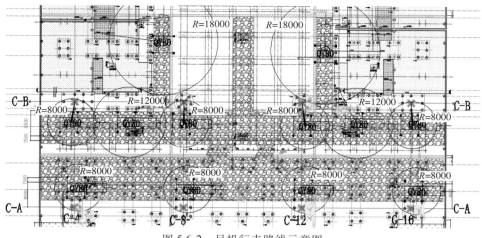

图 5.6-2　吊机行走路线示意图

3. 小结

超大异形劲性柱模板支设采用"普通木模 + 木方 + 方圆扣"体系，灵活性强，解决劲性柱截面尺寸不规则问题，成本可控，满足现场施工，最终高质完成超大异形劲性柱施工。采用劲性柱吊装和梁板混凝土一起流水施工，提前做好地脚螺栓定位板、缆风绳地锚等吊装前的措施，解决劲性柱吊装和主体模板工程相互制约的问题，在保证施工质量安全前提下，缩短关键线路工期。

5.7　近地铁施工专项方案

1. 技术概况及重难点

1）近地铁概况

项目近地铁施工内容包括 1 号、2 号天桥（图 5.7-1）桩基及钢构主体、7 ~ 14 号调蓄池基坑施工及冷却塔迁移施工，近地铁施工工程量较小。国展大道下有一条正在运营的地铁线路（图 5.7-2），此项目地铁 1 号线已运营，轨道集团与第三方评估单位定义此项目外部作业影响等级评价为特级。

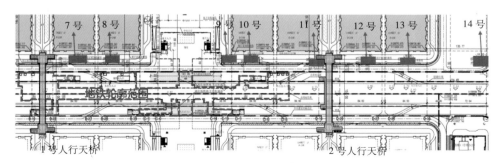

图 5.7-1　天桥及蓄水池平面图

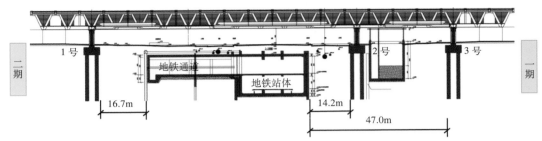

图 5.7-2 天桥与地铁结构关系

2）技术重难点及应对措施

天桥工程桩距离地铁结构最近处仅 0.8m，如何在不扰动地下水且保证地铁平稳运营的情况下进行桩基施工、土方开挖及天桥钢构吊装成为本工程主要重难点，如表 5.7-1 所示。

重难点分析及应对措施 表 5.7-1

序号	组织管理重点	具体分析	应对措施	责任人
1	工程连接运营地铁 1 号线，施工引起地铁 1 号线变形风险大	本工程位于地铁 1 号线之上，天桥横跨北洋村站体，目前地铁 1 号线已经开始运行，因此对施工过程中的安全质量要求极高；对结建区以及地铁站的保护措施，必须周密策划，施工方案必须经专家论证后方可实施	编制地铁保护专项施工方案，审批通过后进行施工；施工过程严格遵循专项方案及相应规范要求实施；设专人负责监管基坑支护变形情况，并做好记录	陈毅
2	高空吊装，安全与导行管理是重点	钢结构吊装过程中，高空坠物、物体打击等是安全防护的重点，安全形势空前严峻；安装任务量大，时间紧，精度高；受作业场地影响需占用海沽道进行交通导行，合理规划导行措施，避免交通堵塞	高空作业超过 3m 者必须系安全带，必要时设置防护网等防落设施；采用分区加工安装，选择多家优质加工厂、多家劳务单位为本项目合作单位，加工厂产能满足现场安装要求；设置交通疏导专员，配合交管部门做好交通引导。天桥下方设置安全行车通道，安全行车通道的设置应符合要求，在施工位置前后 100m 位置处设置安全警示标志	刘飞
3	严格控制地下水	地铁 1 号线已运行，因此对施工过程中的安全质量要求极高。施工过程中严格控制地下水，保证地铁正常运行	在桩基施工过程中，为确保对地铁影响最小，严禁使用地下水；施工全过程实施检测地下水水位及地铁稳定性；时刻保持回灌井运行正常，以便应急时使用	胡军

2. 方案比选

考虑施工安全和地铁运营影响，对距离出入口 0.8m 的桩基施工方案进行优选，分析见表 5.7-2。

桩基施工方案对比 表 5.7-2

方案	优点	缺点
方案一 长护筒磨盘钻机施工	施工安全，对周边及地层扰动小，泥浆不外溢	施工速度慢、费用较高，需要单独钻孔机械
方案二 潜水钻机施工	施工速度快，功效高，与展馆区机械一致	对周边地层扰动大，因泥浆容易外泄而造成污染

综合考虑，地铁停运损失极大，且会产生不良社会影响，故近地铁结构处采用方案一施工，其他距离较远，选定方案二进行施工，如图 5.7-3 所示。

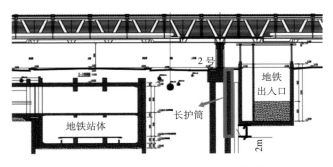

图 5.7-3 长护筒底标高与出入口底板关系

3. 小结

近地铁结构桩基施工采用长度为 13m 的长护筒，护筒底标高低于地铁出入口底板标高，护筒以下采用泥浆护壁，能够有效保证成孔质量。同时，可以使钻孔作业过程对地铁周边水位、结构主体及其出入口的影响达到最小。

第6章 全专业深化设计管理

6.1 总承包深化设计组织架构

本项目为会展类工程，项目体量大，分包较多，根据公司要求，设置深化设计部，由项目总工牵头，组件深化设计管理团队，配备了专业深化工程师，分为钢结构、幕墙、屋面、机电安装等管理小组，对各分包进行统一组织管理。负责与设计院沟通，设计图纸的深化、优化、结构的验算，并确保设计图纸、深化图纸、变更图纸在现场的有效实施，并及时根据总进度计划对工程图纸进行深化、审核、报审等，确保工程正常进行，如图6.1-1所示。

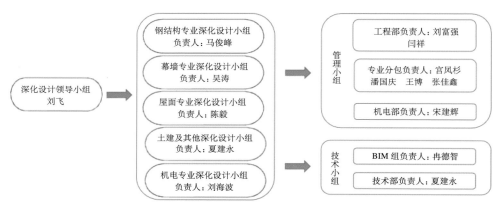

图6.1-1 总承包组织架构图

6.2 设计管理难点

项目部收到图纸后，需要在短时间内整理好图纸，并下发给各家单位，部门多、分包多、涉及面广，容易造成错漏、下发时间长。

专业设计单位较多，图纸需要统一设计、统一变更、各专业照顾到位，设计调整、变更关联到多家单位。

分包数目众多，图纸分发量大，容易造成漏发、错发。

设计管理措施：

（1）建设单位安排专人跟踪现场设计进度，并要求设计院派专人全程驻场办公，现场第一时间解决设计问题，及时配合总包单位各个阶段验收。

（2）每周一次深化设计例会，要求甲方、设计院驻场代表、设计院、总包、幕墙、屋面、钢结构、标识、机电、室外等共 13 家深化设计单位及其他相关部门、单位参加，会上针对存在的洽商、深化图纸、其他技术问题进行讨论，会上能给出回复的就直接回复，不能直接回复的对问题进行重点讨论，给出回复时间，并形成会议纪要，下发有关单位，作为设计、施工的依据，基本能够及时解决设计、施工中存在的问题。

（3）对于特大重点、难点、节点，应按比例打样，待样板由设计确认后，方可大面积施工。

（4）成立项目 BIM 工作站，通过 BIM 技术应用，将各个专业 BIM 模型进行综合，进行碰撞检查，及时发现各类问题，减少返工，同时协调深化设计冲突，给深化设计决策提供支持。

6.3　建筑设计要点

本项目为大型展览建筑，一共六栋建筑，两座连桥。A 为一层垃圾转运站，建筑高度 6.2m；B、D 为展厅及交通连廊，展厅部分一层通高，交通连廊部分为三层，建筑高度 24m；C 为中央大厅，公共主空间为一层，局部为二层或三层，建筑高度为 34m；E 为东入口大厅，主空间一层，西侧局部二层，建筑高度 23m；F 为人防地下室，地下二层；G 为连接一、二期跨市政道路国展大道的连桥，东西各一座，如图 6.3-1 所示。

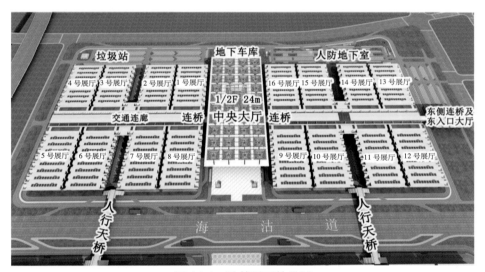

图 6.3-1　建筑平面效果图

本工程建筑设计管理，从建筑质量保证、功能实现、品质提升、政治影响力等方面进行考虑，针对建筑设计要点，自下而上对超大型公建，施工方案优化，专业穿插，防水设计，保温节能性能，幕墙施工，金属屋面抗揭、保温、施工，温度沉降性能，标识导引，建筑整体内外行走路线的合理性，空间利用的合理及适宜性，整体建筑的外观效果，大型建筑的疏散性能，建筑自身所蕴含的意义等方面进行了沟通，并通过现场实际的实施情况进行二次优化更改，均达到预计的良好效果，圆满实现了建筑的功能。

6.3.1 重点通用事项及建议

1. 各层平面

（1）地上各层在机电安装前应优先做好管综排线，确定各位置最低净高可实现之后，方可进行安装。

（2）本项目主要隔墙为蒸压加气混凝土板墙，参考图集《预制装配式轻质内隔墙》津17J18。条板墙按规范规定，均采用工厂预制生产，管线工厂预留预埋，隔墙现场装配拼接，避免条板现场切割剔槽。板材进场前，如强弱电槽、卫生间内埋管等易忽视部位也需要提前做好预留，不得现场二次开洞。其余操作规范详见图集内规定。

（3）隔墙上洞口长边尺寸小于300mm的设备、电气等留洞，详见各专业施工图，建筑专业图纸不予表示；墙体施工时，应先校对各专业图纸，待墙体上所有土建、设备及电气管道留洞准确后方可施工，施工单位各专业间应密切配合，严格检查。如发现问题，应及时通知设计方协商解决，不得擅自施工。

（4）隔墙上洞口长边尺寸大于300mm的设备、电气等留洞分为以下两种情况，专业间应密切配合，严格检查，不得擅自施工和随意打凿：

①底边在距楼地面2.5m以下的洞口见建筑专业图纸，施工中应核实建筑专业与相关设备电气专业图纸，确认无误后再进行施工。

②底边在距楼地面2.5m以上的洞口建筑专业图纸不予表示，墙体一次砌至2.5m高，待管线施工安装完毕后，或不影响设备电气等安装及施工的情况下，再进行施工至顶，机电专业穿墙管线见设备电气专业图纸。

（5）图中详图索引线内的尺寸标注及门窗洞口以详图为准。在精装设计范围内的房间及公共区的最终实施方案以精装施工图为准。外幕墙、屋面的实施方案以幕墙施工图为准。

2. 室内净高控制

本项目对精装区域净高要求如下。

首层精装区及公共区：5.5m。

连桥下净高：5.5m。

二层精装区及公共区（除通廊二层大会议室）：4.4m。

通廊二层大会议室（仅会议部分）：5.5m。

通廊餐厅三层连桥下控制净高：4.4m。

中央大厅连桥下控制净高：5.5m。

3. 室内外高差

本项目主入口室内外的高差为0.10m，并自门口向室外做1.5%找坡。为防止雨水反溢入室内，沿雨篷下方设置条缝式排水沟。

4. 钢结构防火

1）喷涂高度要求

（1）对于距地面12m以上的中央大厅、二层交通连廊、展厅的屋顶钢结构，可以不进行钢结构保护。

（2）展厅距地面12m高度以下面向室外钢柱的部分为实体墙时，室外钢结构可不做防火保护。

2）钢结构表面处理

应采用喷砂处理表面，应无可见的油脂和污垢，并且没有氧化皮、铁锈、油漆涂层和异物。粗糙度应满足 30 ～ 85μm。

3）钢结构底漆中间漆要求

所有膨胀型防火涂料粘结强度不小于 0.5MPa，体积固体含量≥ 72%；非膨胀型防火涂料粘结强度不小于 0.15MPa，石膏基非膨胀型防火涂料应采用环氧腻子找平。所有非膨胀型防火涂料加找平腻子厚度最大处不超过 30mm。

4）防火涂料

除消防性能化设计论证可不进行防火保护的钢构件外，其他钢结构均应按防火规范的要求涂刷防火涂料。公共空间明露部位的钢构件采用"底漆 + 中间漆 + 防火涂料（及腻子）+ 面漆"的做法。所有漆膜色彩均需在提供样品确定、防火涂料基底试色完成后方可施工。

6.3.2　金属屋面构造重点事项

（1）金属屋面板为 AA3004 铝镁锰合金屋面板，厚度不应小于 0.9mm，采用暗扣式直立锁边板型；屋面保温系统采用两层岩棉板交错组成，从上而下依次为 70mm 厚、密度 180kg/m³ 保温岩棉（上表面带防潮层贴面），70mm 厚、密度 180kg/m³ 保温岩棉。

（2）本工程金属屋面采用无檩（局部有檩条）的结构底板系统，压型钢底板安装于屋面主体结构上方，而无可见的檩条。

（3）金属屋面构造做法主要分两部分：展厅坡度为 5% 的平坡部分和坡度为 130% 的折弯部分；另外注意展厅边跨保温构造做法，如图 6.3-2 ～图 6.3-7 所示。

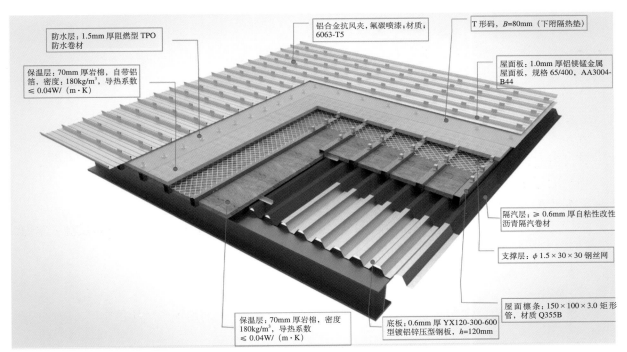

图 6.3-2　金属屋面构造做法剖面图

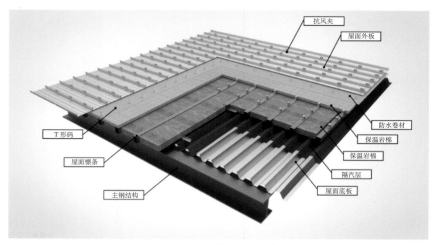

图 6.3-3　金属屋面防水构造

图 6.3-4　金属屋面室内完成效果

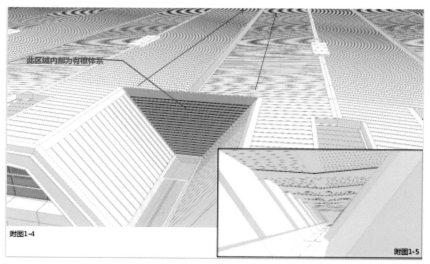

图 6.3-5　金属屋面 V 形构造做法

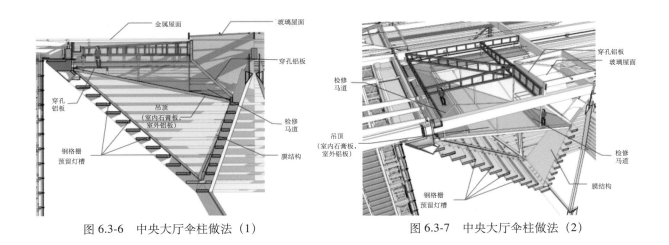

图 6.3-6　中央大厅伞柱做法（1）　　　　图 6.3-7　中央大厅伞柱做法（2）

6.4　本工程结构设计管理

6.4.1　结构设计要点

结构体系的选择应利用不同体系的受力性能，实现结构的安全性和经济性，同时创造出不同的功能空间，为建筑空间艺术服务。结构根据伸缩缝分为 13 个区域，单元划分如图 6.4-1 所示。总平面布置如图 6.4-2 所示。

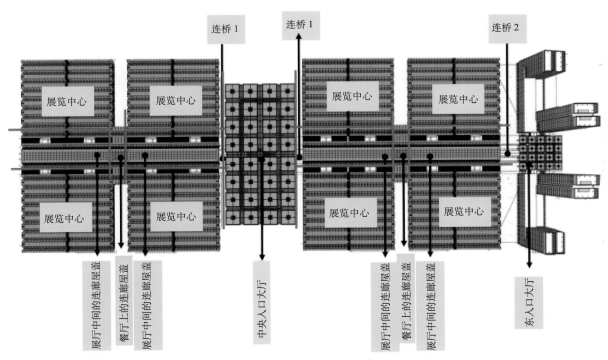

图 6.4-1　中央大厅、展馆区布置图

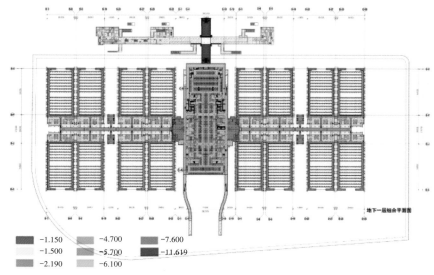

图 6.4-2 总平面布置图

本工程位于海河陆区域，结构设计基准期：50 年。

结构设计使用年限：50 年。

钢筋混凝土部分耐久性要求：100 年。

建筑结构安全等级：

1）建筑结构安全等级：中央大厅、展厅、通廊、餐厅：一级。

连桥、垃圾站：二级。

2）结构重要性系数：中央大厅、展厅、通廊、餐厅：1.1。

连桥、垃圾站：1.0。

3）建筑抗震设防类别：中央大厅、展厅、通廊、餐厅：重点设防类（乙类）。

连桥、垃圾站：标准设防类（丙类）。

4）抗震等级：中央大厅、展厅、通廊、餐厅：二级。

连桥、垃圾站：三级。

入口大厅地下室：二级。

5）地基基础设计等级：甲级。

耐火等级：中央大厅、展厅、通廊、餐厅、连桥为一级；垃圾站为二级。

地下室防水等级：一级。

抗震设防烈度：8 度，抗震措施：连桥为 8 度，其他为 9 度。

设计基本地震加速度：0.20g。

设计地震分组：第二组

特征周期：0.62s（按照天津市要求采用差值）。

建筑物场地类别：IV 类。

温度作用：

根据现行荷载规范及天津市地方标准：天津月平均最高气温为 40℃，天津月平均最低气温

为 -20℃。对于屋盖结构，在设计中对温度荷载进行如下取值：

基准温度及合龙温度为 ±5℃。

最大温差：室外 ±35℃，室内 ±15℃。

中央大厅是树状钢柱支撑的大跨钢结构，柱距 36m 或 39m，结构总高 32.0m，屋面总尺寸 141m×285m。

树形柱延伸至地下室底板。每个柱单元之间以刚接钢梁进行连接，钢梁的跨度分别为 6m 及 9m，将树形结构连成连续的框架，形成刚度较大的整体结构体系。

中央大厅内部附属房间为两层钢框架结构，最大柱距约 13m。

中央大厅下部设置一层地下室，深 6～7m。地下室采用钢筋混凝土框架结构体系。地上框架部分钢柱在地下室转换为型钢混凝土柱，如图 6.4-3 所示。

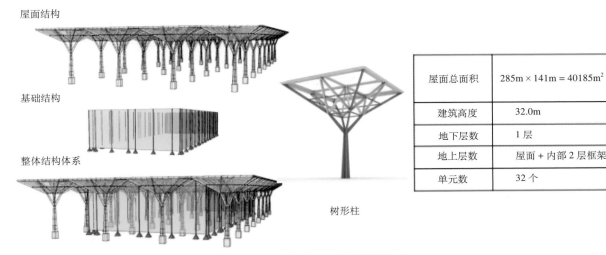

屋面结构

基础结构

整体结构体系

树形柱

屋面总面积	285m×141m = 40185m²
建筑高度	32.0m
地下层数	1 层
地上层数	屋面 + 内部 2 层框架
单元数	32 个

图 6.4-3　中央大厅伞柱及幕墙布置

中央大厅内连桥跨度为 23～30m，采用钢桁架结构，支撑在 8 个箱形钢柱上。钢桁架弦杆间方便机电管线穿过，如图 6.4-4 所示。

展厅为单层大跨钢结构，每个展厅总长度 186m，跨度约为 84m，屋面结构高度 23.28m，每两个展厅合并为一个屋面结构单元，每个屋面结构单元总尺寸为 186.36m×159.7m，采用钢柱及钢桁架的结构体系。

展厅内部夹壁墙为设备用房或卫生间等，两层钢框架结构或钢框架 + 中心支撑结构，如图 6.4-5 所示。

抗侧力结构体系分为两大部分：

A：刚接的柱脚所形成的悬臂柱提供一定程度上的抗侧力刚度。

B：在大跨度方向，在中间两列柱间设置支撑体系，如图 6.4-6～图 6.4-8 所示。

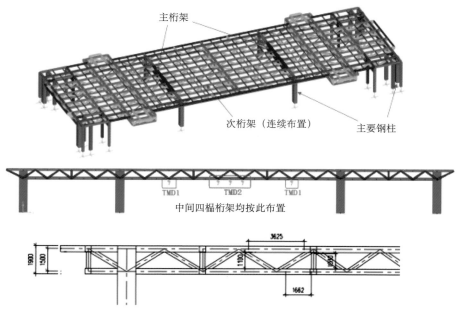

图 6.4-4　中央大厅桁架布置图

图 6.4-5　展厅布置及效果图

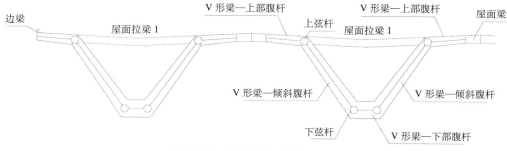

图 6.4-6　展厅桁架节点剖面图

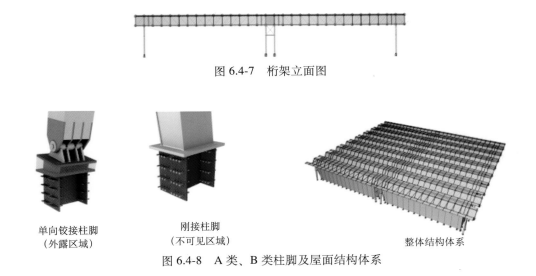

图 6.4-7　桁架立面图

单向铰接柱脚
（外露区域）

刚接柱脚
（不可见区域）

整体结构体系

图 6.4-8　A 类、B 类柱脚及屋面结构体系

通廊及屋盖：

连接各展厅的交通连廊屋顶为大跨钢结构，屋面结构高度 23.28m，每个屋面结构单元总尺寸为 186.36m×73.9m，采用与展厅外观一致的钢柱及钢桁架的结构体系。通廊屋面以下部分，为多层钢框架结构，主结构两层，局部有屋顶机房刚架，层高分别为 7.7m、6.65m、4.5m。因建筑功能要求，存在局部大跨部分：跨度达到 19.3m×21m、19.3m×36m，采用主次桁架受力体系，桁架轴线高度 1.58m，此部分屋面局部抬升至 16.3m 标高。

通廊屋面—体系 A：

和展厅采用同样的竖向和水平抗侧力体系，以及截面形式。因为其桁架间距（受荷面积）远大于展厅，所以增加了附加的短柱，以减小其跨度，如图 6.4-9 所示。

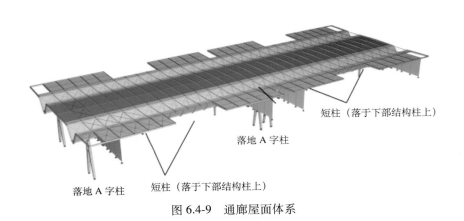

短柱（落于下部结构柱上）

落地 A 字柱

落地 A 字柱　短柱（落于下部结构柱上）

图 6.4-9　通廊屋面体系

餐厅及屋盖：

（1）通廊屋面以下部分，为多层钢框架结构，主结构两层。

（2）餐厅屋面—体系 B。

桁架结构体系及外形同展厅，以保持建筑效果一致，截面细部尺寸根据结构受力进行优化。水平和竖向抗侧力体系采用和下部结构刚接的短柱，如图 6.4-10、图 6.4-11 所示。

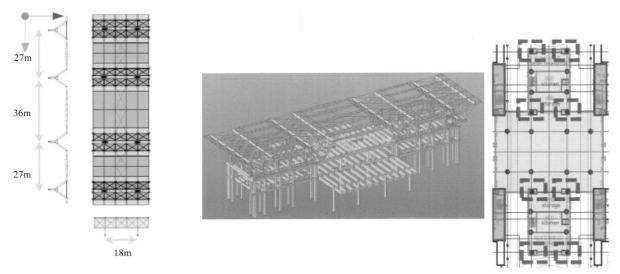

图 6.4-10 水平抗侧力体系及短柱　　　　　　图 6.4-11 餐厅结构体系

连桥：

连桥 1 和连桥 2：

局部跨度 12 ～ 20m 的梁；考虑采用箱形截面，增加结构刚度及抗扭特性，如图 6.4-12 所示。

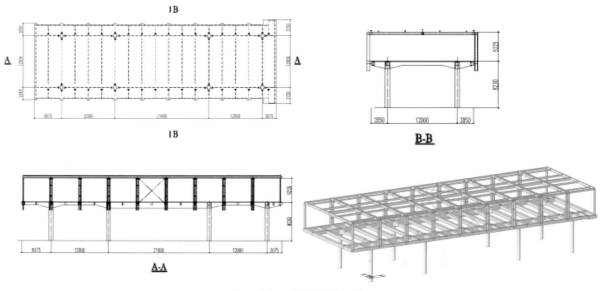

图 6.4-12 连桥结构体系

在施工实施过程中，经项目结构设计管理团队的方案设计策划比选，对结构进行优化设计，确定更合理、安全的设计方案。例如：幕墙结构的变更，保证幕墙结构的防水、密封、安全性，将屋面由无檩体系调整为有檩体系，保证体系的抗风揭性能及结构安全。将人防基础底板结构形式进行调整，保证施工进度及整体的结构安全，并且节约了造价，同时对一些结构进行自主深化设计。例如：将通廊的预制板调整为现浇板；将通廊二层的步道梯预留洞部分调整为混凝土楼板；将中央大厅楼板增加配筋，以保证钢结构吊装车辆正常行驶，保证了施工进度；将管沟上部楼板加强配筋，保证钢结构吊装机械顺利通过；在人防维护桩上部冠梁增加挡土墙，保证基坑内部人员安全及周边车辆正常行驶。

6.4.2　分包深化设计管理体系

深化设计子项多，且工作量较大。在施工图深化设计之前，首先要熟悉大量的施工图纸、规格书和特殊规格书，必须要全面理解，有些重要部位还要对照原设计图纸根据自身的工程实践经验和设计经验进行深化，如结构的新技术和空间构造的复杂性、消防系统的先进性，以及建筑给水排水及供暖工程、电气工程、智能建筑工程、动力工程等错综复杂的情况。楼梯的高度是否满足消防规范、结构承载是否满足设计要求，以及各专业之间的碰撞等问题。这些必须在深化设计中加以改善、补充和纠正。使用所有设备、材料的规格和品种（一种或几种品牌）前，必须按要求报审，经业主和原设计确认后，方能在深化设计中应用。针对本项目各专业分包比较多的情况，项目部制订了行之有效的管理体系，形成了以深化设计部为核心，涵盖各主要分包的深化设计体系，统一管理、协调，确保整个体系平稳有效、运行。项目部组建了深化设计部，统筹管理钢结构、机电、幕墙、金属屋面、条板墙、精装修、标识的深化设计工作，如图 6.4-13 所示。

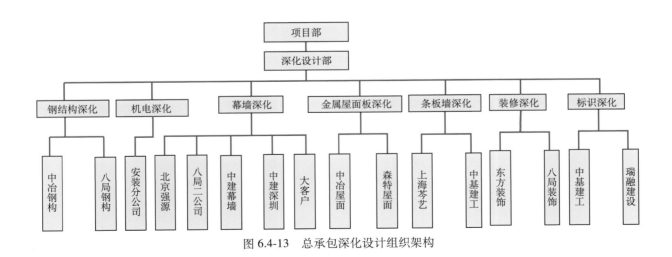

图 6.4-13　总承包深化设计组织架构

6.4.3　各部门人员组成及职责

同时，明确了各个职能部门及人员的职责，如表 6.4-1 所示。

各职能部门及人员职责 表 6.4-1

序号	岗位	职责
1	项目总工	1）负责落实局、公司、分公司制订的各项设计管理制度； 2）负责本项目设计管理各项指标的制订及分解工作； 3）负责项目设计、策划、主持工作； 4）负责各阶段设计成果联审组织工作； 5）负责组织项目深化设计工作； 6）负责组织召开设计例会，进行设计协调管控组织工作； 7）负责对项目管理人员开展设计业务知识的培训工作，工程设计标准、规范、技术规程、图集以及对标学习等； 8）负责项目"双优化"管控工作
2	设计管理专职负责人	1）负责项目设计管理制度和流程的建设工作； 2）负责组织项目设计策划编制和报审工作； 3）负责组织项目优化策划落实工作； 4）负责联动项目各部门进行图纸预审和会审组织工作； 5）负责项目的设计变更管理； 6）负责展开项目深/优化设计工作； 7）负责项目深/优化设计管理工作（进度管理、质量管理、报审管理和图纸管理）； 8）负责项目"双优化"立项和认定工作
3	专业分包	主要负责对本专业深化设计的实施
4	BIM团队	己方BIM人员负责监督管理专业分包BIM建模情况，并进行整合
		专业分包BIM管理人员负责对所负责区域建模

6.4.4 设计文件管控

设计文件管控主要分为洽商管理、变更管理、技术文件过程管理。

洽商：项目部统一由总工负责编制、审核，资料员负责下发（表6.4-2）。

设计文件管控表 表 6.4-2

cSCEc	中国建筑 项目管理表格								
	发文记录表					表格编号			
						CSCEC8B-TD-B20603			

单位工程：国家会展中心（天津）工程二期项目

序号	文件名称或内容摘要	发放单位（部门）	发放号	发放人	签收单位/部门	份数	签收人	签收日期	备注
1	展厅后浇带调整	技术部（资料室）	1	闫芬	商务部	1份			
		技术部（资料室）	2	闫芬	技术部	1份			
		技术部（资料室）	3	闫芬	质量部	1份			
		技术部（资料室）	4	闫芬	工程部（西区）	1份			
		技术部（资料室）	5	闫芬	工程部（东区）	1份			
		技术部（资料室）	6	闫芬	工程部（人防区）	1份			
		技术部（资料室）	7	闫芬	工程部（中央区）	1份			

续表

	中国建筑　项目管理表格							
	发文记录表				表格编号			
					CSCEC8B-TD-B20603			

单位工程：国家会展中心（天津）工程二期项目

序号	文件名称或内容摘要	发放单位（部门）	发放号	发放人	签收单位/部门	份数	签收人	签收日期	备注
1	展厅后浇带调整	技术部（资料室）	8	闫芬	BIM	1份			
		技术部（资料室）	9	闫芬	机电部	1份			
		技术部（资料室）	10	闫芬	森易源	1份			
		技术部（资料室）	11	闫芬	长远域通泰	1份			
		技术部（资料室）	12	闫芬	徽中建筑	1份			
		技术部（资料室）	13	闫芬	梁平荣安	1份			
		技术部（资料室）	14	闫芬	中宏超越	1份			
		技术部（资料室）	15	闫芬	天津辉腾	1份			
		技术部（资料室）	16	闫芬	天宇信达	1份			
		技术部（资料室）	17	闫芬	益加和	1份			
		技术部（资料室）	18	闫芬	重庆圣华	1份			
		技术部（资料室）	19	闫芬	河南昌蒲	1份			

第 7 章　幕墙施工方案优选

7.1　轨道式升降平台及吊架系统幕墙施工方案

1. 技术概况

本工程体量大，共计 16 个展馆，单个展馆长 157.5m，宽 81m，高 23.9m，展馆 13.2m 以下主要为 300 系统铝板幕墙及 400 系统玻璃幕墙，13.2m 以上为 500 系统玻璃幕墙，13.2m 标高处结构有宽约 1m 的平台，整体造型简洁大方。展厅效果图如图 7.1-1 所示。

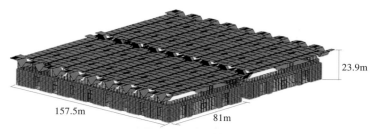

图 7.1-1　展厅效果图

2. 技术难点

（1）工期短，各专业穿插施工多，施工组织是难点。

（2）整个结构外部装饰全为玻璃幕墙和铝板幕墙，建筑面积达 28 万 m²，安装工期紧、任务重，且幕墙形式较复杂，如何保证幕墙按时完工是本工程施工的难点。

（3）幕墙外侧有大量装饰性的横向铝板装饰线条，横向铝板装饰线条按照设计师要求分布在建筑物的各个区域，使得整个外立面幕墙非常有层次感。在施工过程中，如何保证线条整体的安装精度和成品保护是本工程的重点和难点。

3. 方案介绍

目前传统幕墙施工工艺多为搭设通高架体，施工周期长，占地面积大，成本高，措施费高。本方案根据展厅现场实际情况及不同幕墙系统的特点采取相应的施工措施。该方案具有快速高效、操作难度低、安全性高、可实现多专业立体穿插施工的特点。

在仔细研究图纸以及现场实际考察后，计划采用轨道式升降平台塔施工技术进行展厅东西立面 13.2m 以上部分 500 系统的框架式玻璃幕墙施工，采用轨道式操作平台进行展厅南立面 13.2m

以上部分 500 系统的框架式玻璃幕墙施工，采用轨道吊架进行展厅东西立面 13.2m 以下部分 300 系统的框架式铝板幕墙施工，如图 7.1-2 所示。

图 7.1-2　设备使用区域划分

1）轨道吊架系统

轨道吊架系统使用 8 号槽钢做轨道，吊架与轨道间采用抱轨方式连接，吊架整体尺寸为 0.6m×3.5m×14.4m，主要由整体骨架、悬挑支臂、操作平台组成；侧面设置上人爬梯，仅底部设置支腿，操作平台设置单向开启门等。根据作业需求，分别在每个展厅东、西面布置 4 台吊架，如图 7.1-3、图 7.1-4 所示。

2）轨道式升降平台系统

升降平台与轨道间采用抱轨方式连接，轨道采用双道 8 号槽钢做轨道，升降平台尺寸为 800mm×1950mm×1980mm，整机质量 700kg，应用于东、西立面 13.2m 以上 W 形幕墙。现场采用铝合金升降台，在底部安装框架底座，底座用方钢加工制作，采用螺栓固定在升降平台底部，根据作业需求每个展厅东西面分别布置 4 台升降平台，如图 7.1-5、图 7.1-6 所示。

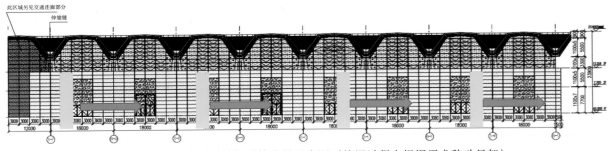

图 7.1-3　展厅东西面吊架系统布置示意图（使用过程中根据需求移动吊架）

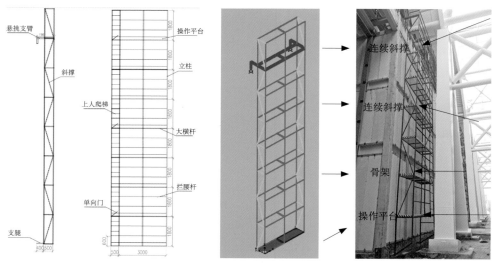

图 7.1-4 吊架效果图及现场实物图

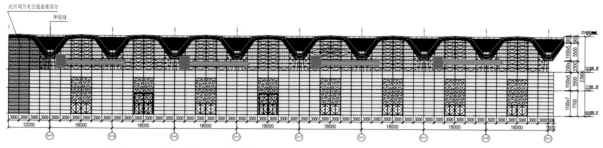

图 7.1-5 展厅东西面轨道式升降平台布置图（使用过程中根据需求移动）

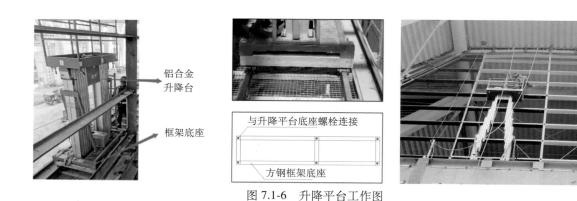

图 7.1-6 升降平台工作图

3）轨道式操作平台系统

操作平台与轨道间采用抱轨方式连接，轨道采用双道 8 号槽钢做轨道，操作平台外形尺寸为 740mm×3500mm×1600mm。根据作业需求，每个展厅南面分别布置 2 台操作平台。应用于南北立面 13.2m 以上的幕墙，主要由整体骨架、框架底座、操作平台、护栏等组成，底座为方钢框架，如图 7.1-7～图 7.1-9 所示。

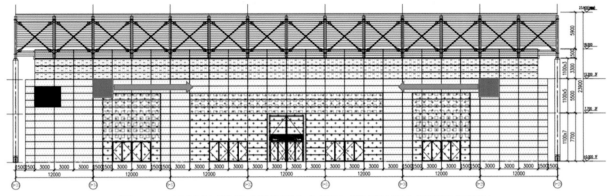

图 7.1-7　展厅南面轨道式操作平台布置图（使用过程中根据需求移动）

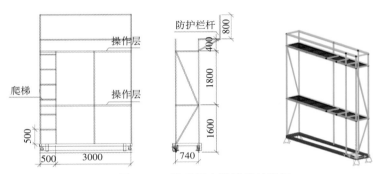

图 7.1-8　移动平台设计及效果图

图 7.1-9　现场实体图

4. 小结

综合考虑施工周期、工程造价及各专业交叉施工组织的问题，以及过往工程实践的证明，轨道式升降平台及吊架系统幕墙施工方案技术成熟可靠，对幕墙高效高质施工具有指导意义。

7.2 幕墙龙骨整体吊装方案

以装配式思路进行现场幕墙安装作业，将大量高空焊接作业转移到地面施工，保证焊接质量。为防止整体吊装过程龙骨变形过大，起吊前，整体增加 X 形固定型材，待吊装定位加固后拆除。与传统散装拼装焊接相比，整体吊装可大量减少高空作业，施工难度低，容易控制质量，施工安全性高，效率高，且可节约工期，如图 7.2-1 所示。

图 7.2-1　龙骨整体吊装

7.3 超高单片桁架式幕墙施工方案

7.3.1 技术概述

中央大厅玻璃幕墙骨架为超高单片式桁架立柱结构体系，立柱桁架高度为 33m。通过对立柱桁架整体实施过程进行受力分析，同时考虑了加工及运输的控制、整体深化设计及吊装方案的讨论论证，采用了钢拉杆装配式组合整体吊装技术，解决了超高单片式立柱桁架变形控制难题，成功完成了立柱桁架的施工，采用吊篮施工工艺进行玻璃安装，解决了玻璃幕墙架体施工安全性低及造价高的难题，如图 7.3-1、图 7.3-2 所示。

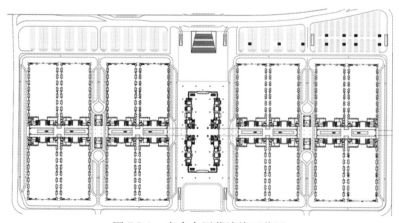

图 7.3-1　中央大厅幕墙施工范围

图 7.3-2　中央大厅立面图

7.3.2　技术难点

1. 超高单片式桁架加工、运输及安装难度大

中央大厅立柱桁架总体高度为 33m，且为单片式，加工、运输及吊装极易变形，从而造成整体安装质量偏差过大，需进行深化设计、计算和分段。

2. 33m 受限空间内超高单片式桁架吊装难度大

中央大厅单片式桁架分段加工，现场钢结构框架结构已经施工完成，在地下室顶板上拼装胎架，由于设计荷载受限及 33m 吊装空间受限，大型起重机械作业难度大，且幕墙结构对立柱桁架结构水平、立面平整度、构件加工控制变形、构件安装垂直度要求控制在 8mm 以内。

3. 33m 高玻璃幕墙安装是难点

传统架体施工方式在安装玻璃幕墙时拉结点设置困难，难以保证施工安全性，拉结点位置后期安装玻璃施工成本高。

7.3.3　方案介绍

1. 单片式立柱桁架结构分段加工

利用 BIM 技术，结合深化设计要求、确定的施工方案以及构件运输对长度、宽度、质量的要求，对钢桁架结构进行了构件的划分。将现场焊接拼装焊接部位预留在结构受力小、应力不集中、偏离主节点的部位，按照上述原则保证结构稳固性及施工便利性。

在实施的过程中，分别将钢桁架划分为两节、三节，从而满足构件的加工、运输及吊装要求，如图 7.3-3 所示。

2. 超高单片式立柱桁架吊装

1）吊装方法的选择

因钢桁架整体拼装、吊装都在地下室顶板上进行，根据顶板（厚度 180mm、250mm）设计承载力要求可知大型支撑结构、大型机械设备无法进场进行安装作业，且周边及上部的伞柱已安装完成，施工条件受限。

在有效结合现场施工条件，施工设备的选取，构件分段设置及工期要求的基础上，本项目采用了分体桁架现场拼接、整体吊装的施工方法。

下面以 33m 桁架为例进行机械的选择。

33m 长桁架最重约为 9.8t，桁架顶标高为 32.125m，则吊装最大质量为 $Q_3=Q_1+Q_2=10.3t$（$Q_1=9.8t$，锚索质量 $Q_2=0.5t$）。在 5.5 ~ 7.5m 工作半径位置吊装质量为 12.4t，9.0m 工作半径起吊质量为

10.9t，均大于吊装最大质量 Q_3=10.3t。因此，吊车工作半径9.0m范围内，选用50t吊车满足吊装质量要求，如图7.3-4所示。

QY50吊车在工作半径9.0m位置，按吊车最高点距±0.000m地面距离可以达到 H=33.125－0.8=32.325（m），吊车悬伸臂长 $L=\sqrt[2]{9^2+(33.125-1.5-0.8)^2}$ =32.1（m），小于吊车9.0m半径时的臂长 L=36.2m（图中桁架顶部离吊臂底盘最大高度 H_1=33.125－1.5－0.8=30.825（m）），吊车车厢底盘 H_3=1.5m，吊车臂底端中心距离桁架结构中心水平距离 S=9.0m，加上吊车臂伸出伞状柱顶面长度2.0m，对应的吊车臂净长 L=32.1+2.0=34.1（m）＜36.2m。吊装时，应将吊车半径控制在9.0m以内，所以50t吊车臂长满足吊装要求。

由50t吊车参数性能表可知，50t单台吊车满足吊装33.0m桁架结构吊装使用要求；双机抬吊时，桁架结构质量被2台吊车分担，单个吊车质量约5.0t，仅在桁架结构呈竖立状态时，单台吊车承受正片桁架质量，满足吊车使用要求。

综上分析，33m桁架吊装时，选用50t吊车，满足使用要求。

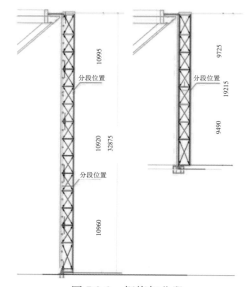

图7.3-3 钢桁架分段

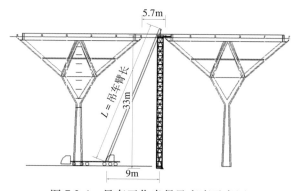

图7.3-4 吊车工作半径及高度示意图

2）整体安装部署

将组装好的桁架结构按照预定吊装方案进行吊装定位，根据现场实际进展情况，将中央大厅幕墙钢结构施工主要分为四个区块，即南面、北面、东面、西面。安装顺序如图 7.3-5、图 7.3-6 所示。

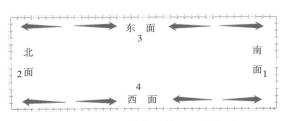

图 7.3-5　桁架结构吊装平面示意图

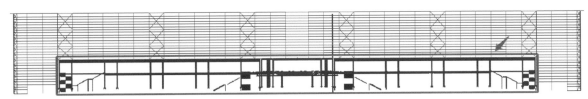

图 7.3-6　桁架结构东西方向示意图

3）胎架拼接

胎架由矩形钢管焊接而成，在胎架支承处设置调节机构，以保证构件在预拼时的精度。同时，胎架制成后，将其焊接在钢板上，使整个胎架形成一个刚性体。在施工场地上弹出桁架预拼装放样线，此放样线作为每根杆件放置时的基准线。将运至现场的分段桁架构件，按照放样线依次摆放好，按由主而次的拼装顺序进行桁架预拼装。将桁架在对接处进行焊接连接，注意桁架翻面焊接时对桁架结构的变形控制和焊接检验。桁架对接拼装完成后，由于桁架采用平铺式对接，桁架尺寸较长时，采用 2 台 50t 汽车式起重机平吊脱模，脱模时应保证桁架平稳不变形，如图 7.3-7、图 7.3-8 所示。

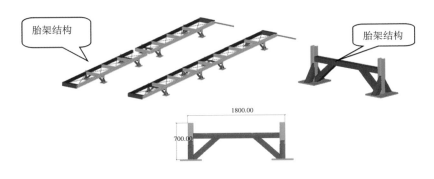

图 7.3-7　搭设胎架对接桁架结构

图 7.3-8 桁架结构吊点位置示意图

4）吊装安全性及变形验算

在桁架上端顶部横梁下部加设"八"字撑结构，使桁架结构与主体伞状钢结构顶部相连，增加桁架结构整体稳定性（经计算确定，19.3m桁架结构底部不需要通过加设"八"字撑结构来保持结构的稳定性），如图7.3-9、图7.3-10所示。

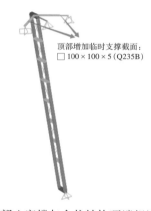

顶部增加临时支撑截面：
□ $100 \times 100 \times 5$（Q235B）

图 7.3-9 顶部八字撑与伞状结构顶端相连结构视图

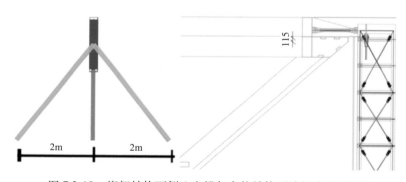

图 7.3-10 桁架结构两侧八字撑与伞状结构顶端相连平面视图

计算分析时，自重 D 考虑1.1放大系数，风载按照计算书最大值施加了双向风荷载，$D+W_1$ 的一阶屈曲如图7.3-11所示。

$D+W_1$ 的一阶屈曲因子为27，满足规范要求。

主吊车松钩，安装完成。开始前通过sap2000软件进行验算，核算出端头及加固需要增强的位置，并根据验算结果进行现场实施。

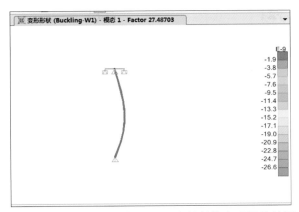

图 7.3-11 桁架结构两侧设置八字撑结构变形计算简图

5）吊装实施

在结构 L/4 位置节点处设置吊点，采用一台 25t 吊车分别将 9.85m 上段和 10.0m 下段桁架结构在地面胎架上进行对接，如图 7.3-12、图 7.3-13 所示。

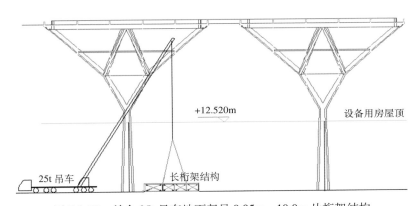

图 7.3-12 单台 25t 吊车地面起吊 9.85m、10.0m 片桁架结构

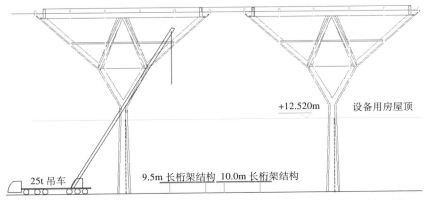

图 7.3-13 同时将 9.85m 和 10.0m 长桁架结构平铺横放于胎架上进行对接

　　同时使用 1 台 25t（副吊车）和 1 台 50t（主吊车）吊车，在桁架结构约 $L/5$ 位置节点处设置吊点；两台吊车协同起吊，将横立放置在地面胎架上的桁架结构水平缓慢提升至约 20m 标高处。此处标高可根据现场实际工况进行调整，尽量减少吊车站位周边障碍，方便桁架吊装。

　　继续保持主吊车车臂不动，副吊车钢丝绳缓慢松绳使结构下端缓慢下降；保持副吊车臂不动，继续提升主吊车钢丝绳，提升桁架结构上端，重复上述吊装过程，直至桁架结构上端到达与伞状树形主体钢结构连接安装位置高度，副吊车松钩，调整主吊车车臂，使结构基本处于竖直状态（必要时可用主吊车副钩带一下调平），并采用晃绳将结构拉到旋转 90°，校准桁架结构安装位置后，先人工拉晃绳，将结构底部处于大致的安装位置，然后轻推（拉）结构下端，安装下部销轴；安装结构上端销轴，如图 7.3-14、图 7.3-15 所示。

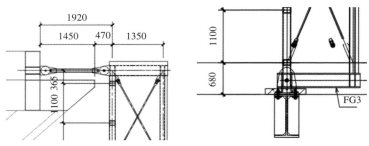

图 7.3-14　桁架结构顶部、底部销轴节点大样图

图 7.3-15　幕墙钢桁架现场吊装

　　6）玻璃安装

　　中央大厅玻璃安装施工选用 ZLP-630 系列型号电动吊篮施工。结合项目现场工况、工期、作业环境，吊篮固定架采用钢丝绳缠绕于主体伞柱钢结构梁上作为篮框固定支点，吊篮整体分批进场 60 台，如图 7.3-16、图 7.3-17 所示。

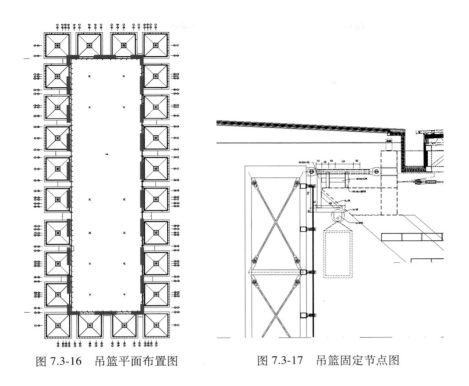

图 7.3-16　吊篮平面布置图　　　图 7.3-17　吊篮固定节点图

7.3.4　小结

综合考虑施工安全、工程造价及工程进度，以及过往工程实践的证明，超高单片桁架式幕墙施工方案技术成熟可靠，对幕墙高效高质施工具有指导意义。

第 8 章　屋面施工方案优选

8.1　超大面积金属屋面施工方案

8.1.1　技术概况及重难点

国家会展中心（天津）工程屋面系统共 59 万 m^2，整体结构分为展厅、交通连廊及中央大厅部分，按构造分为屋面板系统、铝单板系统、天窗系统、采光玻璃系统、格栅系统、天沟系统等。其中，展厅、交通连廊结构为展翅翱翔的海鸥造型，中央大厅是由 32 个树状钢柱支撑的大跨钢结构。整体屋面系统采用直立锁边有檩体系，即整体屋面板系统通过檩条、檩托与钢结构连接传力，檩托为焊接，檩条为栓焊，直立锁边铝镁锰板与固定支座为机械锁紧连接，如图 8.1-1 所示。

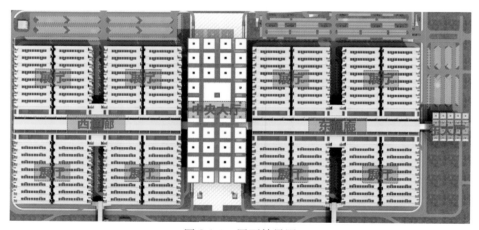

图 8.1-1　屋面效果图

8.1.2　施工阶段划分

本工程按照施工工序和插入施工的时间分成六个施工阶段：（1）深化设计阶段；（2）屋面材料采购、加工制作阶段；（3）现场准备及放样阶段；（4）现场加工制作和安装阶段；（5）屋面收边收口收尾阶段；（6）屋面分部工程验收阶段。

在这六个施工阶段中，现场加工制作和安装施工是核心，其他各个阶段的施工均服从现场施工的调度，调配人、机、料等生产要素，满足现场的进度要求。在管理方面，各个施工环节按照现场生产的统筹安排，相应安排施工生产，确保工程目标的实现，详见表 8.1-1。

		各施工阶段的工作要点	表 8.1-1

序号	施工阶段	总体思路	
1	深化设计阶段	本工程工程量约为 27 万 m²，施工工期紧，必须尽快完成深化设计，深化图纸审核和审批。深化设计必须按照现场的施工安排，在设计分区、构件编号、出图方式等方面满足现场的需要。 　　为了按时保质保量完成本工程的深化设计工作，配备 15 人的深化设计团队，分为屋面深化设计组、檐口收边铝板深化设计组以及天窗系统深化设计组。 　　根据制作和安装顺序，分阶段进行图纸深化设计。每一阶段图纸完成后，及时提交施工详图报设计单位审核，审批后的深化设计图纸发放给工厂加工和现场安装	
2	屋面材料采购、加工制作阶段	针对本标段工程材料需求量大及质量要求高等特点，从材料供应能力及原材料质量等方面选择重合同、守信用、有实力的物资分供商，并根据施工进度计划，编制材料需用量计划和采购计划，保证工程所需材料及时进场。 　　依据现场安装分区及安装进度，制订详细的材料采购制作计划，安排材料、人员及加工设备等生产要素。对采购周期较长的材料，如铝镁锰屋面板、檐口收口铝板等特殊产品的采购，需要提前至少 45d 预订。 　　加工前，根据构件形式进行工艺策划，制订加工工艺方案，并在实施过程中严格执行工艺制度，保证加工质量。 　　加强对材料的质量控制，确保质量性能符合设计要求和规范规定	
3	现场准备及放样阶段	按照钢结构施工进度，积极配合进行檩条系统坐标的放样及施工。 　　严格按照屋面施工计划安排檩条系统坐标的放样及施工，按照总包单位的施工分区相应组织管理人员和劳动力、机械设备分区作业	
4	现场加工制作和安装阶段	1）工序安排 　　以镀铝锌屋面系统施工（含天沟、虹吸）→天窗系统施工→檐口包边铝板安装施工为主线，按照节点工期确定关键线路，统筹考虑施工设备进场时间，合理安排工序搭接及技术间歇，确保完成各节点工期。针对本工程的特点，拟定如下几点影响工序安排的关键点及相应解决方法。 　　（1）全面展开金属屋面施工，为保证总进度打下基础。 　　针对本阶段工作内容及平面特点，合理划分施工区段，各区段内配备相对独立施工资源，组织各区段平行施工。 　　（2）钢结构施工阶段及时插入檩条系统的施工。 　　2）资源组织 　　（1）劳动力资源组织：本标段工程施工劳动力高峰期在 2021 年 4～5 月，按照施工现场特点，拟在施工阶段以东西对称轴为界，投入 4 支有建制的劳务队，以确保关键点按计划完成。 　　（2）机械设备：根据本标段工程平面区段划分及工期要求，分析施工过程中对机械性能的需求，通过计算，明确各阶段机械设备的合理配置（包括型号及数量），并制订详细的机械设备配置及进出场计划表，加强对现场机械设备的管理。 　　3）施工工艺 　　针对本工程建筑结构设计特点，为实现设计意图，保证工期和工程质量，将大力推行使用建筑业新技术、新工艺。 　　4）现场施工管理 　　根据本工程的特点，屋面施工管理的主要任务是协调工序衔接、施工场地协调、机械设备管理、临时用电管理、材料进场和领用管理以及劳动力调配等工作。为保证工作的连续性，按照流水施工的原则组织施工，必须强调各个工序之间的紧密配合。现场管理职责分工应从项目管理层、施工队两个层面构建，施工人员的职责必须具体、明确。各分项工程建立施工流程图，并明确每道工序的责任人和工序交接人，避免发生相互推诿现象。 　　施工中，应充分依靠总承包单位和业主的施工协调作用，制定详细的施工计划，提前与相关单位进行施工协调，确保施工资源能及时到位	

续表

序号	施工阶段	总体思路
5	屋面收边收口收尾阶段	本工程的屋面收边收口是关系到屋面工程最终防水性能的重要工序。 （1）材料出厂前，严格把握材料的质量； （2）现场安装时，应派去有经验的工人进行安装，应严格把控每处节点的收边工艺及质量
6	屋面分部工程验收阶段	（1）屋面制作和安装过程中按照规范和总包要求，同步整理施工资料。做好施工过程中的工序验收、检验批验收和分项工程验收。 （2）屋面完工后，整理竣工资料，及时整改现场不合格项，达到验收要求后，报总承包单位和监理单位组织验收

8.1.3 施工工序

屋面系统施工工序：檩托—檩条—连接钢带—钢底板—隔汽膜—首层岩棉—钢丝网—几字件—上层岩棉—TPO—固定座—屋面板，如图8.1-2所示。

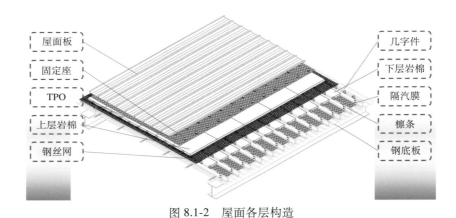

图8.1-2 屋面各层构造

金属屋面系统整体安装流程见表8.1-2。

金属屋面系统整体安装流程　　　　　　　　　　　　　　　　　表8.1-2

第一步：安装檩托	第二步：安装檩条

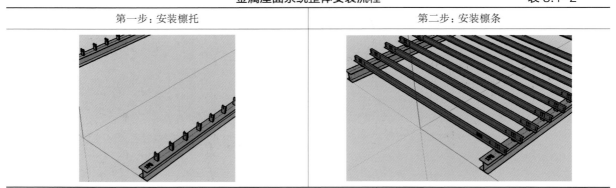

续表

第三步：安装底部固定钢板	第四步：安装底板
第五步：安装隔汽层	第六步：安装下层岩棉
第七步：安装钢丝网	第八步：安装几字件
第九步：安装上层岩棉	第十步：安装 TPO

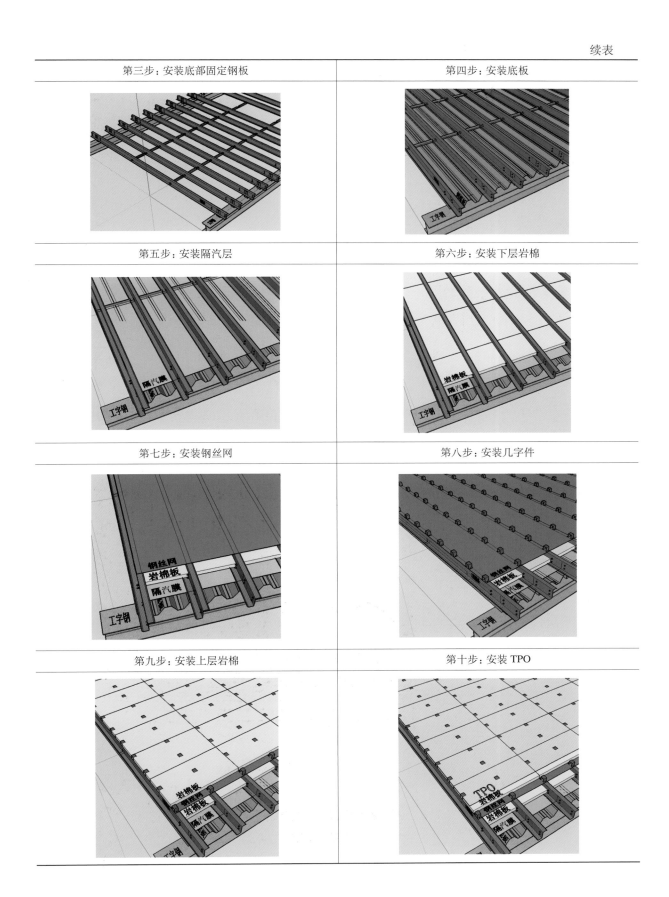

续表

第十一步：安装固定座	第十二步：安装屋面板
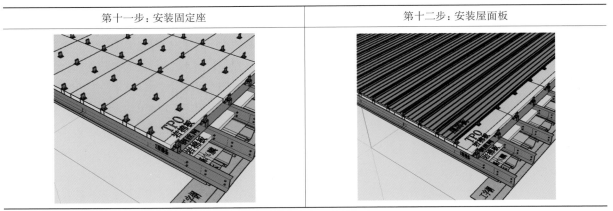	

8.2 细部节点施工方案

8.2.1 技术概况及重难点

为保证屋面系统的节能、抗风揭、防渗漏性能，注重现场管控措施及特殊部位的细部节点处理，不同工序操作及特殊节点部位（如天沟、天窗、变形缝）等易产生渗漏问题，屋面结构及排水能力设计是影响屋面整体防渗的重点和难点。考虑从屋面构造、安装方式、顺序及各实施措施解决和处理问题。

8.2.2 屋面性能保证

1. 抗风揭性能保证

大面积金属屋面在实施过程及完成后，由于受强风影响造成构造损坏，从而影响防水、节能、安全问题，对建筑物安全、渗漏影响较大。第一道保障是将原设计的无檩体系屋面优化为有檩体系屋面，保证屋面本身荷载传递和抵抗外界荷载性能。第二道保障是利用直立锁边＋抗风夹形式，增强金属屋面系统的防渗漏、抗风揭性能，锁边体系公母肋的咬合及与其固定支座的咬合。第三道保障是缩小固定支座间距，降低屋面板承受荷载的变形。第四道保障是在金属屋面板咬合安装完成后，在屋面板顶部与固定支座相应位置安装抗风夹，如图 8.2-1 所示。

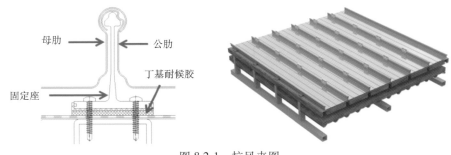

图 8.2-1 抗风夹图

2. 防渗漏性能保证

构造层自身设计环节薄弱、层与层间结合处均是屋面易产生渗漏的部位。TPO 防水系统、金属面板防水过于单一，本工程采用金属屋面板 +TPO 防水卷材的上下构造，在上层金属屋面防水局部失效的极端情况下，下层卷材屋面仍具有独立防水能力，保证屋面整体防水安全。同时，采用的屋面板为 270°公母肋双重设计，即首先 270°公肋咬合固定支座，然后 270°母肋咬合 270°公肋，有效防止由于降雨量较大流入屋面板下方。固定支座与屋面板间，由于屋面板受温度影响磨损严重，为满足屋面板伸缩方向受力合理、伸缩量均衡，每块屋面板选择靠近屋脊处的 2 个支座作为固定点，屋面板公肋与支座咬合后，用拉铆钉的方式固定公肋与支座，控制坡屋面板长时间温度收缩的下滑力，减轻温度收缩对屋面板的磨损，避免屋面板被磨穿而漏水，如图 8.2-2 所示。

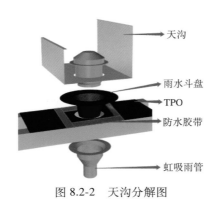

图 8.2-2　天沟分解图

3. 保证节能效果

国家级展馆节能要求高，传统金属屋面为单层保温或双层紧贴型保温系统，很难达到设计节能效果。本工程中的保温层采用双层中空式设计，屋面系统下层岩棉安装在檩条间的凹槽内（檩条高度大于岩棉厚度），将镀锌钢丝网固定在檩条顶部，既可支撑上层岩棉，又可使上、下层岩棉间形成空腔，增加屋面系统的隔声、保温等节能效果。

第9章 装饰装修施工方案优选

9.1 固化耐磨地面施工方案

9.1.1 技术概况

本项目位于天津市津南区咸水沽镇，雄踞于海河之滨，是承接国家级、国际化会议和展览的最佳场地。国家会展中心（天津）二期通过两座廊桥横跨海沽道与一期工程相连，联袂铸就我国北方规模最大的国际会议展览中心。本项目总建筑面积约 60 万 m^2，投资规模约 57.2 亿元，主要由中央大厅（含会议厅）、展厅、交通连廊、人防地下室、人行天桥、东入口大厅组成；地下的结构形式为混凝土结构，地上为全钢结构，如图 9.1-1 所示。

图 9.1-1 单个展厅效果图

耐磨地面施工工序如下：基层铣刨→素水泥浆结合层→收边角钢安装→钢筋网片安装固定→地面混凝土浇筑、整平→提浆、骨料摊铺机收面→养护、切缝→固化剂、抛光，如图 9.1-2 所示。

图 9.1-2　耐磨地面施工工序图

9.1.2　技术难点

本项目体量大、质量成优难：国家会展中心（天津）工程二期项目共有 16 个展厅，单个展厅耐磨地面 10400m²，总面积约 16.64 万 m²，且单个展厅包含 30 条次管沟、210 个展位箱、18 个空调机房、360 个地埋灯，对耐磨地面施工质量控制提出更高要求，如图 9.1-3、表 9.1-1 所示。

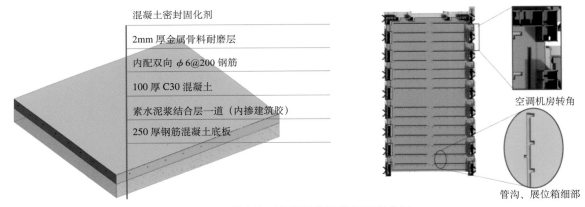

图 9.1-3　耐磨地面构造层做法及展厅节点图

展厅设计概况统计表　表 9.1-1

统计项目	单个展厅数量	16 个展厅数量	阴阳角数量	合计（个）
次管沟	30 条	480 条	1920 个	14304
展位箱	210 个	3360 个	10080 个	
空调机房	18 个	288 个	2304 个	

9.1.3　技术要点

1. 释放集中应力，并提高转角处地面的抗裂能力

1）合理设置分隔缝

综合考虑管沟、展位箱和机房的位置，合理设置约 4.5m×4.5m 的分隔缝，配合 30m×30m 的贯穿"真缝"，释放角部集中应力，绘制展厅分隔缝图纸，并严格检查现场落实情况，如图 9.1-4 所示。

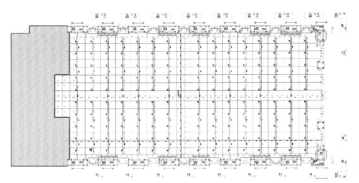

图 9.1-4　展厅分隔缝布置图及角部切缝图

2）设置角部加强筋

对展位箱和管沟边的位置，设置 3 根 45° 方向的角部加强筋，提高转角处地面的抗裂能力，如图 9.1-5 及表 9.1-2、表 9.1-3 所示。

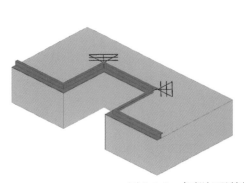

图 9.1-5　角部加强筋模型及现场角部加强筋

角部分隔缝实施过程检查统计　　　　　　　　　　　表 9.1-2

过程检查项目	抽查点数	顺直度不合格	深度不合格	位置偏差	合格率
角部切缝质量	50	0	1	1	96%

角部附加筋实施过程检查统计 表 9.1-3

过程检查项目	抽查点数	顺直度不合格	深度不合格	位置偏差	合格率
角部切缝质量	50	0	2	2	100%
		不合格附加筋整改完成			

对策一：释放集中应力，并提高转角处地面的抗裂能力。实施时间 2021 年 6 月 21 日 ~ 2021 年 8 月 20 日；效果检查时间：2021 年 8 月 21 日 ~ 2021 年 8 月 30 日，如图 9.1-6 所示。

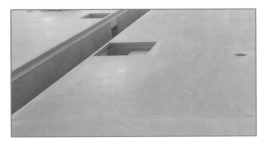

图 9.1-6　活动后效果检查

实施效果验证：经过现场过程实施的控制和最终效果检查，未发现对策实施对周边环境保护、绿色施工、工程质量、作业人员职业健康安全、工期履约等方面造成负面影响。角部分隔缝施工质量达到 96%（> 95%），角部加强筋合格率 100%（> 95%），该措施取得良好效果，达到目标要求。

2. 增设构造钢筋，加强抗裂能力

1）通过支腿控制钢筋网片埋入深度

地面做法为 10cm，钢筋网片埋入深度需要控制在上表面 1/3 处；钢筋网片焊接支腿，间距 600mm 梅花形布置，控制钢筋网片的标高，如图 9.1-7 所示。

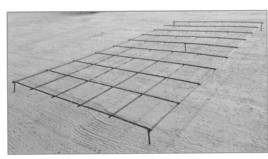

图 9.1-7　钢筋网片下焊接梅花形支腿控制标高

2）地埋灯附加抗裂钢筋，降低接线管高度

（1）在地埋灯位置设置三道环形抗裂钢筋，通过焊接支腿控制抗裂钢筋标高。

（2）降低地埋灯处接线管端头上仰，增大保护层厚度，减小裂缝隐患；降低地埋灯处穿线管高度，满足穿线要求即可，如图 9.1-8、图 9.1-9 及表 9.1-4 所示。

图 9.1-8　降低地埋灯处穿线管高度

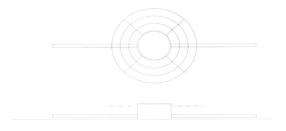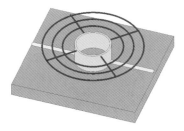

图 9.1-9　设置三道架空的环形抗裂钢筋

构造钢筋安装实施过程检查统计

表 9.1-4

过程检查项目	抽查点数	未放置	埋深不合格	位置偏差	合格率
钢筋网片安装	50	0	2	2	100%
		不合格附加筋整改完成			
环形附加筋安装	50	0	1	1	100%
		不合格附加筋整改完成			

对策二：增设构造钢筋，加强抗裂能力释放集中应力。实施时间 2021 年 6 月 21 日 ~ 2021 年 8 月 20 日；效果检查时间：2021 年 8 月 21 日 ~ 2021 年 8 月 30 日，如图 9.1-10 所示。

图 9.1-10　活动后效果检查

实施效果验证：经过现场过程实施的控制和最终效果检查，未发现对策实施对周边环境保护、绿色施工、工程质量、作业人员职业健康安全、工期履约等方面造成负面影响。钢筋网片、环形附加筋安装合格率为 100%（＞95%），该措施取得良好效果，达到目标要求。

3. 提高耐磨骨料铺撒均匀度

1）优化施工工艺，加强角部创优

（1）加强边角部位创优：边角部位地面混凝土振捣、骨料摊铺、碾磨收面过程中，安排专人处理、加强验收。

（2）均匀施撒耐磨骨料。

①按单元划分，分堆铺撒：将地面分成标准网格，采用标准耐磨骨料 5kg/m² 原则，先分堆，后铺撒。

②分遍十字交叉铺撒：第一次铺撒 2/3，第二次铺撒 1/3，两次铺撒形成十字交叉状。

③增加刮杠工序摊铺找平：在骨料铺撒完成及碾磨过程中，采用 6m 长刮杠刮平 4 ~ 6 遍，如图 9.1-11、图 9.1-12 所示。

图 9.1-11　细部振捣、抹平，划块分堆、分遍铺撒

图 9.1-12　摊铺过程刮平、分遍碾磨、碾磨过程刮平

2）施工样板 + 实操，编制施工和验收指导手册

施工前，进行样板实施，对各工序操作要点及控制措施进行经验总结、编制成指导手册，包括加强边角部位创优、均匀施撒耐磨骨料等。同时，组织操作技能竞赛，增加奖励机制，如图 9.1-13 所示。

图 9.1-13 实操验收评比及现场技术交底

实施效果验证：经过现场过程实施的控制和最终效果检查，未发现对策实施对周边环境保护、绿色施工、工程质量、作业人员职业健康安全、工期履约等方面造成负面影响。经过工序优化 + 现场实操 + 竞赛的模式，骨料铺撒均匀度合格率均达到 90% 以上，该措施取得良好效果，达到目标要求。

9.2 埃特板施工方案

9.2.1 技术概况

1. 展厅

每个展厅装饰完成面南北长 146m，东西长 73m，墙面标高为 13.2m，吊顶标高为 11.02m，盖板标高为 13.2m；共计 18 个机房。标准机房跨度为 12m，侧边为 2.2m；正面使用穿孔埃特板，侧面使用平板埃特板，吊顶使用平板埃特板，13.2m 位置盖板使用平板埃特板。

2. 交通连廊

每段交通连廊首层装饰完成面南北长 166m 左右，东西长 33m；墙面标高为 5.52m，吊顶标高为 5.52m，盖板标高为 5.52m；每段交通连廊二层装饰完成面南北长 166m 左右，东西长 33m；墙面标高为 4.42m，吊顶标高为 4.42m，盖板标高为 4.42m。

9.2.2 项目重点和难点分析及应对措施（表 9.2-1）

项目重点和难点分析及应对措施　　　　表 9.2-1

序号	重点和难点	具体分析	应对措施
1	高处作业多，安全管控是重点	展厅墙面标高超高、埃特板墙面及吊顶设计吊装、焊接施工等全是高空作业，安全管控风险大	（1）做好安全教育及培训，提高安全意识。 （2）做好各项安全措施的策划和实施、检查工作。针对不同施工阶段、不同施工季节，制订对应的安全技术措施。做好高空的生命线、钢爬梯、吊笼等措施的检查验收工作。加强安全监管力度，保证各项措施一一贯彻落实。 （3）高空作业前对工人进行身体合格检查（有相关医院出具的符合高空作业要求的证明），合格后方可进入现场施工作业

续表

序号	重点和难点	具体分析	应对措施
2	工程量大，准备周期短	本工程工程量大，共计 12 个展厅，分别由 4 个班组同步施工，埃特板材料采购、加工等周期极短	（1）统一生产，要求将所有尺寸规格明细列清楚，下单排版图及清单整理清楚，为控制色差需要整体一次性下单生产基板。 （2）分块组织。每个单体模块的详图深化、材料采购、构件加工等独立进行。 （3）备用生产线。主要钢构件在本厂加工，公司通过协调加工所需生产线，确保钢柱在图纸和材料到位后能及时启动

9.2.3　施工流程

施工流程如下：施工准备→定位放线→安装连接件→安装天地龙骨→安装零距离卡件→安装竖向龙骨→安装玻璃丝棉→安装玻璃丝布→安装横向龙骨→隐蔽验收→安装埃特板饰面板→安装成品铝槽→安装踢脚线→分项验收。

1. 施工准备

1）作业条件

（1）水电管线隐蔽工作完成，并验收合格。

（2）墙上四周弹好 1m 水平控制线。

（3）弹好墙面完成面线及龙骨完成面线。

（4）选板：埃特板在施工以前，应根据具体设计规定的规格尺寸进行严格选板，凡有规格不符、裂纹、破损缺棱、掉角、受潮、弯挠及损坏者，均应一律剔除不用，并运离工地，选好的板应平放于有垫板的木架之上，堆放高度应小于单层板材抗压系数，以免沾水受潮。

2）材料要求

（1）穿孔埃特板：1500mm × 1044mm × 8mm；平板埃特板 1500mm × 1044mm × 8mm、2200mm × 1044mm × 8mm。

（2）角钢：40mm × 40mm × 4mm、玻璃岩棉 60kg/m³、玻璃丝布。

（3）轻钢龙骨：C75mm × 35mm × 0.8mm、U75mm × 45mm × 0.8mm、□ 50mm × 19mm × 0.6mm、□ 38mm × 12mm × 1.0mm。

（4）其他：50 副龙骨零距离卡件、拉铆钉、M10 尼龙胀栓。

3）施工机具

需要准备铆钉枪、扳手、角磨机、电钻、螺丝刀、墨斗、小线、红外线等工具。

2. 测量放线及预埋件施工

核对建筑物外形尺寸进行偏差测量，确定埃特板的标准完成面线。以标准线为基准，按照深化设计图中埃特板排版图规格尺寸弹出分格线。

根据施工图及分格线，确定竖向龙骨位置，各竖向龙骨的连接件按分格线位置与结构工字钢进行焊接，使其外伸端面做到垂直平整，电焊所采用的焊条型号、焊缝的高度及长度，均应符合设计要求，40 角钢一端与竖向 75 龙骨 2 个以上燕尾螺丝固定，增加其牢固度。检查焊缝质量，去除焊渣，并涂刷防锈底漆，具体操作如图 9.2-1、图 9.2-2 所示。

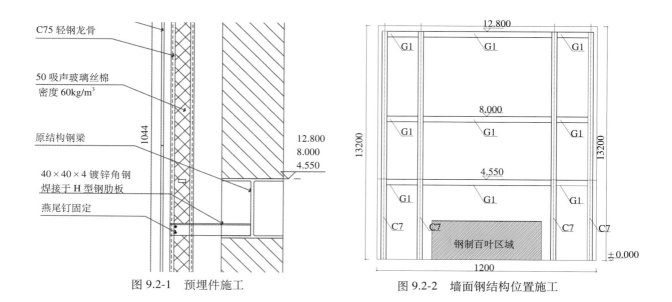

图 9.2-1　预埋件施工　　　　　　　图 9.2-2　墙面钢结构位置施工

9.2.4　龙骨安装

　　按照深化设计排版图确定埃特板横竖向龙骨间距，安装竖向龙骨前，应认真核对龙骨的规格、尺寸、数量、编号是否与施工图纸相一致，竖向 75 龙骨的间距为 600mm，竖向龙骨在 4.55m、8m、12.8m 与横向钢梁采用焊接方式固定（焊缝饱满，且刷防锈漆满足质量验收规范），钢梁之间增加尼龙胀栓作为辅助固定拉结点。根据连接件的位置在竖向钢龙骨上钻孔，将竖向龙骨与连接件通过 2 个以上的燕尾钉连接。竖向龙骨安装就位后，应进行调整修正，并及时固定、拧紧连接燕尾螺丝，竖向龙骨与天地龙骨连接（天地龙骨采用 C 形 75 天地龙骨，$\phi 8$ 的金属胀栓间距不大于 800mm 固定），需要使用 2 个以上对角拉接的拉铆钉固定，如图 9.2-3 所示。

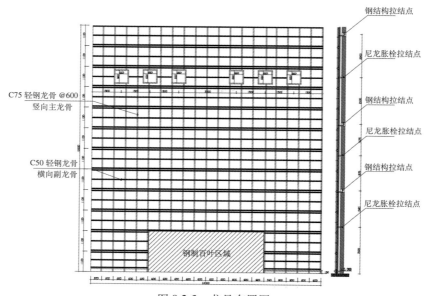

图 9.2-3　龙骨布置图

横向幅面龙骨（50 副龙骨间距 522mm）通过连接零距离卡件与竖向龙骨连接，副龙骨零距离卡件需要提前安装在竖向龙骨，属于装配式方式进行固定，在竖向龙骨未安装前，由于竖向龙骨分为 4m、4.5m、5m 三个尺寸，需要提前进行连接，连接件为天地龙骨，要求搭接方式为对抱式搭接，搭接长度不得小于 200mm，要求使用拉铆钉不得小于 4 个固定点固定；按照图纸及埃特板尺寸要求，先安装 50 副零距离卡件，每个卡件上不得少于 2 个对角拉接的燕尾钉固定，如图 9.2-4 所示。

图 9.2-4 龙骨对接及卡件安装图

对于防火门洞口预留方式，应根据现场防火门尺寸要求安装实际防火门。先将竖向龙骨进行裁切，再使用天地龙骨进行横向加固，龙骨之间连接方式为对角不得少于 2 个拉铆钉固定，如图 9.2-5 所示。

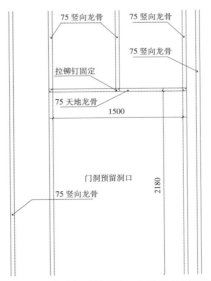

图 9.2-5 防火门预留洞口龙骨安装示意图

　　根据机电需求预留洞口，并增设龙骨进行加固，重点为展厅机房上方球喷位置，需要提前预留球喷位置，机电球喷 $\phi630$ 不含保温层，故龙骨钢架需要预留不得小于 660mm×660mm，不得大于 680mm×680mm 预留洞口，切断的竖向龙骨采用天地龙骨进行绑扎而成，所有龙骨之间的连接需使用拉铆钉进行固定，同一层的横向龙骨安装应由下向上进行，当安装完一层高度时，应进行检查、调整校正、固定。注意：所有球喷位置需要按照精装图纸进行定位和预留，不可参照结构预留尺寸。具体布置方式如图 9.2-6、图 9.2-7 所示。

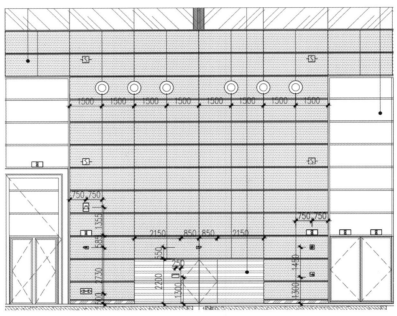

图 9.2-6　立面布置图

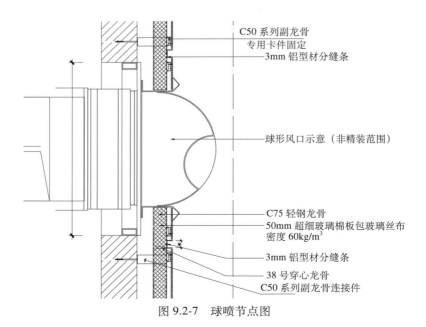

图 9.2-7　球喷节点图

9.2.5　玻璃岩棉及玻璃丝布安装

龙骨安装完成验收后，玻璃岩棉于 75 竖向龙骨之间，由 38 号穿心龙骨为基础自下向上沿水平方向安装，横向按 1/2 板长交错铺贴，岩棉安装完成铺设玻璃丝布，所有玻璃丝布要求包裹严实，到达阳角位置需要将玻璃丝布包裹至外侧，不得暴露玻璃丝棉。操作工艺如图 9.2-8 所示。

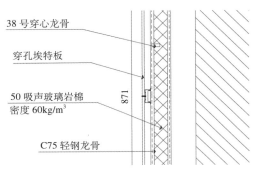

38 号穿心龙骨
穿孔埃特板
50 吸声玻璃岩棉
密度 60kg/m³
C75 轻钢龙骨

871

图 9.2-8　玻璃岩棉及玻璃丝布安装

9.2.6　墙面埃特板面板安装

根据设计图要求，将埃特板按设计排版图进行布置、分块和标识。采用拉铆钉固定，拉铆钉颜色同板色，拉铆钉的间距按照图纸要求施工。标准埃特板规格分别为 1500mm×1044mm×8mm、2200mm×1044mm×8mm，1500mm 尺寸的埃特板每块板用 9 颗钉子和覆面龙骨固定，2200mm 尺寸的埃特板每块板用 12 颗钉子和覆面龙骨固定，埃特板钉孔使用专用模具进行开孔，要求打孔不得超过 2 张埃特板同时打孔，保证钉子位置横向竖向都在一条直线上，位置及间距如图 9.2-9、图 9.2-10 所示。

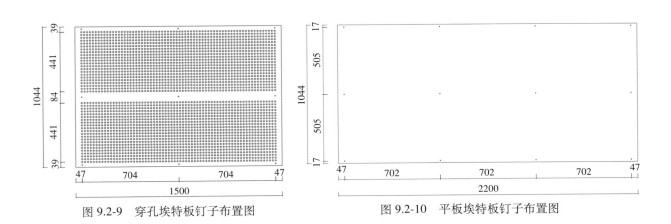

图 9.2-9　穿孔埃特板钉子布置图　　　　图 9.2-10　平板埃特板钉子布置图

9.2.7　成品 U 形铝槽安装

按照深化设计图纸，确定成品铝槽位置，距离地面完成面 150mm 处为第一道成品铝槽，其他位置成品铝槽间隔为 1.1m，铝槽规格为 46mm 宽，深度为 30mm，第一道成品铝槽与不锈钢踢脚线不留缝，上口与埃特板留缝 5mm，其他位置的成品铝槽的上口、下口均与埃特板留缝 5mm，采用拉铆钉方式固定（注明：根据排版尺寸安装成品铝制型材，U 形接头必须在竖向龙骨位置，采用白色拉铆钉固定，拉铆钉固定点与埃特板固定点对齐，U 形槽有 2 种型号：6m/6.6m，6m 使用在正立面，安装缝要求与埃特板缝隙相同；6.6m 使用在侧立面，裁切 3 段 2.2m 使用）。具体操作工艺如图 9.2-11、图 9.2-12 所示。

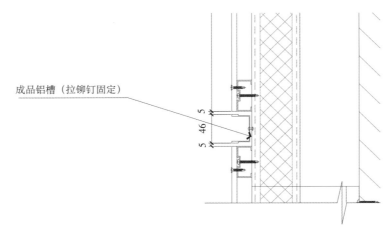

成品铝槽（拉铆钉固定）

图 9.2-11　成品铝槽安装

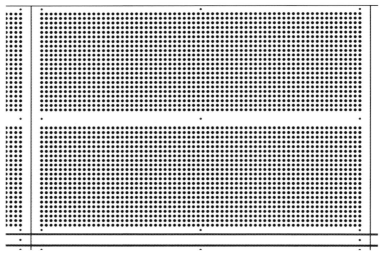

图 9.2-12　成品铝槽安装

9.2.8　拉丝不锈钢踢脚线安装

　　根据深化设计图纸确定不锈钢踢脚线的规格、型号以及安装的位置、固定的方式，不锈钢规格为 150mm，不锈钢踢脚线基层为 9mm 水泥压力板，水泥压力板与龙骨基层采用自攻螺丝固定，不锈钢采用结构胶进行固定，采用结构胶嵌入式固定方式，如图 9.2-13 所示。

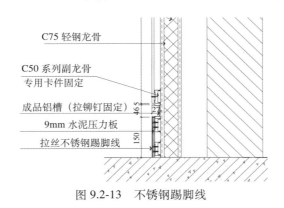

C75 轻钢龙骨

C50 系列副龙骨
专用卡件固定

成品铝槽（拉铆钉固定）
9mm 水泥压力板

拉丝不锈钢踢脚线

图 9.2-13 不锈钢踢脚线

9.3 室内装饰装修深化与施工技术

9.3.1 技术概况

中央大厅会议厅区域整体安装为木饰面材料，木饰面造型较多，会议厅层高为 11.8m。包含木饰面墙面和木饰面吊顶，如图 9.3-1 所示。

图 9.3-1 会议厅木饰面区域

会议厅工期紧张，任务重，亟待解决提高现场以木饰面为主的各专业队伍施工进度和施工质量问题，原有木饰面安装采用基层板粘接形式的工艺无法满足要求，进而采用高效的方式安装木饰面。

9.3.2 技术难点

（1）会议厅各参建方的沟通协调难度大，与土建、机电等穿插较多，各参建方综合考虑工期、结构安全性，形成以保展馆工期为主、保质量为主的共赢共识。

（2）提前将区域内的各参建方的设计图纸进行合图，避免出现二次更改的情况。

（3）需要综合考虑超高的木饰面施工措施，实现多线化同时施工。

（4）木饰面常规选用基层板粘接饰面板的方式，对于这种高大空间、交叉作业较多的区域，这种方式难以保证整体施工质量和进度。

（5）因木饰面造型区域较多。如何准确地实现安装效果，也是技术难点。

9.3.3 技术要点

1. 采取干挂件（正反挂件）固定木饰面的安装方式

该方式适用于面积较大、木饰面较厚较重（≥ 9mm）的场合下使用。

2. 施工工艺流程

工艺流程如下：放线定位→安装埋板→安装龙骨→安装铝合金挂件→安装成品木饰面板→复核并调整木饰面→成品保护，如表 9.3-1 所示。

木饰面施工工艺　　　　　　　　　　　　　　　　　表 9.3-1

序号	施工步骤	技术措施
1	放线定位	安装护墙板前，应先根据设计图要求找好标高、平面位置和竖向尺寸，进行弹线
2	安装埋板	弹线后，安装热镀锌后置埋板，用化学螺栓或对穿螺栓固定，竖向间距 1000mm，横向间距 500mm
3	安装龙骨	在埋板的基础上，用焊接方式固定竖龙骨及横龙骨，龙骨焊接后，复核龙骨偏差，满足要求后，方可进行龙骨的三防处理
4	安装铝合金挂件	根据图纸，将铝合金可调角码通过螺栓固定在钢龙骨上，并初调进出位置
5	安装成品木饰面板	安装面板前，对连接挂件的平直度、面板连接挂件位置，防潮构造要求等进行检查，合格后进行安装。面板配好后进行试装，面板尺寸、接缝、接头处构造完全合适，花纹方向、颜色、观感尚可的情况下，才能进行正式安装
6	复核并调整木饰面	安装完成后，整体检查面板平整度和拼接处质量，并进行处理
7	成品保护	检查后，覆盖保护膜，避免污染木饰面

9.3.4 实施效果

采用干挂形式安装中央大厅精装项目木饰面，通过样板段施工，极大地提升了木饰面安装的施工效率，完美解决了木饰面安装质量和外观质量不足及二次更改造价大的问题，同时满足了交叉作业的需求，受到业主及监理单位的一致好评。

9.4 金属拉伸网施工方案

9.4.1 技术概况

1. 展厅

每个展厅金属拉伸网位置在靠近交通连廊侧 7.8m，东西长 24m，吊顶标高为 5.52m。

2. 交通连廊

每段交通连廊首层装饰完成面南北长 166m 左右，东西长 33m；首层吊顶标高为 5.52m，二层吊顶标高为 4.42m，三层吊顶标高为 10.42m。

9.4.2 施工重点和难点分析（表 9.4-1）

施工重点和难点分析　　　　　　　　　表 9.4-1

序号	重点和难点	具体分析	应对措施
1	高处作业多，安全管控是重点	展厅吊顶、交通连廊三层金属拉伸网吊顶吊装、焊接施工等全是高空作业，安全管控风险大	（1）做好安全教育及培训，提高安全意识。 （2）做好各项安全措施的策划和实施、检查工作。针对不同施工阶段、不同施工季节制定对应的安全技术措施。做好高空的生命线、钢爬梯、吊笼等措施的检查验收工作。加强安全监管力度，保证各项措施一一贯彻落实。 （3）高空作业前，对工人进行身体合格检查（有相关医院出具的符合高空作业要求的证明），合格后方可进入现场施工作业
2	工程量大，准备周期短	本工程工程量大，共计 16 个展厅，分别由 4 个班组同步施工，金属拉伸网材料采购、加工等周期极短	（1）统一生产，要求所有尺寸规格明细列清楚，下单排版图及清单整理清楚，为控制色差需要整体一次性下单生产基板。 （2）分块组织。每个单体模块的详图深化、材料采购、构件加工等独立进行。 （3）备用生产线。主要钢构件在本厂加工，公司通过协调加工所需生产线，确保钢柱在图纸和材料到位后能及时启动

9.4.3 施工方案流程

施工流程如下：施工准备→定位放线→安装反支撑及吊杆→安装 38 主龙骨吊件→安装 38 主龙骨→安装 Z 形勾搭龙骨挂件→安装 Z 形龙骨→隐蔽验收→安装金属拉伸网饰面板→成品设备带→分项验收。

1.施工准备

1）作业条件

（1）水电管线隐蔽工作完成并验收合格。

（2）墙上四周弹好 1m 水平控制线。

（3）弹好吊顶完成面线及龙骨完成面线。

（4）选板：金属拉伸网在施工以前，应根据具体设计规定的规格尺寸进行严格选板，凡有规格不符、裂纹、破损缺棱、掉角、受潮、弯挠及损坏者，均应一律剔除不用，并运离工地，选好的板应平放于有垫板的木架之上，堆放高度应小于单层板材抗压系数，以免沾水受潮。

2）材料要求

（1）三层金属拉伸网：1400mm×1158mm、897mm×1158mm。

（2）角钢：40mm×40mm×4mm、ϕ8 吊杆。

（3）轻钢龙骨：C38mm×12mm×1.0mm、Z38mm×1.0mm。

（4）其他：38 主龙骨卡件、Z 形 38 龙骨卡件、ϕ6 螺杆及螺母、ϕ8 螺母。

3）施工机具

施工机具包括电钻、螺丝刀、扳手、角磨机、螺丝刀、墨斗、小线、红外线等。

2.测量放线及预埋件施工

核对建筑物外形尺寸进行偏差测量，确定金属拉伸网的完成面线。以标准线为基准，按照深化设计图中金属拉伸网排版图规格尺寸确定分格线。

　　根据施工图及分格线，确定 38 主龙骨位置，各吊杆及反支撑钢架按线位置与结构屋面采用 2 个 $\phi 6$ 且长度为 2.5cm 的燕尾钉进行固定，吊杆距离横向和纵向不得大于 1200mm，使其向下垂直平整，反支撑焊接采用的焊条型号、焊缝的高度及长度，均应符合设计要求，反支撑使用 40mm×40mm×4mm 的角钢做 L 形焊接，一端与吊杆进行焊接固定，增加其牢固度。检查焊缝质量，去除焊渣，并涂刷防锈底漆，具体操作如图 9.4-1、图 9.4-2 所示。

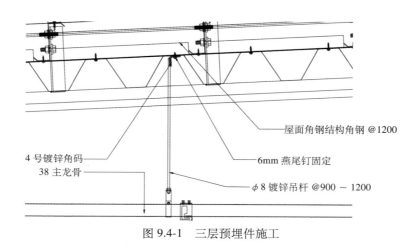

图 9.4-1　三层预埋件施工

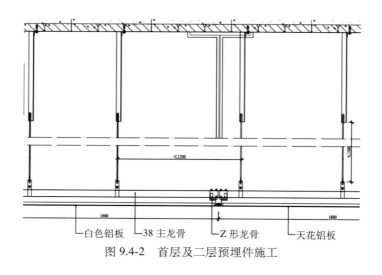

图 9.4-2　首层及二层预埋件施工

3. 龙骨安装

（1）按照深化设计排版图确定金属拉伸网尺寸排版，按照图纸要求、规范要求确定主龙骨间距，安装 38 主龙骨前，应认真核对龙骨的规格、尺寸、数量、编号是否与施工图纸相一致，采用 38 主龙骨吊件将主龙骨与吊杆进行连接，38 主龙骨（间距不得大于 1200mm），采用 Z 形龙骨挂件将 Z 形龙骨与 38 主龙骨进行固定，要求稳定性能强，Z 形勾搭龙骨按照金属拉伸网尺寸进行排布。

（2）将主龙骨与吊杆连接固定，与吊杆固定时，应用双螺母在螺杆穿过部位上下固定。然后按标高线调整主龙骨的标高，使其在同一水平面上，或根据设计要求起拱。主龙骨调整是确保吊顶质量的关键，必须认真进行。主龙骨的接头不允许留在同一直线上，应适当错开，如图 9.4-3 所示。

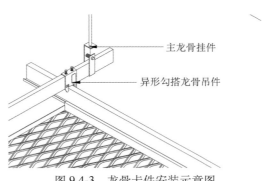

主龙骨挂件

异形勾搭龙骨吊件

图 9.4-3　龙骨卡件安装示意图

4. 金属拉伸网面板安装

按照下单尺寸编号将拉伸网运送到位，运送进程中严禁碰撞，不可码放，靠墙站立式排放。本工程吊顶采用方法为钩挂式。拉伸网固定挂架钩挂在 Z 形龙骨上，然后调整水平。安装完成后应无松动现象，垂直度和平整度控制符合规范要求。

注意一：检修口位置采用双搭方式进行生产，确保检修口能正常开启，勾搭方式在金属拉伸网加工前排版，勾搭边要求完全符合现场施工需求，下单过程中要控制和审核厂家下单排版图的勾搭边排版是否正确。

注意二：金属拉伸网的尺寸排版与东区八局装饰的保持一致，拉伸网网格方向和看面方向要与八局装饰相同，下单前审核八局装饰下单图纸。

9.5　石材地面施工方案

9.5.1　技术概况（表 9.5-1）

技术概况　　　　　　　　　　　　　　　　　　　　　　　　表 9.5-1

通廊一层面积		2.8 万 m²	通廊二层面积	2.54 万 m²	餐厅三层面积	0.14 万 m²
主要镶贴工艺	干铺	面层材料品种、规格：山东白麻石材、1000mm×500mm，厚度 30mm，石材六面防护。部位：交通连廊一～三层				
	基层材料	地暖地面：30 厚 1∶3 干硬性水泥砂浆 无地暖地面：20 厚 1∶4 干硬性水泥砂浆				

9.5.2 施工重点和难点分析（表9.5-2）

施工重点和难点分析 表9.5-2

序号	重点和难点	具体分析	应对措施
1	交叉作业	机电、消防单位、通风空调、电梯安装、弱电等专业的交叉配合	（1）组织协调，以项目经理为组长、项目副经理为副组长的交叉协调小组，编制施工进度和配合计划，明确与机电、消防、通风空调、电梯安装、弱电等专业的配合节点，以装饰进度计划为主线。 （2）通过工程例会沟通各个施工单位与精装相关的施工问题，在施工过程中协调、配合、督促相关单位，及时发现和解决现场施工交叉问题。交叉作业时，可采取错开施工时间、施工部位的措施保证正常施工。 （3）拟派劳务公司均为项目部长期合作的队伍，选择具有商业地产项目精装修工程施工经验的专业施工队伍，同时确保投入充足的施工人员
2	工程量大，准备周期短	本工程工程量大，共计4段交通连廊，分别由4个班组同步施工，白麻石材材料采购、加工等周期极短	（1）统一生产，要求所有尺寸规格明细列清楚，下单排版图及清单整理清楚，为控制色差需要整体一次性下单。 （2）分块组织。每个单体模块的详图深化、材料采购独立进行。 （3）备用生产线。主要矿山保持一致，公司通过协调加工所需生产线，且材料到位后能及时启动

9.5.3 施工流程

施工流程如下：施工准备→定位放线→隐蔽验收→安装白麻石材饰面板→成品石材变形缝→分项验收→成品保护。

1. 施工准备

1）作业条件

（1）水电管线隐蔽工作完成并验收合格。

（2）墙上四周弹好1m水平控制线。

（3）地面完成面线弹好，穿楼地面的管洞已经堵塞严实。

（4）低温供暖楼面已经施工完成。

（5）选板：白麻石材在施工以前，应根据具体设计规定的规格尺寸进行严格选板，凡有规格不符、裂纹、破损缺棱、掉角、受潮、弯挠及损坏者，均应一律剔除不用，并运离工地，选好的石材应平放于有垫板的木架之上，堆放高度应小于单层板材抗压系数，以免沾水受潮、变形。

2）材料要求

（1）白麻石材：1000mm×800mm×30mm。

（2）成品砂浆：50kg/袋。

（3）水泥：42.5级硅酸盐水泥。

（4）石材变形缝、成品伸缩缝条：6mm。

3）施工机具

施工机具包括小水桶、笤帚、杠尺、平锹、铁抹子、托盘、窄手推车、钢丝刷、橡皮锤、小线、云石机、墨斗、激光水准仪等。

4）材料堆放

现场石材以及成品砂浆分散堆放在楼板上，避免对楼板造成较大荷载。

5）检验试验

进场石材按照要求做放射性检验试验，进场砂浆按照要求做抗压强度试验。

6）石材排版图

按照招标图纸以及现场的实际情况，深化石材排版图。石材铺贴原则：墙顶地所有区域均对缝铺贴。具体各区域排版图见签字版深化图纸。

2. 基层处理、定标高、放线

核对建筑物外形尺寸进行偏差测量，确定白麻石材的完成面线。以标准线为基准，按照深化设计图中白麻石材排版图规格尺寸确定分格线。

（1）将基层表面的浮土或砂浆铲掉，清扫干净，开始扫浆。

（2）根据 1m 水平控制线和设计图纸放出板面标高控制线。

（3）弹控制线：先根据排砖图确定铺砌的缝隙宽度，再根据排版图及缝宽在地面上弹纵、横控制线。注意该十字线与控制房间方正的十字线是否对应平行，同时注意开间方向的控制线是否与走廊的纵向控制线平行，不平行时应调整至平行。

3. 对色编号

铺设前，对每一块石材，按方位、角度进行试拼。试拼后进行颜色筛选，然后按颜色深浅排放整齐。为检验板块之间的缝隙，核对板块位置与设计图纸是否相符。在正式铺装前，要进行一次试排（注明：颜色不符的石材禁止使用）。

4. 白麻石材面板安装

按照下单尺寸将白麻石材运送到位，运送进程中严禁碰撞，不可码放超过 1.5m 高度，分散摆放。

铺贴前，预先将花岗石除尘，基层清扫，将素水泥浆浇在清扫后的地面上，并扫浆。在试铺板块时，放在铺贴位置上的板块应在对好纵、横缝后用橡皮锤轻轻敲击板块中间，使砂浆振捣密实，锤到铺贴高度。板块试铺合格后，翻开板块，检查砂浆结合层是否平整、密实。然后将板块轻轻地对准原位放下，用橡皮锤轻击放于板块上的木垫板使板平实，施工顺序结合总包地暖施工情况进行施工，根据水平线用水平尺找平，接着向两侧和后退方向顺序铺贴，石材板缝 1.5mm、使用专业缝卡保证缝隙一致。铺装时应随时检查，如发现有空隙，应将板材掀起用砂浆补实后再进行铺设。铺设中，应随时用水平尺检查铺好的地面，使其表面平整度符合要求，同时用直尺和楔形塞尺检查板块间的接缝高低差，发现问题时及时处理，以满足质量要求。铺设过程中缝隙内及表面的砂浆应及时用布擦拭干净。

注意一：地面疏散指示灯位置采用厂家内进行打孔，确保开孔尺寸与实际使用相符，白麻石材加工前排版，要求完全符合现场施工及图纸需求，下单过程中要控制和审核厂家下单排版图的尺寸是否正确，如图 9.5-1 所示。

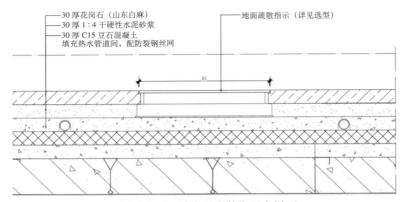

图 9.5-1 石材地面疏散指示大样图

注意二：白麻石材的尺寸排版要考虑卫生间门口与瓷砖交界处收口方式，墙面埃特板及铝板的关系，切勿胡乱施工，如图 9.5-2、图 9.5-3 所示。

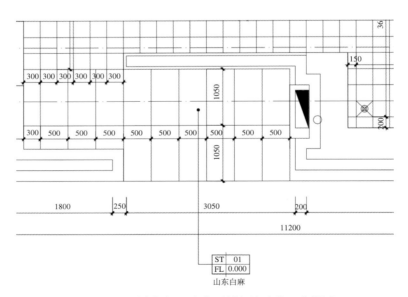

图 9.5-2 卫生间门口白麻石材与瓷砖收口大样图

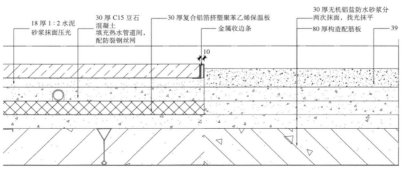

图 9.5-3 石材与地面砂浆收口大样图

注意三：涉及结构变形缝位置，消火栓及地面检修口位置，严格按照图纸要求进行预留及安装，如图 9.5-4、图 9.5-5 所示。

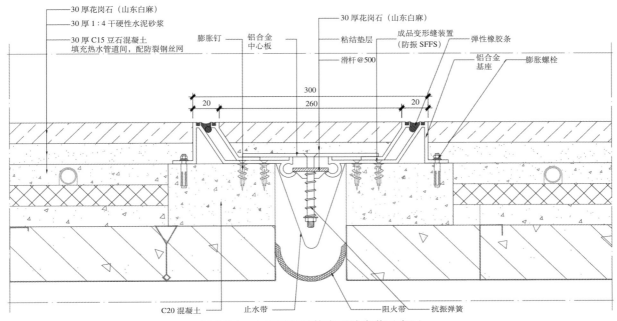

图 9.5-4 白麻石材结构变形缝安装示意图

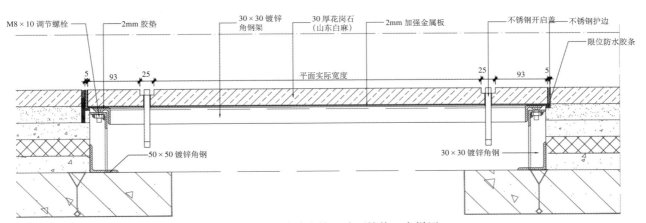

图 9.5-5 地埋式消火栓及地面检修口大样图

注意四：地面预留地面出风口位置，安装图纸要求及现场实际机电预留施工洞口，提前将施工洞口位置抹平，基层处理干净，预留孔洞要与地面出风口百叶宽度符合。

5. 成品石材变形缝安装

按照深化设计图纸，确定成品变形缝位置，石材变形缝表面标高同白麻石材相同，按照图纸要求位置安装石材变形缝，石材补贴完毕后，对石材缝隙进行清理，除去杂物，石材变形缝之间距离为 6m×6m 区域设置伸缩缝，采用水泥砂浆进行嵌入式安装。具体操作工艺如图 9.5-6 所示。

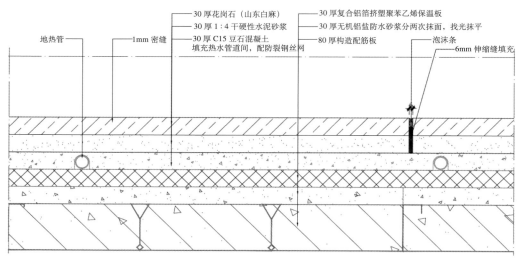

图 9.5-6 石材变形缝安装大样图

6. 清理及成品保护

（1）工完场清：地面清扫达到施工之前的干净状态。现场垃圾清理至指定地点。

（2）成品保护：刚铺设的地面，将临时封闭通道，以防踩坏。地面强度未达 1.2MPa，不得在上面行走。严禁在已完工的地面上拌合水泥浆或堆放水泥、砂、石等物料。大面积铺贴后，将非必须通行的区域用隔离带进行格挡，主要通道铺设 6mm 厚的玻镁板进行成品保护。

第10章 机电工程方案优选

10.1 电气施工方案

10.1.1 管路安装施工

（1）电气管路暗敷设工艺流程见图 10.1-1。

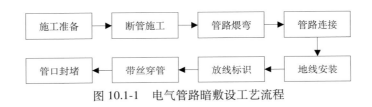

图 10.1-1 电气管路暗敷设工艺流程

（2）电气管路暗敷施工工艺要点见表 10.1-1。

暗配管施工工艺要点　　　　　　　　　　表 10.1-1

序号	工序内容	施工工艺要点
1	施工准备	提前做好深化设计，复核预埋管、盒位置是否与综合管线发生冲突
2	断管施工	切割工具切断钢管后，管口用锉刀锉光
3	管路煨弯	管路的弯扁度不大于管外径的 10%； 暗配管时，弯曲半径不应小于管外径的 6 倍
4	管路连接	利用配管配套连接管件倍缩接头进行连接
5	地线安装	管路穿过建筑物变形缝时，做接地补偿装置； 钢管应用专用接地线卡连接
6	放线标识	将配管线路进行现场标识，点位固定
7	带丝穿管	将带丝穿到暗敷导管内
8	管口封堵	管口利用胶带进行缠绕绑扎，避免杂物进入管内

本项目二次结构采用条板砌块和空心砖砌体，砌体内预埋管线及线盒时，应在砌筑时同时进行，预埋时，必须做到位置准确无误，严禁后剔槽或用锤子凿打。对个别漏埋的地方，可在墙体上先竖向切割，固定管线后使用不低于 M10 水泥砂浆进行封堵固定（分两次封堵），电线管不应在墙体内水平设置（表 10.1-2）。

二次砌筑配管施工工艺要点 表 10.1-2

序号	工序内容	施工工艺要点
1	施工准备	提前确定线盒位置，是否存在管线冲突问题
2	断管施工	切割工具切断钢管后，管口用锉刀锉光
3	管路煨弯	管路的弯扁度不大于管外径的 10%； 暗配管时弯曲半径不应小于管外径的 6 倍
4	线管安装	根据二次砌筑墙体砌筑进度，将线管预埋进空心砖内
5	线盒固定	依据专业图纸，对线盒进行定位，在定位位置处的空心砖侧壁上开孔，待砌筑时将线盒固定在定位处空心砖上，与空心砖内配管相连
6	管口封堵	管口利用胶带内塞填充物，避免杂物进入管内

（3）明配管的施工工艺流程见图 10.1-2。

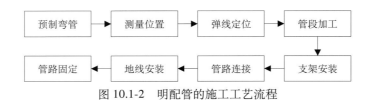

图 10.1-2　明配管的施工工艺流程

（4）明配管施工工艺要点见表 10.1-3。

明配管施工工艺要点 表 10.1-3

序号	工序内容	施工工艺要点
1	预制弯管	明配管弯曲半径不小于管外径的 6 倍
2	测量位置	根据图纸位置，进行点位测量及管线长度测量
3	弹线定位	管路的垂直、水平走向弹线定位； 固定点的距离均匀，管卡与终端、转弯中点、接线盒边缘的距离为 150 ~ 500mm
4	管段加工	根据测量点位及长度，对管段进行现场加工
5	支架安装	根据弹线位置进行支架打孔安装，每隔 1.5 ~ 2.0m 设置一个支架

续表

序号	工序内容	施工工艺要点
6	管路连接	JDG 管的敷设方法如下： 连接采用直管接头连接，管路连接后紧定螺钉拧断"脖颈"，使钢管与管接头成一体，无须再作跨接地线。 管与盒的连接采用专用盒接头。JDG 管盒连接如下图所示
7	地线安装	管路穿过建筑物变形缝时，做接地补偿装置； 镀锌钢管应用专用接地线卡连接； JDG 钢管不做接地，只有镀锌钢管做接地跨接
8	管路固定	对管路中的管线进行加固，确保管线安装完毕无松动变形

10.1.2 桥架安装施工

1. 桥架安装要求

（1）纵向安装桥架要用 7 型卡扣，不能使用 S 卡。

（2）在进出箱柜、拐角、转弯和变形缝两端及丁字接头的三个端点 500mm 以内应设支撑点，且吊杆距线槽接缝距离一致。

（3）明装桥架穿越防火分区的洞口，防火封堵墙体两侧采用防火板，中间填充防火胶泥或防火枕。

（4）有防火要求的区域应使用防火桥架。桥架连接螺栓及吊杆全部采用热镀锌制品。

（5）宽度超过 800mm 的桥架搭接处采用压舌接片进行加强处理，防止桥架底板变形出缝，水平支架间距 1.5 ～ 3.0m，垂直桥架不大于 2m。

（6）桥架跨接线使用镀锡编制软铜线，连接必须采用抓垫。跨接接地标识齐全。

（7）竖向安装的桥架，桥架内必须有横担，以便于绑扎电缆。

（8）弯头和三通尺寸应考虑电缆的转弯半径，防止电缆外露。

（9）所有支架、吊架、吊杆、基础型钢、螺栓螺母、胀管等均为国标产品，且均采用热镀锌防腐。使用通丝吊杆时，吊杆直径、螺纹应符合国标螺栓标准。角钢等横担需使用模具倒成圆角。焊口处应先贴美纹纸再喷防锈漆、银粉漆，不得有色差。

（10）所有明装的支架、吊架、吊杆、胀管、螺栓等除紧固螺母外，均应加装戴圆帽的装饰螺母，装饰螺母为热镀锌或不锈钢材质。室外路灯等外露的螺栓亦应加装装饰螺母，材质选用 304 不锈钢材质。

2. 桥架安装工艺流程（图 10.1-3）

放线定位 → 支吊架安装 → 桥架预制 → 桥架安装

盖板安装 ← 电缆敷设 ← 接地安装 ← 桥架安装

图 10.1-3 桥架安装工艺流程

3. 桥架安装施工工艺要点（表 10.1-4）

桥架安装施工工艺要点 表 10.1-4

序号	工序内容	施工工艺要点
1	放线定位	根据桥架路由，现场进行实际放线
2	支吊架安装	桥架支架横平竖直，安装牢固，间距符合规范要求。 水平桥架支架间距按 1.5～3.0m 设置，在桥架的转角处设置固定支架，如下图中斜向支撑作为固定支架。电缆桥架直线段每隔 30m 设置 1 处固定支架。 在进出接线盒、箱、转角及丁字接头的三端 500mm 以内应设固定支持点，如下图所示。抗振支吊架统一安排施工  支吊架离三通、弯头边缘的距离 300mm 桥架弯头固定支架做法 桥架弯头处固定支架示意  桥架三通处吊杆支架示意

续表

序号	工序内容	施工工艺要点
3	桥架预制	根据桥架路由,预制异形连接件,依次组装桥架、连接片、接地跨接线。螺栓由内向外穿出,垫片和爪垫齐全
4	桥架安装	桥架要安装得横平竖直、距离一致、连接牢固,连接桥架螺母置于桥架外侧,同一水平面内水平度偏差不超过 5mm/m,直线度偏差不超过 5mm/m,如下图所示。  桥架安装效果示意 桥架直线段长度超过 30m 时,应在经过伸缩缝、沉降缝处做伸缩节和补偿节。桥架伸缩节部位两侧设置吊架,连接板右端的螺栓紧密固定,左端的螺栓留有缝隙,便于伸缩,如下图所示。 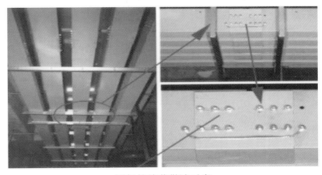 桥架伸缩节做法示意 桥架进配电箱,开口处利用绝缘胶皮垫做好护口保护。桥架做好末端接地。桥架与配电箱连接示意图,如下图所示  桥架与配电箱连接示意

续表

序号	工序内容	施工工艺要点
5	接地安装	镀锌桥架、镀锌线槽连接板的两端不用跨接接地线，连接板两端有不少于2个防松螺母或防松垫圈的连接固定螺栓。 防火桥架、防火线槽连接板两端利用铜编织带跨接。为保证良好接地，桥架跨接地线连接处需先清除防火漆。防火桥架铜编织带跨接，如下图所示 防火桥架接地示意
6	电缆敷设	桥架安装完毕，根据电缆路由进行桥架内电缆敷设
7	盖板安装	电缆敷设完毕，根据桥架大小使用相匹配的桥架盖板进行安装，保证盖板与桥架完全闭合，不允许有电缆外露或桥架盖板凸起等情况出现

10.1.3 配电箱（柜）安装

1. 配电盘柜安装要求

（1）多面配电箱、柜安装，底边齐平，相邻的配电箱、柜外观尺寸尽量一致。

（2）配电箱、柜进出线口要做防护，采用成品防护产品。

（3）配电柜入柜的导管应排列整齐，出地面高度为50mm。

（4）暗埋箱体采用敷铝锌钢板制作，钢板接缝处处理方式为铆接。

（5）暗埋配电箱厂家不得预留敲落孔，根据现场布线情况自行开孔；明装配电箱（柜），下进下出线的盘柜，底部必须有底板，并预留不少于开关数量的敲落孔，戴好橡胶护口；上进上出线的盘柜顶部不得预留敲落孔，预留可拆卸的顶板，根据现场情况自行开孔，或直接拆除预留的顶板。护口必须采用插入式橡胶定型护口，不得使用电缆皮等制作。

（6）火灾漏电装置的互感器、智能照明模块等设备在配电箱柜厂家加工箱柜的时候同时装好，要求布线美观和穿线方便，元器件固定牢靠。

（7）大负荷配电柜和进出线回路较多的配电柜，柜体尺寸不能按照设计给的参考尺寸加工，应按照柜内电气元器件布局、接线方式、操作和检修空间统筹考虑。

（8）进线电缆较多或者进线电缆较大的配电柜，进线开关的接线端子应用镀锡铜排引出，以便于接线，相间防护挡板齐全。箱柜内所有外露铜排必须套热缩套管进行防护。

（9）接地排和零排在出厂时，应根据实际出线回路和备用回路的数量开好孔，并穿好热镀锌螺栓，平垫、弹簧垫齐全。

（10）配电柜柜底必须设置底板，不可直通电缆沟或地面。

（11）配电柜如有变频器等发热元件，应设置散热孔，并加装散热风扇。

（12）配电箱（柜）体的钢板采用冷轧钢板，厚度不应小于 2.0mm。箱柜门采用锌合金三角锁，锁片需加厚。

2. 配电箱（柜）安装工艺流程

配电箱（柜）安装工艺流程见图 10.1-4。

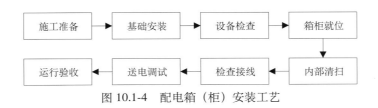

图 10.1-4　配电箱（柜）安装工艺

3. 配电箱（柜）安装工艺要点

配电箱（柜）安装工艺要点见表 10.1-5。

配电箱（柜）安装工艺要点　　　　　　　　　　表 10.1-5

序号	工序内容	施工工艺要点
1	施工准备	配电箱回路数与平面图复核； 配电箱用电负荷复核； 配电箱预留回路复核； 与其他专业接口复核； 与业主、设计共同确定配电箱颜色； 深化图纸的确认
2	基础安装	型钢先调直和除锈刷漆，按图下料； 基础型钢应有明显的可靠接地，标识明显
3	设备检查	安装设备之前，检查设备外观是否完好，开关、旋钮、仪表是否正常，柜内是否有元器件缺失，跨接地线是否完好，箱内相间保护是否完好，线路标识及箱内附带文件是否齐全
4	箱柜就位	剪力墙上明装配电箱安装如下图所示。管与箱子连接距箱口 200～300mm 处固定，管间距相等。输入电源配管在左侧，输出电源配管在右侧依次排列。 明装配电箱安装

续表

序号	工序内容	施工工艺要点
4	箱柜就位	轻质隔墙上、砌块墙安装明装配电箱时，需要安装对拉螺杆加钢片固定。 屋面配电箱采用防雨型，配管连接设备时，做成滴水弯样式。 落地配电箱安装用 10 号槽钢做底座，基础型钢调直后固定，并做好接地。落地配电箱安装如下图所示 落地配电箱安装示意
5	内部清扫	箱体就位安装后，应使用小毛刷清理箱体内元器件上的灰尘
6	检查接线	桥架进出配电箱（柜）所有开孔处应用橡胶板来保护穿线孔的边缘，以防止损坏电线电缆。 箱内接线总体要求为接线正确，相线颜色对应一致、配线美观。多股线搪锡连接。根据回路负载情况，合理分配三相供电负荷。箱内接线如下图所示 箱内接线
7	送电调试	箱体接线完成后，对箱体内设备送电进行调试，调试箱体的功能应能够达到设计要求
8	运行验收	箱体送电调试后，与综合监控专业进行设备联合运行试验，试验完毕后，报监理及业主进行统一验收

10.1.4 柴油发电机安装

柴油发电机安装工艺流程见图 10.1-5。

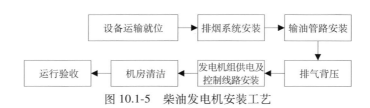

图 10.1-5 柴油发电机安装工艺

柴油发电机安装工艺要点见表 10.1-6。

柴油发电机安装工艺要点　　　　　　　　　　　表 10.1-6

序号	工序内容	施工工艺要点
1	设备运输就位	机组基础验收、复核完毕，强度达到要求，安装条件具备后，柴油发电机组由汽车运至施工现场，发电机组通过搬运小坦克、卷扬机或捯链的牵引平移至设备基础后，提升至一定高度，安装底座弹簧减振器，用千斤顶进行微调就位，设备找正、找平的检测工具采用框式水平仪，检测位置在设备提供的基准面，发电机组与底座的固定连接在出厂前已经设置了减振垫
2	排烟系统安装	柴油发电机组的排烟系统由法兰连接的管道、支撑件、波纹管和消声器组成，在法兰连接处应加石棉垫圈，排烟管管口应经过打磨与消声器安装正确。机组与排烟管之间连接的波纹管不能受额外应力，排烟管外侧包一层硅酸铝棉隔热层，外护套为不锈钢板
3	输油管路安装	对于油罐、柴油管道的法兰连接处，必须采用 $4mm^2$ 铜线进行防静电接地。安装油箱、供油泵、返油泵、止回阀和室内输油管道，油管采用无缝钢管焊接连接，与油箱、泵、阀门的连接采用法兰连接。整个施工完成，在发电机准备进行调试前，对燃油系统充注调试燃油
4	排气背压	(1) 通过计算排气背压选择合理排烟管道，将与机组标准配置的波纹避振节、工业型消声器等同于同管径的直管，弯头折算成直管当量长度，把以上三项和连接直管的长度相加后用排气管背压的计算公式计算背压： $P=(P_排+P_消) \leqslant [P]$ $P_排$ 为排气管的背压（kPa）； $P_消$ 为排气管的背压（kPa）； $[P]$ 为系统许用背压值（kPa）。 (2) $P_排 = 6.32\dfrac{L \times Q}{D^2} \times \dfrac{1}{T+273}$；式中，$L$ 为直管当量总长度（m）（见下表）； Q 为排气流量（m^3/s）；D 为排气直径（m）；T 为排气温度（℃）。 <table><tr><td>管径（英寸）</td><td>45° 弯头（m/每个弯头）</td><td>90° 弯头（m/每个弯头）</td></tr><tr><td>3.5</td><td>0.57</td><td>1.33</td></tr><tr><td>4.0</td><td>0.65</td><td>1.52</td></tr><tr><td>6.0</td><td>0.81</td><td>1.90</td></tr><tr><td>7.0</td><td>0.98</td><td>2.28</td></tr><tr><td>8.0</td><td>1.22</td><td>2.70</td></tr><tr><td>10.0</td><td>1.74</td><td>3.80</td></tr><tr><td>12.0</td><td>2.09</td><td>4.56</td></tr></table> (3) 消声器背压 $P_消$ 的计算：先计算消声器的管流速 $V_管$。 $V_管 = \dfrac{Q\ (m^3/s)}{A_管\ (m^2)}$（m/s）；式中，$A_管$ 为消声器排烟口的截面面积，用计算出的管流速值从图（流速/阻力曲图）查出消声器的阻力值 $F_阻$，则排气背压： $P_消 = \dfrac{F_阻（mm\ 水柱）\times 673}{T+273}$（mm 水柱）；注：1mm 水柱 =0.0098kPa

续表

序号	工序内容	施工工艺要点
5	发电机组供电及控制线路安装	应急柴油发电机组的启动信号引自所负载变电所应急母线段上的 ATS 控制器，当控制器检测到低压母线段上停电时，其信号传至对应的应急柴油发电机房，信号延时 0～10s（可调）自动启动柴油发电机组，柴油发电机组在 15s 内达到额定转速、电压和频率，并可投入额定负荷运行。此时，若发生火灾，应切断应急母线段上的非消防负荷。当市电恢复 30～60s（可调）后，自动恢复市电供电，柴油发电机组延时自动停机。应急电源与市电电源间设置机械和电气联锁，防止并列运行
6	机房清洁	对机房内的杂物及垃圾进行清理，保证机房地面整洁，设备清洁
7	运行验收	设备单机调试完毕，机组空转，各项参数正常。后与变电站进行联调试验，断电后机组启动正常，双电源转化动作准确，传动试验动作无误，试验过程应有监理旁站，完毕后同监理及业主进行统一验收

10.1.5 变压器安装

变压器安装工艺流程见图 10.1-6。

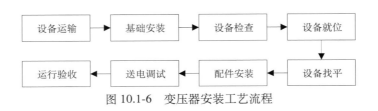

图 10.1-6 变压器安装工艺流程

变压器安装工艺要点见表 10.1-7。

变压器安装工艺要点 表 10.1-7

序号	工序内容	施工工艺要点
1	变压器吊装就位	采用门型架、捯链就位，电力变压器整体起吊时，应将钢丝绳系在电力变压器专供起吊整体的吊环上。起吊钢丝绳间夹角不大于 60°。变压器的滚轮转动灵活，在变压器就位后，将滚轮用能拆卸的制动装置加以固定，同时安装减振器；检查电力变压器与建筑物或其他设备的距离是否符合设计要求，调整变压器使其水平

续表

序号	工序内容	施工工艺要点
2	变压器接线	高压接线的接触面连接紧密，连接螺栓或压线螺丝紧固牢固，与母线连接时，紧固螺栓采用力矩扳手紧固；试运行前，必须检查绝缘电阻、耐压、变比、连接组别等交接试验合格，并做全面卫生检查，确认符合试运行条件时方可投入运行 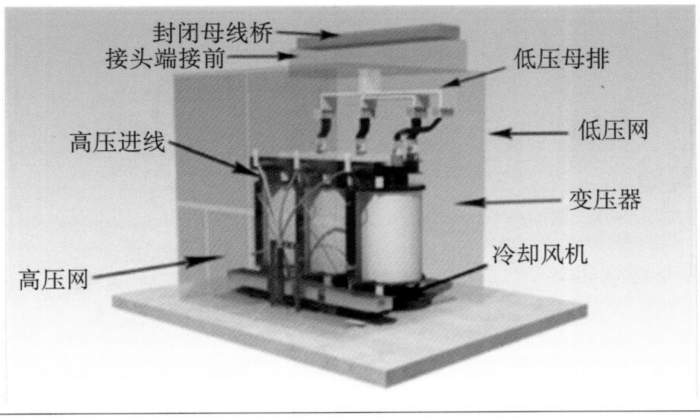 
3	检测以及接地	与变压器配套供应的温度信号报警装置应进行必要的校验；信号接点动作正确，温度的整定根据制造厂的规定进行，零线沿身向下接至接地装置的线段固定牢靠；变压器的保护接地及中性点接地，分别单独直接与接地网螺栓连接；变压器及其附件外壳和其他非带电金属部件接地（接零）支线敷设应连接紧密、牢固，截面选用正确，需防腐的部分涂漆均匀无遗漏

10.1.6　封闭母线安装

封闭母线安装工艺流程见图 10.1-7。

进场验收 → 母线编号 → 支架安装 → 母线安装 → 母线测试 → 运行验收

图 10.1-7　封闭母线安装工艺流程

封闭母线安装工艺要点见表 10.1-8。

封闭母线安装工艺要点　　　　表 10.1-8

序号	工序内容	施工工艺要点
1	安装准备、母线编号	封闭母线安装之前，仔细研究封闭母线的安装图，按照安装图中封闭母线各部件的编号按回路将现场封闭母线分开摆放，以防止封闭母线各部件错位敷设
2	支架安装	根据安装图位置进行支架安装，安装间距不大于 2m
3	母线安装	安装母线时，按照安装图中封闭母线编号及部位进行组装。封闭母线采用高强螺栓连接，用力矩扳手拧紧，连接处应牢固无缝隙。当母线段与母线段连接时，两相邻段母线及外壳对准，连接后不使母线及外壳受额外应力
4	母线测试	母线安装前及安装后都要进行绝缘摇测，相间和相对地间的绝缘电阻值应大于 0.5MΩ；电气装置的交流工频耐压试验电压为 1kV，当绝缘电阻值大于 10MΩ 时，可用 2500V 兆欧表替代试验电压，试验持续时间 1min，无击穿闪络现象
5	运行验收	母线电阻测试合格，相序核对完毕后进行通电测试，测试完毕后报监理及业主进行统一验收

10.1.7　电缆敷设及管内穿线

1. 电缆敷设及管内穿线安装要求

（1）25mm² 以上（含 25mm²）的电缆终端头采用热缩电缆终端头，25mm² 以下的电缆终端头采用干包。

（2）变、配电间集中进线、出线电缆做电缆标识。

（3）屋面设备电缆敷设配管要有防水弯头，电缆与设备连接要"高进低出"。

（4）桥架内电线敷设按不同回路捆扎成束。

（5）桥架内电缆敷设排列整齐，减少电缆交叉。电缆两端部位挂好标识牌，注明电缆起始部位和电缆型号。标识牌使用成品白色电缆标识牌，文字要求打印。

（6）电缆终端头全部采用镀锡终端。终端头必须和电缆配套，不得断股压接。除软铜线电缆，一律不得使用开口鼻子。

（7）露天或潮湿场所的电气配管应采用热镀锌厚壁钢管，不得采用 KBG 或 JDG 管。

（8）出、入户的电缆套管，封堵见图 10.1-8。

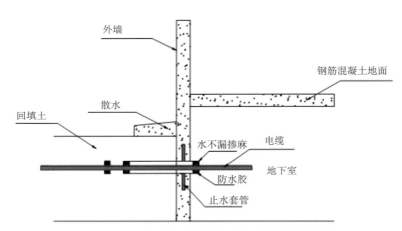

图 10.1-8　地下室（或电缆沟）进电缆进出户封堵方法

穿墙管与套管之间的封堵：采用油麻封堵，表面密封膏封严。

单根粗线缆与套管之间的封堵：采用油麻封堵，表面密封膏封严。

多根细线缆与套管之间的封堵：在预埋套管的两端焊盲板，在两端盲板上对应开孔，穿细管并与两端盲板焊接，保证每个细管内只穿一根线，采用油麻（或注浆）封堵细管，表面密封膏封严。

（9）严禁电缆中间接头。

（10）室外监控电源线采用 KVVP 电缆。

2. 电缆敷设施工工艺

电线电缆需要经过节能检测，按照现行国家标准《建筑节能工程施工质量验收标准》GB 50411 进行电线、电缆现场抽样复试。电缆敷设前先核准电缆型号、截面是否与图纸规格型号相同，进行目测和物理粗测。电缆敷设前详细勘查放缆现场环境，确定最佳放缆方案，严禁电缆中间接头。对截面为 25mm² 及以上电缆，放缆时增设电缆导向缆辘，以避免拉伤电缆。电缆敷设根据用电设备位置，在桥架内由里到外整齐排列。对于使用电缆规格相同的设备，放缆时先远后近。每放一个回路，都在电缆头、尾上绑挂电缆铭牌，铭牌上有每回路编号、电缆型号、规格及长度。

电缆敷设工艺流程见图 10.1-9。

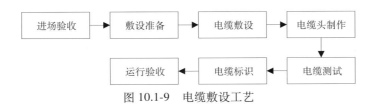

图 10.1-9　电缆敷设工艺

热缩电缆终端头制作流程见图 10.1-10。

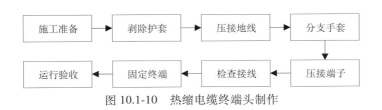

图 10.1-10　热缩电缆终端头制作

电缆敷设工艺要点如表 10.1-9 所示。

电缆敷设工艺要点　　　　　　　　　　　　　　　　　表 10.1-9

序号	工序内容	施工工艺要点
1	电缆敷设准备	检查要求外观完好无损、无明显皱折和扭曲现象。 敷设之前，进行绝缘测试和耐压试验。 根据电缆长度及路由确定电缆的敷设顺序
2	电缆敷设	水平电缆敷设如下图所示。 电缆沿桥架敷设时，要单层敷设，排列整齐。 不同等级电压的电缆要分层敷设 水平电缆敷设示意

续表

序号	工序内容	施工工艺要点
3	电缆标识	垂直电缆敷设： 标志牌上注明电缆编号、规格、型号及电压等级。 沿桥架敷设在其两端，拐弯处、交叉处应挂标志牌，如下图所示 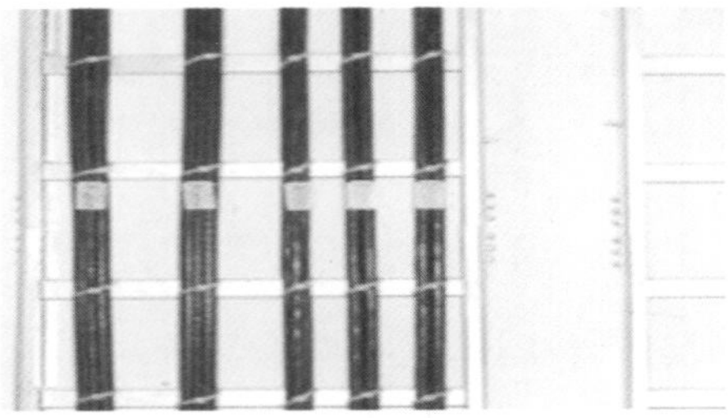 垂直电缆敷设示意

3. 管内穿线

导线敷设工艺流程见图 10.1-11。

内部清理 → 穿带线 → 导线敷设 → 绝缘测试

图 10.1-11 导线敷设工艺流程

穿线工艺要点见表 10.1-10。

穿线工艺要点 表 10.1-10

序号	工序内容	施工工艺要点
1	进场检查验收	现场抽样检测电线直径。 现场抽样复试
2	导管内部清理	在管内穿线前，对管路进行疏通
3	管内穿线	导线在管内严禁有接头，管口要有保护措施
4	线路检查及绝缘摇测	线路检查：检查导线接、焊、包是否符合设计要求及有关施工验收规范和质量验收标准的规定

10.1.8 照明器具及开关插座安装

1. 照明器具及开关插座安装要求

（1）灯具、开关和插座点位需要结合精装修深化排布。

（2）吊顶内的明装管线必须设置专用吊杆，使用龙骨抱卡，不允许使用铁丝、扎带绑扎固定。

（3）线进箱（盒）必须使用专用锁母连接。

（4）穿线前，管口部位应套好护口。

（5）配电箱至插座或灯具的电线火线颜色按相线分色到底，零线全部用蓝色，接地线用黄、绿双色线。

（6）格栅灯具、筒灯使用独立吊杆或吊链固定。

（7）选择开关、插座面板时，导线压接牢固。

（8）楼道、楼梯间内疏散指示底边距地 500mm。地面疏散指示灯要求其荷载不低于所装设地面的荷载标准，并提供省级检测报告，固定疏散指示灯面板的螺栓直径不小于 8mm。

（9）金属软管全部采用可挠性金属软管（KZ 管），室内采用阻燃型 KZ 管，室外及有水房间采用防水型 KZ 管，接头采用 KZ 管专用接头。

（10）插座不得安装在散热器、燃气表等各类设施的后面，插座应距散热器不小于 200mm，距燃气设施不小于 500mm。

（11）不同功能的开关成排布置时，应间距均匀、下口齐平。

（12）插座施工完毕后，必须用验电器对每个插座进行检查，并对每个回路开关进行漏电动作试验，并有测试记录。

2. 灯具安装流程（图 10.1-12）

图 10.1-12 灯具安装流程

3. 灯具安装工艺要点（表 10.1-11）

灯具安装工艺要点　　　　　　　　　　　　　　　　表 10.1-11

序号	安装工艺		具体内容
1	进场验收		现场抽样检查灯具的外观及配件是否齐全。 现场抽样复试
2	灯具组装		根据灯具说明书将灯具进行组装，拧紧紧固螺丝
3	灯具安装	吊链式灯具安装	根据灯具的安装高度，准备好专用吊杆，利用膨胀螺栓将吊杆固定，然后将灯具与固定好的吊杆进行连接安装。吊杆式灯具安装如下图所示 吊杆式灯具安装

续表

序号	安装工艺		具体内容
3	灯具安装	壁灯安装	墙上安装的灯具用膨胀螺栓固定，灯具开孔处用塑料护套保护电线。如下图所示 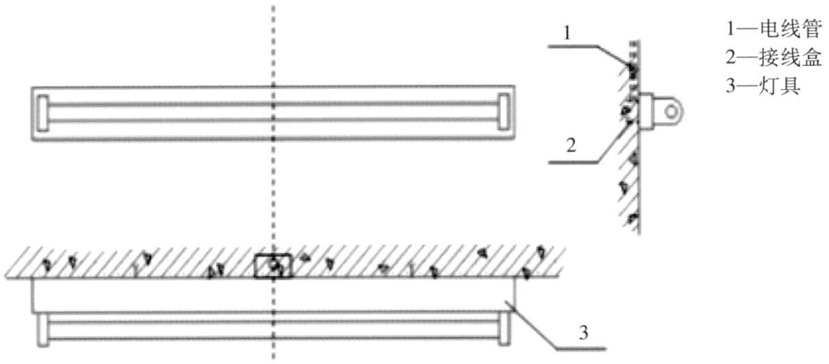 1—电线管 2—接线盒 3—灯具 <div align="center">墙上灯具安装示意</div>
		线槽灯	安装线槽灯时，应保证同一房间（部位）在同一水平面上，线槽走向在一条线上，横平竖直，如下图所示  <div align="center">线槽灯安装示意</div>
		嵌入式灯具	嵌入式吊顶安装的灯具边框边缘应与顶棚面的装修直线平行；嵌入式筒灯用的卡具在装饰龙骨上固定  <div align="center">嵌入式荧光灯安装 　　　　嵌入式筒灯安装</div>

续表

序号	安装工艺		具体内容
3	灯具安装	高空LED（金卤）灯安装	 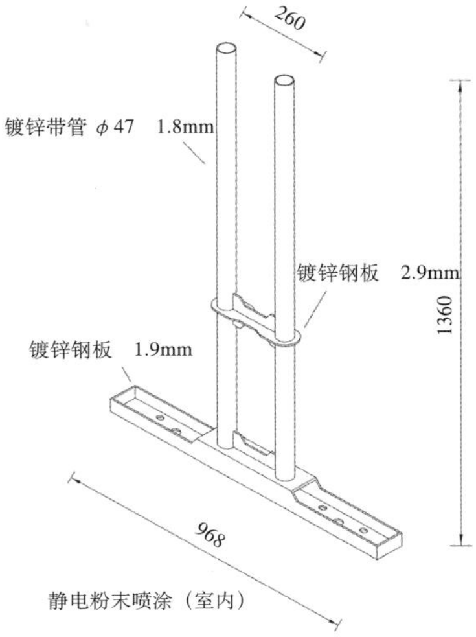  镀锌带管 φ47 1.8mm　镀锌钢板 2.9mm　镀锌钢板 1.9mm　静电粉末喷涂（室内）　260　1360　968 展厅高空金卤、LED灯安装，随V形梁内马道一同吊装至桁架下方，待马道安装完毕后敷设马道上的照明线槽，利用登高车完成灯具点位的微调及接线工作。 照明灯具LT02.1P安装高度32m，伞柱钢结构30.5m，位置是方钢支下预留50×50×8钢板，照明灯具LT02.2P安装高度25m，固定在伞形柱树形造型
		防爆灯	灯具的防爆标志、外壳防护等级和温度组别与爆炸危险环境相适应。 灯具吊管及开关与接线盒螺纹啮合扣数不少于5扣
4	检查接线		根据配电箱回路检查相应回路是否全部贯通，是否有点位遗漏
5	线路测试		根据灯具所在回路进行线路测试，测试相序是否正确，线路是否与配电箱回路相匹配
6	运行验收		线路测试完毕，进行送电测试，测试完毕后，报监理及业主进行统一验收

4. 开关插座安装流程图（图 10.1–13）

线盒清理 → 检查接线 → 开关、插座安装 → 线路测试 → 运行验收

图 10.1-13　开关插座安装流程

5. 开关插座安装工艺要点（表 10.1–12）

开关插座安装工艺要点　　　　　　　　　　　　　表 10.1-12

序号	名称	具体内容
1	线盒清理	安装前，要清理开关、插座盒内的杂物

续表

序号	名称	具体内容
2	检查接线	开关接线：灯具（风机盘管等电器）的相线必须经开关控制。开关位置应与灯位相对应，同一室内开关方向一致，成排安装的开关高度一致。插座接线：同一场所的三相插座，接线的相序一致；单相插座面对插座，"左零、右火、上接地"。接地或接零线在插座间不串联连接。先将盒内的导线留出维修长度后剥去线头，不碰伤线芯，连接到接线端子上，然后将开关或插座推入盒内，暗装开关、插座面板要紧贴墙面。开关、插座接线盒内导线连接涮锡法。开关、插座的面板并列安装时，高度差允许为 0.5mm。同一场所开关、插座的高度允许偏差为 5mm，面板的垂直度允许偏差 0.5mm 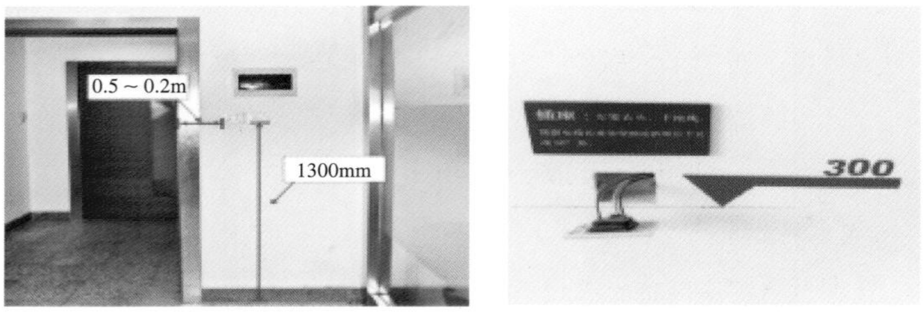 接线定位示意图
3	开关、插座安装	同排插座安装高度一致，开关底端在同一水平线上。面板示意图如下图所示。 照明开关、插座为暗装，除注明外，均为 250V、10A。 开关线盒内边底距地 1.3m，距门框 0.2m。 其他设备控制器开关根据图纸要求进行安装，底边一般按照底边距地 1.3m，与同排开关安装高度一致 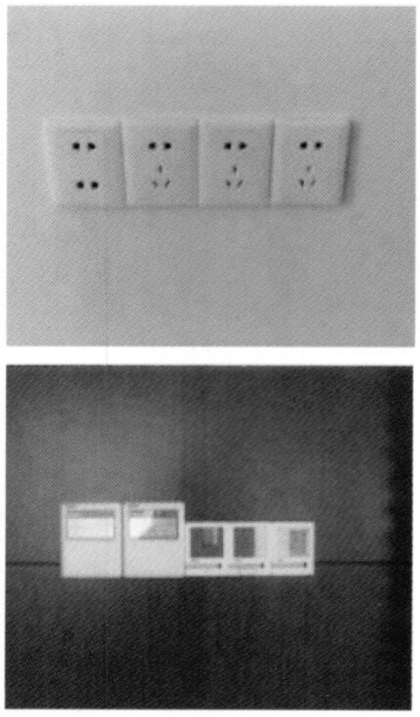 面板示意图
4	线路测试	根据开关、插座所在回路进行线路测试，测试相序是否正确，线路是否与配电箱回路相匹配
5	运行验收	线路测试完毕，进行送电测试，测试完毕后，由监理及业主进行统一验收

10.1.9 防雷接地系统安装

防雷接地系统安装要求

1）防雷系统

（1）除女儿墙和屋脊部位，避雷带采用明装方式。避雷带设在屋脊、女儿墙的顶部，居中布置。如女儿墙宽度大于 300mm，避雷带距女儿墙外侧宜为 100mm。

（2）避雷带采用 $\phi 12$ 热镀锌圆钢制作。搭接采用上平下弯，搭接长度 $6d$，双面焊接；采用支架卡子固定，严禁 T 焊，支架外露高度为 150mm，埋深 9cm，间距均匀，且不大于 1m，根部做防水处理；转角处要做突出弯曲，距转角 300 ~ 500mm 处对称设支架。避雷带弯曲半径不小于 $10d$，弯曲角度与所保护的墙体角度一致，不应出现直角死弯。

（3）避雷引下线要由黄、绿分色表示，相应位置要有明显标识。

（4）避雷测试点采用预埋盒，盖板采用金属盖板，同装修确认风格。测试点应采用 40×4 热镀锌扁钢，外露端部倒角，并预留蝶式螺母。

2）接地系统

（1）电气设备要做明显的接地，接地线采用黄、绿双色线。

（2）变电室、配电间等部位，明敷设接地扁钢黄、绿分色，分色间距 100mm，倾斜方向一致，距墙 10 ~ 15mm，过门等位置暗敷。转弯处不能断开搭接，应冷煨。沿桥架敷设的扁钢亦应涂刷黄绿双色油漆，接地点处应做标识。

（3）变电室保护零线、工作零线必须严格分开，成排低压柜接地点不少于两点。

（4）设备接地跨接线采用黄、绿双色线，煨螺旋弯。

（5）在变电站、配电间、竖井等位置的扁钢上预留的接地螺栓应采用蝶形螺母，并在旁边做接地标识。

3）防雷接地系统安装要点（表 10.1-13）

防雷接地系统安装要点 表 10.1-13

序号	名称	具体内容
1	设备接地	设备接地采用 40×4 的扁钢，焊接连接处焊缝平整、饱满；扁钢与设备之间采用软铜接地线进行跨接，使用螺栓连接紧密牢固，跨接线不小于 4mm² 黄绿软导线
2	等电位	在每层电竖井设置局部等电位箱。 接地线选用专用接地卡连接
3	防雷接地装置	利用施工图所示结构基础梁、底板上层主筋（不小于 $2 \times \phi 16mm$）进行焊接，以此作为防雷接地及电气设备接地的共用接地装置。本工程采用综合接地系统，其接地电阻要求不大于 0.5Ω，所有焊接处焊缝应饱满并有足够的机械强度，不得有夹渣、咬肉、裂纹、虚焊、气孔等缺陷，焊接处的药皮敲净。采用搭接焊时，其焊接长度要求如下： 镀锌扁钢不小于其宽度的 2 倍，且至少 3 个临边焊接； 圆钢与扁钢连接时，其焊接长度为圆钢直径的 6 倍（双面焊）

10.2 给水排水及供暖施工方案

10.2.1 水系统安装流程图

给水系统安装工艺流程如图 10-2.1 所示。排水系统安装工艺流程如图 10.2-2 所示。支吊架制作安装工艺流程如图 10.2-3 所示。

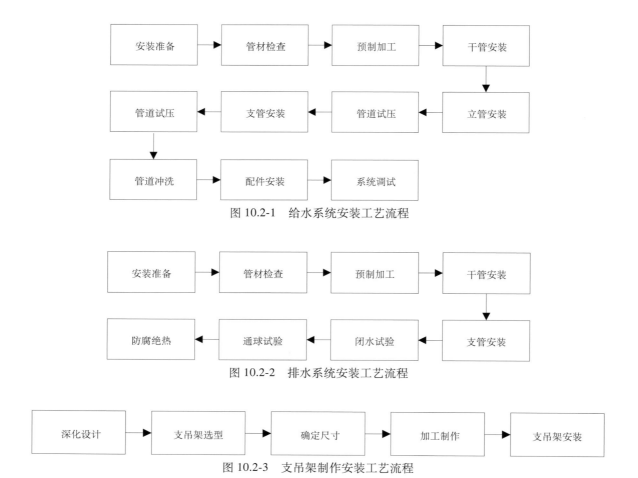

图 10.2-1 给水系统安装工艺流程

图 10.2-2 排水系统安装工艺流程

图 10.2-3 支吊架制作安装工艺流程

10.2.2 支架施工要点

应用 BIM 深化结果指导支架施工：管线综合深化后，BIM 模型中应直接绘制综合支架，确认支架定位及具体尺寸和形式。现场施工前，应核对支架图纸，按照 BIM 深化结果在加工区进行一定的支架预制，然后在现场根据支架图纸进行定位，结合现场实际混凝土等结构，完成支架安装，确保成排成列的支架顺直美观。

在最终选取支架样式时，应保证支架形式排布整齐，对给水排水及供暖管道支架，尽量综合考虑给中水管道、热水管道、供暖管道，保证支架之间的间距满足规范的要求，支架形式根据管道数量的不同采取统一样式。

支吊架主要形式：

支吊架的主要形式详见表 10.2-1。Ⅰ形支架材料及尺寸详见表 10.2-2。Ⅱ形支架材料及尺寸详见表 10.2-3。Ⅲ形支架尺寸详见表 10.2-4。Ⅳ形支架材料详见表 10.2-5。支吊架安装技术要点详见表 10.2-6。

支吊架主要形式示意　　　　　　　　　表 10.2-1

序号	简介	内容
1	吊架细部节点详图	 吊架细部节点详图
2	水平管道不保温单管单吊杆支吊架（Ⅰ形）安装	 Ⅰ形支架详图
3	水平管道不保温双管双吊杆支吊架（Ⅱ形）安装	 Ⅱ形支架详图

续表

序号	简介	内容
4	水平管道不保温三管双吊杆支吊架（Ⅲ形）安装	Ⅲ形支架详图
5	混凝土墙（柱）上支架（Ⅳ形）安装	Ⅳ形支架安装详图
6	混凝土墙（柱）上支架（Ⅴ形）安装	Ⅴ形支架安装详图

Ⅰ形支架材料及尺寸　　　　表 10.2-2

材料及尺寸表

公称直径 DN	吊杆	连接螺栓	膨胀螺栓		槽钢				扁钢规格
	直径 d	规格	规格 Md×1	孔径 φ	规格	长度 L	腿宽 a	腰厚 h_f	
15	8	M8×40	M6×55	8	[8	80	25	8	−25×4
20	8	M8×40	M6×55	8	[8	80	25	8	−25×4
25	8	M8×40	M6×55	8	[8	80	25	8	−25×4
32	8	M10×45	M6×55	8	[8	80	25	8	−25×4
40	8	M10×45	M6×55	8	[8	80	25	8	−30×4
50	8	M10×45	M10×85	12	[10	100	30	8	−30×4
65	8	M12×50	M10×85	12	[10	100	30	8	−30×4
80	10	M12×50	M10×85	12	[10	100	30	8	−40×4
100	10	M12×50	M10×85	12	[10	100	30	8	−40×4
125	12	M12×50	M12×125	14	[12.6	120	30	8	−50×6
150	12	M16×60	M12×125	14	[12.6	120	30	8	−50×6
200	16	M16×60	M16×140	18	[14 b	120	35	8	−50×6

Ⅱ形支架材料及尺寸　　　　表 10.2-3

材料及尺寸表

公称直径 DN	吊杆直径	槽钢		膨胀螺栓		支架角钢		管卡型号 （直径 mm）
		规格	长度	规格	个数	规格	长度	
≤ 65	8	M8	2	8.5	2	∟40×4	450	8
80	8	M8	2	8.5	2	∟40×4	510	10
100	10	M10	2	10.5	2	∟50×5	560	10
125	10	M10	2	10.5	2	∟50×5	640	12
150	10	M10	2	10.5	2	∟63×6	700	12
200	12	M12	2	12.5	2	∟75×7	830	12
250	16	M16	2	16.5	2	∟90×8	990	16
300	16	M16	2	16.5	2	∟100×10	1100	16
350	20	M20	2	20.5	2	[16a	1240	16
400	24	M24	2	24.5	2	[18	1385	20

Ⅲ形支架尺寸　　　　表 10.2-4

尺寸表

DN	≤ 65	80	100	125	150	200	250	300	350	400
L1	110	130	140	160	170	200	240	270	300	350
L2	120	20	20	30	30	40	50	50	60	60
L3	190	210	240	260	300	350	410	460	520	565

续表

φ	10	10	12	12	12	14	18	18	22	26
a	22	22	30	30	35	45	50	60	35	40

Ⅳ形支架材料   表 10.2-5

材料表

公称直径 DN	吊杆直径 d	螺母		垫圈		支架角钢		管卡型号
		规格	个数	规格	个数	规格	长度	
40	8	M8	2	8.5	2	∟40×4	540	8
50	8	M8	2	8.5	2	∟50×4	580	8
65	8	M8	2	8.5	2	∟50×4	640	8
80	8	M8	2	8.5	2	∟50×4	720	10
100	10	M10	2	10.5	2	∟63×6	800	10
125	10	M10	2	10.5	2	∟75×7	900	12
150	12	M12	2	12.5	2	∟90×8	1000	12
200	16	M16	2	16.5	2	[12.6	1180	12
250	20	M20	2	20.5	2	[16a	1400	16
300	20	M20	2	20.5	2	[16a	1560	16
350	30	M30	2	30.5	2	[18	1760	16
400	30	M30	2	30.5	2	[20	1950	20

支吊架安装技术要点   表 10.2-6

序号	技术要点
1	吊架的吊杆应垂直安装成行成线
2	安装管道时，应及时调整支、吊架，确保支、吊架位置准确，安装平整牢固，与管子接触紧密。固定支架应安装在设计规定的位置上，不出现任意移动
3	在支架上固定管道，采用 U 形管卡。制作固定管卡时，卡圈与管外径紧密吻合，紧固件大小与管径相匹配，拧紧固定螺母后，管子牢固不动
4	支吊架间距应符合设计及施工验收规范要求
5	无热位移的管道，其吊杆垂直安装；有热位移的管道，吊点设在位移的相反方向，按位移值的 1/2 偏位安装
6	在管道安装过程中使用临时支、吊架时，应避免与正式支、吊架位置冲突，做好标记，并在管道安装完毕后予以拆除
7	为保证管道坡度要求，同时保证平面层支架横、纵向支架在同一条水平线上；采用"十字交叉法"。首先按管道坡度走向拉一条管线走向直线，再按规范要求设支架点拉一条直线，该两条线交叉点为支架安装点，分别测出该点尺寸、编号登记，依次制作安装
8	安装大口径阀门和其他大件管道支架时，应安装辅助支架，以防过大的应力，临近泵接头处亦须安装支架以免设备受力。对于机房内压力管道及其他可把振动传给建筑物的压力管道，必须安装弹簧支架并垫橡胶垫圈，以达到减振的目的

10.2.3 衬塑钢管和镀锌钢管安装

本项目生活给水管、中水管、热水管、冷却塔补水管采用衬塑钢管（DN100 以下丝扣连接，

DN100 及以上采用沟槽式卡箍连接），重力雨水管、压力排水管及消防系统管道采用热镀锌钢管。

卡箍连接和丝扣连接流程图分别见图 10.2-4 和图 10.2-5，其施工要点分别见表 10.2-7 和表 10.2-8。

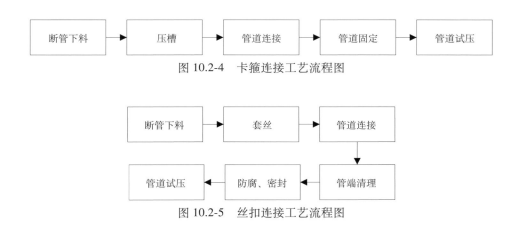

图 10.2-4 卡箍连接工艺流程图

图 10.2-5 丝扣连接工艺流程图

卡箍连接施工要点   表 10.2-7

工作内容	工艺要点
截管下料	截管不宜采用砂轮切割；截管宜采用锯床，当采用盘踞切割时，其转速不得大于 800r/min。可在套丝机上截管或采用手工锯截管，其锯面应垂直于管轴心
压槽	去掉管口的毛刺和杂质，之后转动手柄进行压槽
卡箍安装	放一端管子的橡胶圈，对管并放另一端橡胶圈，最后轮换均匀拧紧螺母

丝扣连接施工要点   表 10.2-8

工作内容	工艺要点
截管下料	截管不宜采用砂轮切割；截管宜采用锯床，当采用盘踞切割时，其转速不得大于 800r/min。可在套丝机上截管或采用手工锯截管，其锯面应垂直于管轴心
套丝	套丝应采用自动套丝机或手动套丝机；套丝时加工面要用机油润滑，以保证螺纹表面光滑；圆锥形管螺纹应符合现行国家标准《55°密封管螺纹》GB/T 7306 的要求，并应采取标准螺纹规检验，最终外露丝扣 3 ~ 5 扣
管端清理	应用细锉将金属管端的毛边修光；应将钢塑管内塑层用专用铰刀或削刀进行适当内倒角，角度值为 10° ~ 15°，以使钢塑管能顺利旋入衬塑可锻铸铁管件的接口，防止挤压损坏接口
防腐、密封	管端、管螺纹清理加工后，应进行防腐、密封处理，宜采用防锈密封胶和聚四氟乙烯生料带缠绕螺纹，同时应用色笔在管上标记拧入深度。 管子与管件及配件连接前，应检查衬塑可锻铸铁管件内橡胶密封圈，然后将配件用手捻上管端丝扣，在确认管件接口已旋入钢塑管后，用管钳进行管子与配件连接。 管子与管件及配件连接后，外露的螺纹部分及所有钳痕和表面损伤的部分应涂防锈密封胶

10.2.4 PPR 给水管道安装

本工程给水系统、中水系统、热水系统支管均采用 PP-R 管，连接方式采用热熔连接，冷水管道采用 S4 级。PP-R 管施工工艺见图 10.2-6。PP-R 管道连接见表 10.2-9。熔接操作技术参数，见

表 10.2-10。管道敷设见表 10.2-11。PP-R 管安装注意事项见表 10.2-12。

图 10.2-6 施工工艺流程图

| | | PP-R 管连接示意 | 表 10.2-9 |

序号	工序	图解
1	管道切割	使用塑料管切割工具切割管子，用切管器垂直切割管子 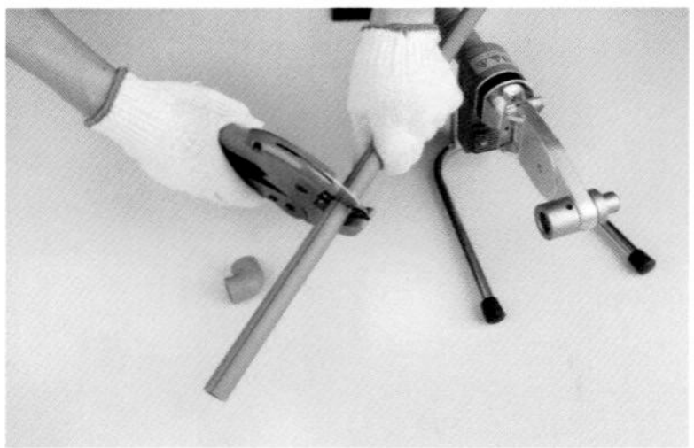 PP-R 管道切割
2	管头处理	刮皮范围与刮皮刀的刀片长度相当，然后将管头擦拭干净 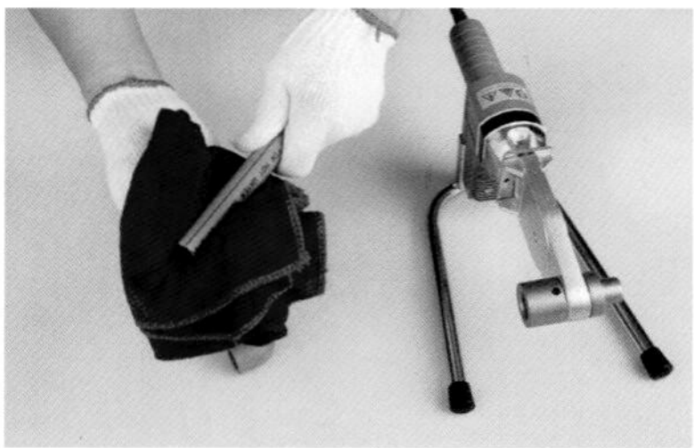 PP-R 管头处理
3	热熔接	当管熔接器加热到 260℃时，用双手将管材和配件同时推进熔接器模具内，并加热 5s 以上，注意管的长度及方向变化，不可过度加热，以免造成管材变形而导致漏水。 管道与管件接头处应平整、清洁。熔接前，应在管道插入深度处做记号。焊接后，要对整个嵌入深度的管道和管件的接合面加热 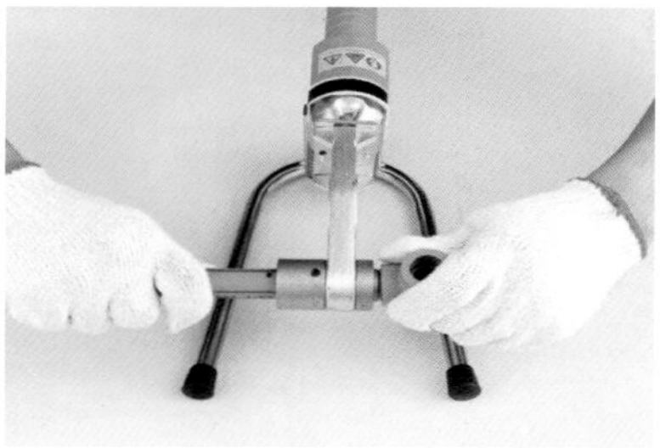 PP-R 管道热熔

续表

序号	工序	图解
4	插接	加热后，将管材及管件脱离熔接模头，立即对接。熔接施工应严格按规定的技术参数操作，在加热及插接过程中不能转动管道和管件，应直线插入。正常熔接时，应在接合面设置一个均匀的熔接圈 PP-R 管道插接

熔接操作技术参数　　　　　　　　　　　表 10.2-10

序号	管材外径（mm）	熔接深度（mm）	加热时间（s）	插接时间（s）	冷却时间（min）
1	20	14	5	4	3
2	25	16	7	4	3
3	32	20	8	4	4
4	40	21	12	6	4
5	50	22.5	18	6	5
6	63	24	24	6	6
7	75	26	30	10	8
8	90	32	40	10	8
9	110	38.5	50	15	10

注：若环境温度低于 5℃，加热时间应延长 10%。

管道敷设　　　　　　　　　　　　　　　表 10.2-11

序号	安装方式		内容
1	支管安装	嵌墙暗敷	砌筑后剔出凹槽，管子直接嵌入并用管卡将管子固定在管槽内。槽深比管外径大 20mm，槽宽比管外径大 40～60mm，有管件和管卡的部位应视管件尺寸适当加大。管槽应随管道折角转弯。槽弯曲半径应满足管道最小弯曲半径。凹槽表面必须平整，不得有尖角等突出物，管道试压合格后，墙槽用水泥砂浆填补密实
		钢筋混凝土剪力墙	敷设贴于墙表面，并用管卡固定于墙面上，待装饰装修墙面施工时，用高强度等级水泥砂浆抹平，然后在外贴装饰材料
		吊顶内	可根据现场实际情况设定走向并作吊架，管壁距楼板底及吊顶构造面应 ≥ 50mm。支管安装时，一是直埋于地坪找平层中；二是埋设于钢筋混凝土楼板中，但必须设套管并有防止混凝土流入套管的措施

PP-R 管安装注意事项 表 10.2-12

序号	内容
1	暗设的管道应经水压试验合格并检查无渗漏，才能填封管槽和进行粉刷或贴饰面层施工
2	对穿越管道的孔洞，在无防水要求时，可用 1：2 水泥砂浆填实；当有防水要求时，应采用膨胀水泥配制 1：2 水泥砂浆填实，并在板面抹三角灰
3	安装后的管道严禁攀踏或作他用
4	使用剩余的短管与整管连接使用，做到零损耗

10.2.5 压力流管道冲洗及施压

压力流管道系统施工完成后，应进行管道冲洗，从系统一端注水，最远端泄水冲洗，至最远端出水无明显杂质，水流清澈为止。

给水中水管道试压按照现行国家标准《建筑给水排水及采暖工程施工质量验收规范》GB 50242 的规定执行。低区给水中水管道试验压力为 0.6MPa，高区给水中水管道试验压力为 1.0MPa，冷水用 PPR 管试验压力为 0.9MPa，热水用 PPR 管试验压力为 1.2MPa。应结合现场实际情况，采取分段试压，选择使用气压或水压。

试压时，先升至试验压力，在 10min 内压力降不大于 0.02MPa，然后将压力降至工作压力作外观检查，以不渗不漏为合格。塑料管应在试验压力下稳压 1h，压力降不大于 0.05MPa，然后在工作压力的 1.15 倍下稳压 2h，压力降不得超过 0.03MPa，同时检查各连接处不得渗漏。

10.2.6 排水铸铁管道安装

本项目重力排水管、通气管采用机制排水铸铁管，W 型接口连接。

1. 工艺流程

排水铸铁管道安装工艺流程如图 10.2-7 所示。

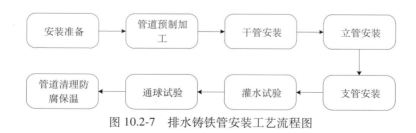

图 10.2-7 排水铸铁管安装工艺流程图

2. 施工要点（表 10.2-13）

	铸铁管施工要点	表 10.2-13
序号	安装步骤	图解
1	安装时，应确保铸管断面垂直、光滑、无飞边毛刺，以免划伤橡胶密封圈	
2	用扭力扳手松开卡箍螺栓，取出胶圈，套入管件一端，使胶圈内中间凸缘与铸管断面完全接触为止	
3	将一端套入管件的胶圈另一端完全下翻，使胶圈中间凸缘平面完全暴露	
4	将另一管件垂直放在胶圈凸缘平面上，将下翻的胶圈复位，将两个管件移正至同一轴线上	
5	上移卡箍至橡胶密封圈的部位，使之与胶圈端面平齐	
6	用扭力扳手逐次交替紧固卡箍螺栓，切忌将一边螺栓一次紧固到位，造成卡箍扭曲变形。也不要用力过大，造成螺栓打滑	

10.2.7 非承压管道试验

1. 排水系统无压管道通球试验

排水主立管及水平干管管道均应做通球试验，通球球径不小于排水管道管径的 2/3，通球率必须达到 100%。通球试验顺序从上而下进行，以不堵为合格。胶球从排水立管顶端投入，注入一定水量于管内，使胶球能顺利流出为合格。通球过程如遇堵塞，应查明位置进行疏通，直到通球无阻为止。

施工流程见图 10.2-8。

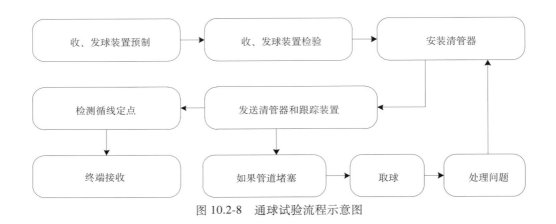

图 10.2-8 通球试验流程示意图

2. 排水系统无压管道灌水试验

在隐蔽生活污水管、废水管道前，必须做灌水试验，其灌水高度应以一层楼的高度应不低于底层卫生器具的上边缘或底层地面高度，满水最少 30min。满水 15min 水面下降后，再灌满观察 15min，液面不下降，管道及接口无渗漏为合格。

10.2.8 污水泵安装

1. 工艺流程

污水泵安装工艺流程如图 10.2-9 所示。

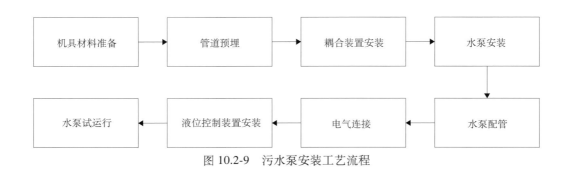

图 10.2-9 污水泵安装工艺流程

2. 施工要点（表 10.2-14）

污水泵安装要点　表 10.2-14

工作内容	工作要点
基础验收	安装前，应对潜污泵基础进行复核验收，基础尺寸、标高、地脚螺栓孔的纵横向偏差应符合标准规范要求
开箱检查	按设备技术文件的规定清点潜污泵的零部件，并做好记录；对于缺损件，应与供应商联系妥善解决；应完善管口的保护物和堵盖。潜污泵的主要安装尺寸应与工程设计相符
安装及隔声隔振控制	潜污泵设置水泵基础，并选用可调式弹簧减振器或橡胶垫。 潜污泵与水管连接设置弹性软连接，设置隔振支架管夹承支，水管坐地式安装支架弯头应配备 25mm 变形减振弹簧（外置式）支承与结构隔离
潜污泵就位	潜污泵就位时，应根据标准要求找平找正，其横向水平度不应超过 0.1mm/m，水平联轴器轴向倾斜 0.8mm/m，径向位移不超过 0.1mm
附件安装	找平找正后进行管道附件安装，安装软接头时，应保证在自由状态下连接，不得强力连接。在阀门附近要设固定支架

10.2.9　阀门安装

给水、中水系统：管径 ≤ DN50 时，采用铜截止阀或球阀；管径 > DN50 时，采用明杆衬铜闸阀，工作压力同各系统管材工作压力。

所有系统水泵出水管上均安装有防水锤作用的活塞式缓闭止回阀，工作压力为 1.6MPa，其他部位均为普通止回阀，工作压力为 1.0MPa。

集水坑压力排水管采用工作压力为 1.0MPa 的铜芯球墨铸铁闸阀和污水专用的球形止回阀。

自动排气阀均为 DN20，工作压力 1.0MPa，排气阀下设置一个 DN20 的截止阀。

给水系统及消防系统均采用能减静压的可调先导式减压阀。安装前全部管道冲洗干净。

主要阀门见表 10.2-15。

主要阀门列表　表 10.2-15

序号	名称	使用部位	安装要求
1	截止阀或球阀	给水、中水系统	检查其种类、规格、型号及质量，阀杆不得弯曲，按规定对阀门进行强度（为公称压力的 1.5 倍）和严密性试验（出厂规定的压力）。
2	止回阀	给水排水系统、水泵房	选用的法兰盘的厚度、螺栓孔数、水线加工、有关直径等几何尺寸要符合管道工作压力的相应要求。 水平管道上的阀门安装位置尽量保证手轮朝上或者倾斜 45°或者水平安装，不得朝
3	明杆衬铜闸阀	给水排水系统	下安装。 阀门法兰盘与钢管法兰盘相互平行，一般误差应小于 2mm，法兰要垂直于管道中心线，选择适合介质参数的垫片置于两法兰盘的中心密合面上。
4	减压阀	给水系统	连接法兰的螺栓、螺杆突出螺母长度不宜大于螺杆直径的 1/2。螺栓同法兰配套，安装方向一致；法兰平面同管轴线垂直，偏差不得超标，并不得用扭螺栓的方法调整
5	自动排气阀	给水系统	安装阀门时，应注意介质的流向，止回阀、减压阀及截止阀等阀门不允许反装。阀体上标示箭头，应与介质流动方向一致。
6	污水专用球形止回阀	集水坑	螺纹式阀门，要保持螺纹完整，按介质不同涂以密封填料物，拧紧螺纹后要有 3 扣的预留量，以保证阀体不致拧变形或损坏。紧靠阀门的出口端装有活接，以便拆修。安装完毕后，把多余的填料清理干净

10.2.10 水箱安装

1. 给水箱安装工艺流程

给水箱安装工艺流程见图 10.2-10。

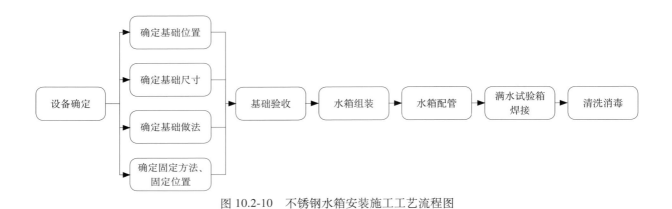

图 10.2-10 不锈钢水箱安装施工工艺流程图

2. 水箱基础

水箱基础位置及排布须经核实，具体排布见表 10.2-16。

不锈钢水箱基础布置示意			表 10.2-16
不锈钢水箱基础布置示意			

示意图	符号说明：1—主要钢件；2—辅助钢件；3—钢混基础 H—基础高度；B—基础宽度	组合式不锈钢水箱热镀锌底架	水箱高度（m）	主要构件规格
			1.0	槽钢 [10
			1.5	槽钢 [12
			2.0	槽钢 [14
			2.5	槽钢 [16
			3.0	槽钢 [16
			3.5	槽钢 [16
			4.0	槽钢 [18
			4.5	槽钢 [18
用地脚螺栓把钢架固定在基础上，螺栓直径及个数根据抗震要求来计算，尽量采用埋入型				

3. 板型装配式水箱的安装

可按照厂家提供的水箱装配图进行安装施工，按照如下步骤进行，见表 10.2-17。

板型装配式水箱的安装　　　　　　　　　　表 10.2-17

序号	步骤内容
1	钢架放在基础上，用地脚螺栓固定
2	组装底部板，然后将其放在钢架上，用装配零件固定在钢架上
3	组装侧面板，安装内部加强件，组装顶部面板
4	不锈钢组合水箱的装配，详见下图 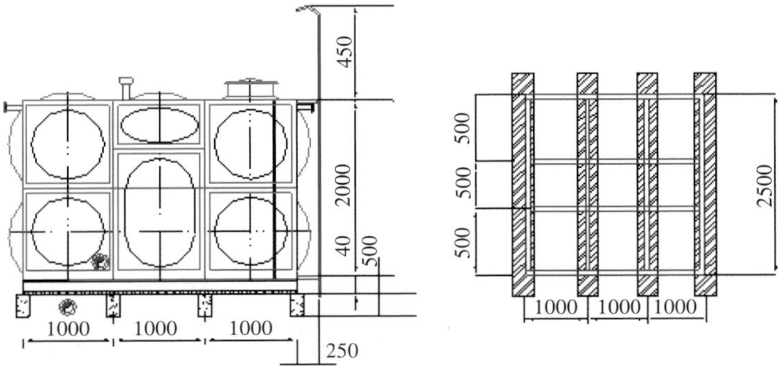 不锈钢组合水箱装配示意图 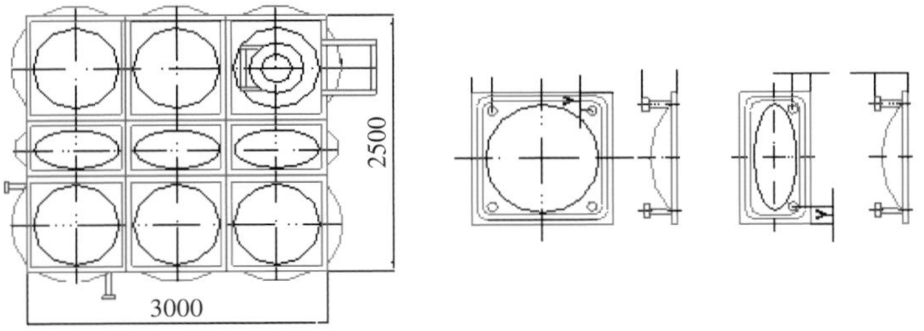 不锈钢组合水箱装配示意图

10.2.11　管道保温

1. 保温管道范围

按设计要求，给水排水系统中管道保温材料采用橡塑难燃 B1 级。需要进行保温的管道范围如下：

（1）吊顶、管井内及其他需要防结露的生活给水、排水、中水管道保温厚度为 20mm。

（2）车库内生活给水管、中水管、压力排水管及阀门、龙头做防冻保温，保温厚度为 40mm。

（3）连接雨水斗到雨水立管的重力雨水悬吊管保温厚度为 40mm。

（4）人防地下室车库出地面坡道从地下一层起坡点向车库内 30m 范围的充水消防管，中央大厅地下一层坡道及西侧坡道延伸至轴线 C-3/5，东侧坡道延伸至轴线 C-3/14 区域内的充水消防管做电伴热防冻保温，保温厚度 40mm。

2. 施工工艺

保温工程的施工，在管路系统强度与严密性检验合格和防腐处理结束后进行。

水管保温流程及安装注意事项见表 10.2-18。

	水管保温施工方法		表 10.2-18
	水管保温施工方法		
图示	 纵向剖开保温管	 接缝处用胶水粘合	 多层重叠包装应错开接缝
	 管材切割组合成 T 形三通	 切开 T 形结构	 包覆于接头处，粘合接缝
注意事项	保温材料的接口、缝隙要求使用橡塑专用胶水粘结严密，不得存在粘结不牢或松散现象		
	胶水涂刷时，必须在保温管壳内部和管道外壁进行满涂。在粘结保温材料时，必须将管道表面的杂物、灰尘、油污清理干净，以保证胶水的粘结效果		
	为保证保温观感效果，保温层的纵向拼缝应置于管道上部，并且相邻保温层的纵向拼缝错开一定角度		
	夏季保温施工，橡塑保温材料不能拉得过紧，以防冬季温度过低时，保温层收缩开胶		
	冬期保温施工时要求室内环境温度不低于 5℃，胶粘剂及胶带低于 5℃ 时，粘结效果不好		
	冷热管道在安装保温材料之前，均应先清除表面铁锈，并刷两层防锈底漆		
	管道保温接驳口位置须作交错连接，以提高保温气密性，用 100mm 宽的防潮密封条在接口位置作紧密贴		

防冻保温在穿过套管等局部位置时，依据设计套管管径，可断开或局部降低保温厚度，确保管道穿过套管。

10.3 通风空调施工方案

10.3.1 主要设备的安装

1. 离心式冷水机组安装

机组安装程序见图 10.3-1。

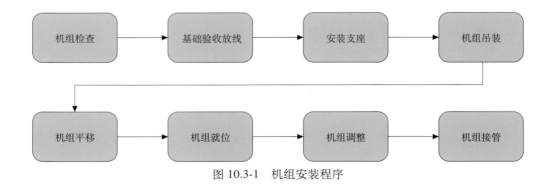

图 10.3-1 机组安装程序

（1）制冷机组、地源热泵机组检查见图 10.3-2。

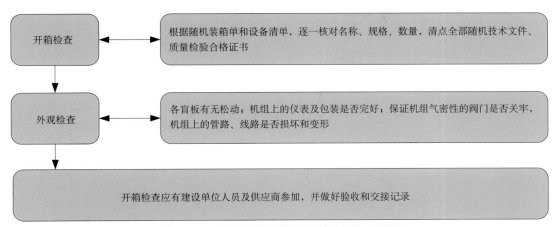

图 10.3-2　制冷机组及地源热泵机组检查要领

（2）基础放线见图 10.3-3。

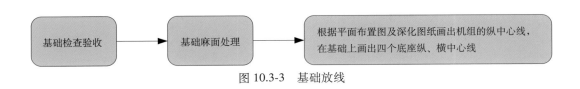

图 10.3-3　基础放线

（3）机组运输就位：根据吊装口的位置和设备的平面布置确定设备的吊装方案，确定运输路线和就位顺序。运输就位方案见大型设备吊装方案，隔振措施见消声隔振施工技术方案。

（4）机组调整：机组找平可根据设备的具体外形选定测量基准面，用水平仪测量，拧住地板上的螺栓进行调整，机组纵向、横向的水平偏差均不大于 1/1000。特别注意保证机组的纵向（轴向）水平度。

（5）基础二次灌浆：机组找正找平后，然后进行二次灌浆。将基础上的杂物、尘土及油垢冲洗干净，保持基础面湿润，但表面麻面凹坑内不应有积水。灌浆不能间断，所用水泥强度等级比地基高一号，并应一次完成。灌浆时应随时捣实，灌浆敷设的模板与预埋垫板的距离为 80 ～ 100mm。灌浆后注意养护。

（6）设备接管：管道应单独设支、吊架进行支撑，机组设备不承受管道、管件以及阀门的质量。

2. 板式热交换器安装

1）概况和安装流程

板式热交换器的概况和安装流程图分别见图 10.3-4 和图 10.3-5。

活动压紧板
上导杆
紧固螺丝
前支杆
固定压紧板
下导杆
夹紧螺杆
板片及垫片
支腿

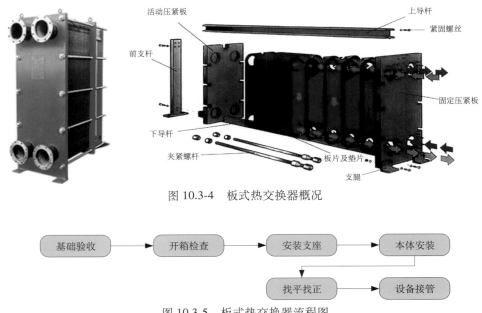

图 10.3-4　板式热交换器概况

基础验收
开箱检查
安装支座
本体安装
找平找正
设备接管

图 10.3-5　板式热交换器流程图

2）安装要领

（1）应按图纸所示及遵照厂家提供的安装程序建议装设板式热交换器，并应预留足够的正常维修和操作空间。

（2）在板式热交换器与其基座之间，应装设 20mm 厚的氯丁橡胶垫片作隔振，而所采用的固定螺栓（包括垫环和螺母）均应为高拉力钢材，并经电镀锌处理。

3. 冷却塔安装

冷却塔由厂家负责安装，冷却塔及相应的控制柜供应及本体组装就位固定，设备调试，基础找平包含基础槽钢、减振设施的供应及安装（图 10.3-6）。

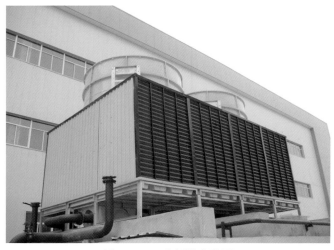

图 10.3-6　冷却塔安装图

4. 水泵安装

本项目通风空调工程采用了卧式离心式水泵、立式离心水泵，其安装步骤和技术要求见表 10.3-1。

<table>
<tr><td colspan="3" align="center">水泵安装步骤及技术要求　　　　　　　　　　　　　　　　表 10.3-1</td></tr>
<tr><th>安装步骤</th><th>技术要求</th><th>图示</th></tr>
<tr><td>基础验收</td><td>安装前，应对水泵基础进行复核验收，基础尺寸、标高、地脚螺栓孔的纵横向偏差应符合标准规范要求</td><td rowspan="7">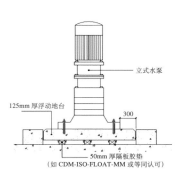
立式水泵安装图
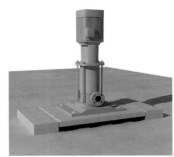
卧式水泵安装图</td></tr>
<tr><td>开箱检查</td><td>按设备技术文件的规定清点水泵的零部件，并做好记录，对缺损件应与供应商联系妥善解决；管口的保护物和堵盖应完善。核对水泵的主要安装尺寸应与工程设计相符</td></tr>
<tr><td>安装及隔振</td><td>本工程水泵设减振台架，整个分壳式水泵组包括水泵及电动机和水泵出、入水口弯头均须安装在同一个混凝土惯性基座上。
除因混凝土惯性基座的质量或刚度不符合应用要求外，混凝土惯性基座的厚度不应超过 300mm。而一般情况下基座厚度应为其最长尺寸之 1/12，但不能小于 150mm。
水泵及电动机应安装在同一个与地面防振隔离达 95% 的浮动基座上。
在每个混凝土惯性基座承托位置，应提供高度减省托架以保持基座底部留有 24mm 的空间。
水泵电机功率 45kW 及以下和所有安装在地库内的水泵应配置静态隔振幅度不小于 20mm 的弹簧隔振器，如电机功率超过 45kW，应配置静态隔振幅度不小于 50mm 的弹簧隔振器</td></tr>
<tr><td>就位、调整</td><td>水泵就位后，应根据标准要求找平找正，其横向水平度不应超过 0.1mm/m，水平联轴器轴向倾斜 0.8mm/m，径向位移不超过 0.1mm</td></tr>
<tr><td>附件安装</td><td>找平找正后进行管道附件安装，安装无推力式不锈钢波纹管软接头时，应保证在自由状态下连接，不得强力连接。在阀门附近要设固定支架</td></tr>
<tr><td>水泵的调试</td><td>调试水泵前，应检查电动机的转向是否与水泵的转向一致，各固定连接部位有无松动，各指示仪表、安全保护装置及电控装置是否灵敏、准确可靠。水泵在运转时，转子及各运动部件应运转正常，无异常声响和摩擦现象；附属系统运转正常；管道连接牢固无渗漏，在运转过程中，还应测试轴承的温升，其温升应符合规范要求。
水泵试运转结束后，应将水泵出入口的阀门和附属管路系统的阀门关闭，将水泵内的积水排干净，防止锈蚀</td></tr>
</table>

5. 空调机组安装

本工程共有各种空调机组，空调机房内落地安装。

落地安装空调机组流程见图 10.3-7。

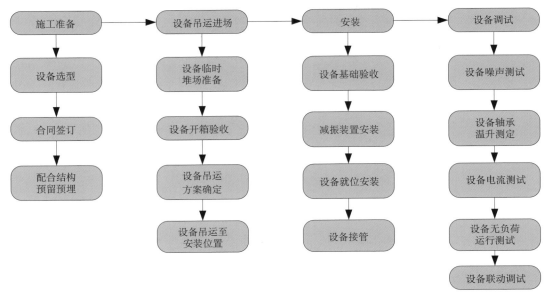

图 10.3-7　落地安装空调机组工艺流程图

空调机组安装要点见表 10.3-2。

	空调机组安装要点	表 10.3-2
安装步骤	技术要求	图示
施工准备	根据所选设备外形尺寸考虑解决吊装和运输通道。 校对设备尺寸与现浇混凝土基础尺寸是否相符，基础找平。 机组安装前，开箱检查清点，核对产品说明书、操作手册等技术文件	
设备运输	空调机组具备安装条件后，运至现场的临时堆场，由现场设备负责人接收后，迅速分运至各设备安装部位。 楼层内空调机组通过垂直吊笼吊到各相应楼层，再水平运输至安装部位。其中，小型机组可利用施工电梯运输，组合式空调机组采用分段运输，现场组装，分别运输。地下室车道相连，适合机械运输工具的行走，故地下室空调机组利用叉车运输	
机组安装	吊运前，核对空调机组与图纸上的设备编号。由于部分空调机组分段组装或散件组装，对分段或散件运输的空调机组应检查清楚所含组件。 组对安装：安装前，对各段体进行编号，按设计对段位进行排序，分清左式、右式（视线顺气流方向观察）。从设备安装的一端开始，逐一将段体抬上底座校正位置后，加上衬垫，将相邻的两个段体用螺栓连接严密牢固，每连接一个段体前，将内部清除干净。安装完毕后，拆除风机段底座减振装置的固定件。 消声隔振：空调处理机组采用橡胶隔振垫隔振，进出风管均设消声器或消声弯头，风管与机组连接的柔性接头采用硅酸钛金保温型软风管。冷冻水管与机组连接均设聚氯丁橡胶水管柔性接头	空调机组落地安装图

6. 通风机安装

本工程风机数量较多，包括消防排烟、加压，送风、排风、补风机等各类风机，小型风机通过施工电梯进行垂直运输，水平运输通过液压搬运车运至安装地点。通风机安装步骤及技术要求见表 10.3-3。

通风机安装步骤及技术要求　　　　　　　　　　　　表 10.3-3

安装步骤	技术要求	图示
一般规定	安装前，应清点随机配件及文件，详细阅读使用说明	 A 节点　　B 节点 C 节点　　D 节点 风机吊装示意图
	整体安装的风机，搬运和吊装的绳索不得捆缚在转子和机壳或轴承盖的吊环上	
	室内悬吊风机减振器设置在风机上方，吊杆垂直与托架双螺母紧固；风机软连接处，应使用钢制法兰连接，软连接长度不大于 300mm；风机两侧风管处应设独立支吊架	
	当通风机的进风口或进风管路直通大气时，应加装保护网或采取其他安全措施	
	基础各部位尺寸符合设计要求。预留孔灌浆前清除杂物，灌浆用细石混凝土，强度等级比基础的混凝土高一级，并应捣固密实，地脚螺栓不得歪斜	
	电动机应水平安装在滑座上或固定在基础上，安装在室外的电动机应设防雨罩	
	固定通风机的地脚螺栓，除应带有垫圈外，并应有防松装置。风机与支架间都应设减振垫，或设置减振吊架。安装隔振器的地面应平整，各组隔振器承受荷载的压缩量应均匀，不得偏心，隔振器安装完毕，在其使用前应采取防止位移及过载等保护措施	
	室外风机出风口应安装 45°导流口，并设安全防护网，防护网的铅丝直径不小于 2mm。风阀顶面不得积水；连接法兰的螺栓孔距不大于 120mm，螺栓朝向一致，螺扣外露 2～3 扣	
	变配电室、空压机房送风机吸风口要设置密目过滤网，保证送入室内的空气清洁、无尘	
风机吊装	离心风机选用采取消声减振措施的风机箱；按风机质量选用弹簧减振吊架；风机进出口风管设不燃材料制作的成品软接头	
风机落地安装	通风机落地安装采用混凝土基础，基础与风机底座之间采用橡胶隔振垫隔振，各组隔振器承受的荷载压缩量应均匀，不偏心。 所有风机设置水平推力限位器。 风机进出口风管设不燃材料制作的成品软接头，安装示意图与空调机组相同	

7. 新风系统安装

办公室采用风机盘管加新风系统，新风由位于设备机房的新风空调箱集中处理后送至各楼层（表 10.3-4）。

新风系统安装要领 表 10.3-4

序号	安装要领	图示
1	安装风机盘管前，应检查每台电机壳体及表面交换器有无损伤、锈蚀等缺陷。每台电机进行通电试验检查，机械部分不得摩擦，电气部分不得漏电	
2	风机盘管应逐台进行水压试验，试验强度为工作压力的 1.5 倍，定压后观察 2～3min 不渗不漏，同其他空调末端设备一样，风机盘管的接驳待管路系统冲洗完毕后方可进行	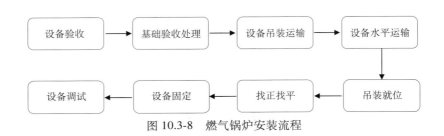
3	风机盘管吊装采用 φ10 通丝圆钢，每个吊点上应有双螺母紧固，并设置弹簧垫，吊点上方配有一个紧固螺母，以防设备松动	
4	所有风机盘管必须装在最少 10mm 厚的氯丁橡胶支吊架上。所有风机盘管必须以胶套筒悬挂于结构上，确保风机盘管与结构没有固体的连接	
5	风机盘管与进出风管之间均按设计要求设软接头，以防振动产生噪声	
6	冷热水管与风机盘管连接应平直，凝结水管采用软性连接，并用喉箍紧固严禁渗漏，坡度应正确，凝结水应畅通地流到指定位置，水盘无积水现象	

8. 燃气锅炉安装

燃气锅炉的安装流程如图 10.3-8 所示。

设备验收 → 基础验收处理 → 设备吊装运输 → 设备水平运输 → 吊装就位 → 找正找平 → 设备固定 → 设备调试

图 10.3-8 燃气锅炉安装流程

1）锅炉就位

锅炉吊装及水平运输见大型设备运输方案。锅炉整体运到锅炉基础上，用捯链和用千斤顶调节锅炉的坐标和标高，并用垫铁找平，找正锅炉，垫铁必须成组使用，每组垫铁之间的距离一般为 500～1000mm，而且每组垫铁不超过 3 块，调整锅炉的水平度，使其达到所要求的精度，并检查锅炉的坐标和标高，使之符合要求，最后将垫铁焊在一起。

平垫铁应露出 10～30mm，斜垫铁应露出 10～50mm，保证每组垫铁受力均匀。安装验收完成后，用水泥砂浆和石棉绳将锅炉底部与锅炉基础之间的接合面密封好。

2）锅炉水压试验

（1）锅炉水压试验前应做好以下试验准备工作，保证试验顺利进行。

锅炉水压试验方案制订完毕并已批准。

安全阀已用盲板封闭合格。

水压试验所用水源和打压泵已符合要求。

水压试验所用仪表经检验合格并已安装完毕，经确认无误。

（2）确定锅炉的水压试验压力为 1.5P（P 为工作压力）。

（3）锅炉水压试验时，现场有专人指挥，各受压部位的检查落实到人，在升压过程中，如发现异常情况，应及时报告现场指挥，以便采取措施。各项措施准备完成后，即可进行水压试验。

试验步骤如下：

①锅炉灌水，等到锅炉内灌满水，放净锅炉内空气后再关闭放空阀。

②开启打压泵，缓慢升压，每分钟压力上升不超过 0.15MPa。

③压力升至 0.1 ~ 0.2MPa 时，先进行一次严密性检查，法兰、人孔、手孔盖、焊口等处，有无泄漏现象。若无法继续升压，则泄压处理合格后再继续升压。

④压力升至 0.3 ~ 0.4MPa 时，再检查一次。若有泄漏现象应停止升压，泄压处理；若无泄漏现象，则继续升压到水压试验压力。

⑤水压试验压力升到试验压力后保持 20min，然后降至工作压力，进行检查，检查期间压力保持不变。

⑥水压试验结束后降压，降压速度不宜过快，每分钟不超过 0.3MPa，然后将水放净。

（4）符合下列条件时，可认为水压试验达到合格标准：

①受压部件的金属壁及焊缝上无水珠、水雾。

②阀门和法兰密封面以及人孔、手孔的密封良好、无泄漏现象，或经调整后能够消除。

③水压试验后用肉眼观察未发现残余变形。

若不能达到上述要求，对发生缺陷的部位，采取切实可行的方法处理直至合格。

10.3.2　风管制作与安装

1. 风管制作

本工程风管面积 25 余万 m²，风管制作采用自动生产线，采用风管自动生产线Ⅲ型。风管生产线Ⅲ型（图 10.3-9）由上料架、调平压筋机、冲尖口和冲方口油压机、液压剪板机、液压折边机所组成。电器控制部分采用全电脑控制，该控制系统具有闭环反馈系统，生产精度和稳定性明显提高。其最大工作速度为 10m/min，长度误差为 ±0.5mm，对角线误差为 ±0.8mm。

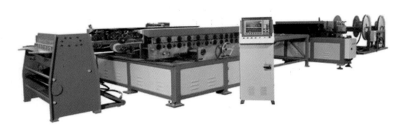

图 10.3-9　自动风管生产

本系统可满足单班生产 1000m² 矩形风管能力。

结合生产线设备优势，风管连接方式采用角钢法兰。镀锌钢板的厚度及连接方式如表 10.3-5 所示。

镀锌钢板厚度及连接方式选用表　　　　　　　　　表 10.3-5

序号	矩形风管大边 b 或风管直径 D（mm）	钢板厚度（mm）			连接方式选择
		圆形风管	矩形风管		
			通风、空调	消防排烟	
1	$D(b) \leqslant 320$	0.5	0.5	0.75	
2	$320 < D(b) \leqslant 450$	0.5	0.5	0.75	
3	$450 < D(b) \leqslant 630$	0.6	0.6	1.0	长边小于 1500mm 的空调、通风风管采用共板法兰连接，其他风管（长边大于等于 1500mm 的空调、通风风管以及所有防排烟系统风管）采用角钢法兰连接
4	$630 < D(b) \leqslant 1000$	0.75	0.75	1.0	
5	$1000 < D(b) \leqslant 1500$	1.0	1.0	1.2	
6	$1500 < D(b) \leqslant 2000$	1.0	1.0	1.5	

2. 风管制作流程

按施工进度制订风管及零部件加工制作计划，根据设计图纸与现场测量情况结合风管生产线的技术参数绘制通风系统分解图，编制风管规格明细表和风管用料清单交生产车间实施。风管制作流程见图 10.3-10，风管主要机具设备配置表见表 10.3-6。

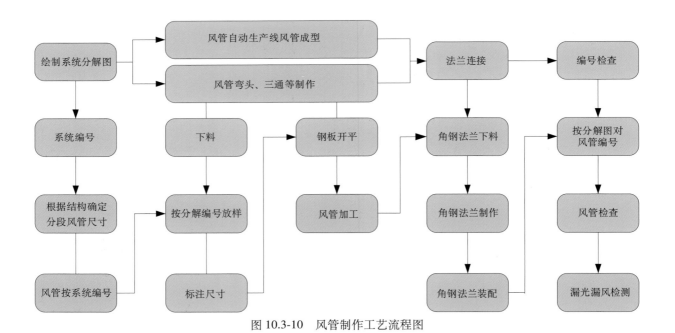

图 10.3-10　风管制作工艺流程图

风管主要机具设备配置表　　　　　表 10.3-6

风管加工地点	配置机械设备	设备图示	数量（台）
风管加工车间	自动风管生产线Ⅲ型	详见图 10.3-9	1
	等离子切割机 ACL3100		1
	液压折方机		2
	电动剪刀	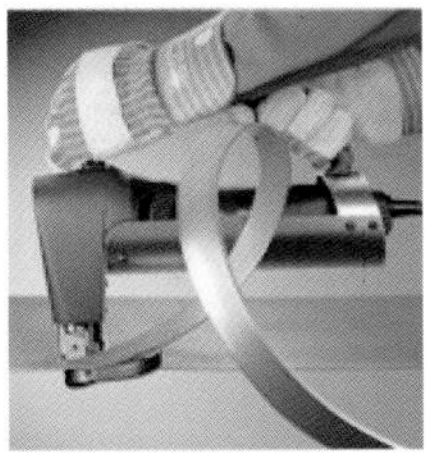	6
	共板式法兰辘骨机		2
安装现场	电动铆接机		8
	角钢法兰液压铆接机		2
	电动联合角合缝机	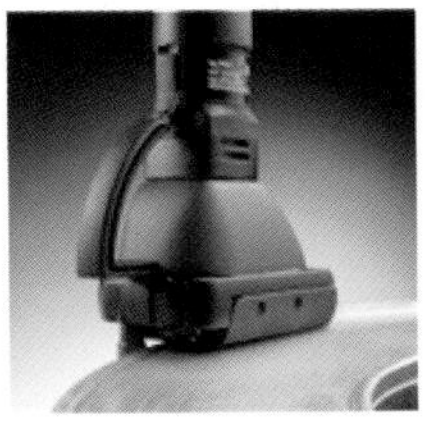	6

3. 角钢法兰系统制作工艺（表 10.3-7）

角钢法兰系统制作工艺 表 10.3-7

序号	项目	主要工艺
1	下料、压筋	（1）在加工车间按制作好的风管用料清单选定镀锌钢板厚度，将镀锌钢板从上料架装入调平压筋机中，开机剪去钢板端部。上料时，应检查钢板是否倾斜，试剪一张钢板，测量剪切的钢板切口线是否与边线垂直，对角线是否一致。 （2）按照用料清单的下料长度和数量输入电脑，开动机器，由电脑自动剪切和压筋。板材剪切必须进行用料的复核，以免有误。 （3）特殊形状的板材用 ACL3100 等离子切割机，零星材料使用现场电剪刀进行剪切，使用固定式振动剪时两手要扶稳钢板，手离刀口不得小于 5cm，用力均匀适当
2	倒角、咬口	采用咬口连接的风管其咬口宽度和留量根据板材厚度而定，咬口宽度如下表。 镀锌钢板风管咬口宽度表 	钢板厚度（mm）	角咬口宽度（mm）	平咬口宽度（mm）
0.5	6～8	6～7
0.8	8～10	7～8
1.0～1.2	10～12	9～10
1.5	12～14	10～11	
3	法兰加工	角钢法兰为镀锌角钢，连接方式如下：方法兰由四根角钢组焊而成，划线下料时，应注意使焊成后的法兰内径不能小于风管的外径，用砂轮切割机按线切断；下料调直后，放在钻床上钻出铆钉孔及螺栓孔，通风空调系统孔距不应大于 150mm，排烟系统孔距不应大于 100mm。均匀分成冲孔后的角钢放在焊接平台上进行焊接，焊接时按各规格模具卡紧压平，焊接完成后，在台钻上钻螺栓孔；螺栓孔距与铆钉孔距相同，均匀分布
4	折方	咬口后的板料按画好的折方线放在折方机上，置于下模的中心线。操作时，使机械上刀片中心线与下模中心重合，折成所需要的角度。折方时，应互相配合，并与折方机保持一定距离，以免被翻转的钢板或配重碰伤
5	风管合缝	咬口完成的风管采用手持电动缝合机进行缝合，缝合后的风管外观质量应达到折角平直，圆弧均匀，两端面平行，无翘角，表面凹凸不大于 5mm
6	上法兰	风管与法兰组合成型时，允许偏差见下表 | 金属风管和配件其外径或外边长	允许偏差	法兰内径或内边长允许偏差	平面度允许偏差	法兰两对角线之差
---	---	---	---	---
≤ 300mm	-1～0mm	+1～+3mm	2mm	＜3mm
＞ 300mm	-2～0mm	+1～+3mm	2mm	＜3mm	 风管与法兰铆接前，进行技术质量复核，合格后将法兰套在风管上，风管折方线与法兰平面应垂直，然后使用液压铆钉钳或手动夹眼钳用 5×10 铆钉将风管铆固，并将四周翻边，翻边应平整，不应小于 6mm，四角应铲平，不应出现豁口，以免漏风

角钢法兰风管制作工艺如图 10.3-11 所示。

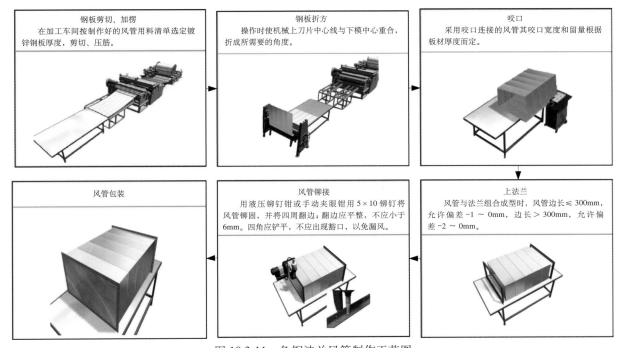

图 10.3-11　角钢法兰风管制作工艺图

4. 共板法兰系统制作工艺

1）共板法兰风管组成示意如图 10.3-12 所示。

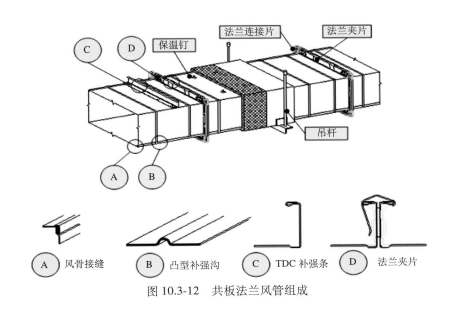

图 10.3-12　共板法兰风管组成

2）共板式法兰风管制作工艺

共板风管制作工艺如图 10.3-13 所示。

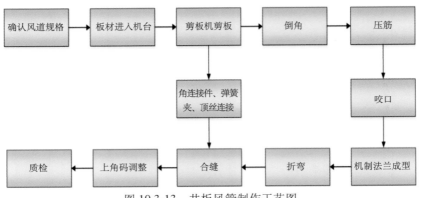

图 10.3-13 共板风管制作工艺图

根据现场实际情况，本工程拟将风管集中在 A-2 楼加工厂加工，压好法兰后的半成品运至工地，折方、缝合、安装法兰角，调平法兰面，检验风管对角线误差，最后在四角用密封胶剂进行密封处理。

3）安装形式

共板法兰安装形式如表 10.3-8 所示。

共板法兰安装示意	表 10.3-8
风管合缝组装	

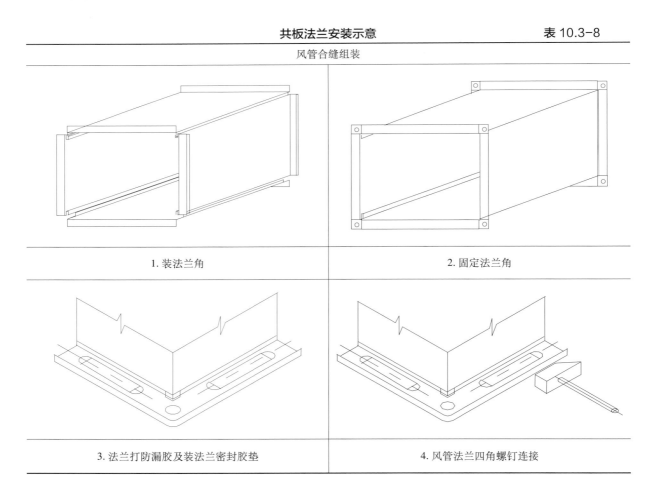

1. 装法兰角	2. 固定法兰角
3. 法兰打防漏胶及装法兰密封胶垫	4. 风管法兰四角螺钉连接

续表

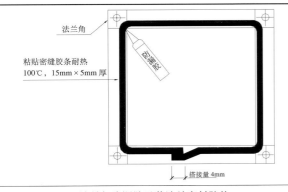 5. 法兰打防漏胶及装法兰密封胶垫	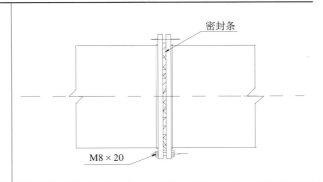 6. 风管法兰四角螺栓
 7. 风管法兰边装法兰夹	 8. 成品质检

4）共板法兰组装要点

共板法兰组装要点如表 10.3-9 所示。

共板法兰组装要点　　　　　　　　　　　　　　　表 10.3-9

序号	工序名称	组装要点
1	风管加固	压筋加固时，排列应规则，间隔应均匀不大于 200mm，板面不应有明显的变形。 当风管大边尺寸在 1000mm 以上时，本工程采用角钢外框或 M10 通丝螺杆等进行管内外加固；按正压、负压选择加固及密封方式。 角钢或加固筋的加固，其高度应小于或等于风管法兰高度，排列应整齐，间隔应均匀对称，与风管的铆接应牢固。 管内用通丝螺杆支撑加固，通丝螺杆宜设置在风管中心处，风管断面较大时，应在靠近法兰的两侧各加一根通丝螺杆支撑加固
2	风管连接	在车间先按绘制的草图加工成半成品，在现场按照编号进行风管的组装。 机制风管采用联合角咬口连接，以加强风管的密封性。 分支管与主管连接采用联合咬口或反边用拉钉与主管铆接，并在连接处用玻璃胶密封以防漏风。 法兰弹簧卡的制作、使用：在普通风管系统，板材厚度不低于 1.0mm，间距 150mm
3	风管密封	共板法兰风管应在法兰角处、支管与主管连接处的内外部进行密封。 法兰密封条在法兰端面重合时，重合 30 ～ 40mm。 共板法兰风管法兰 4 个法兰角连接须用玻璃胶密封防漏，密封胶应设在风管的正压侧。 密封胶固化后要有弹性，且能防霉

5. 不锈钢风管系统概况

（1）厨房专用的排风管道采用厚 1.5mm、304 等级的不锈钢板制成，并提供保温。

（2）所有厨房用的排气管道必须为气 / 水密封结构，并在所有管道接驳口加以焊接作密封，同时应在各风管的最低点适当位置设置排水集水槽，排水点位置配合现场实际情况而定。

（3）在排风管道每隔 3.0m 的距离，应设一个不小于 450mm×450mm 的气密检修门。其抗热效能与相关排风管道相同。

10.3.3　风管及部件安装

风管安装流程见图 10.3-14，其安装过程及工艺见表 10.3-10。

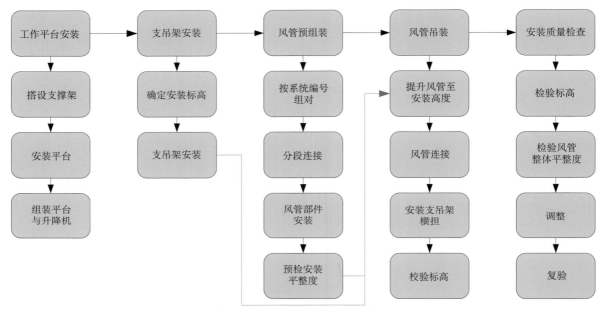

图 10.3-14　风管制作安装流程图

风管安装过程及工艺　　　　　　　　　　　　　　　　　　　　表 10.3-10

序号	项目	主要工艺	图示
1	风管支、吊架安装	定位、测量放线和制作加工指定专人负责，既要符合规范标准的要求，并与水电管支吊架协调配合，互不妨碍。 支、吊架位置错开风口、风阀、检查门和测定孔等部位。 立管每层楼板面均设置支架，层内按风管规格及部件位置合理布置。水平风管和垂直风管支架间距分别不超过 3m 和 4m。每个系统的主干管上加装固定支架。竖向风管整根管每 20m 设 1 个固定支架，每根立管固定支架不少于 2 个。安装水平干管时，要求风管法兰避开梁，风管贴梁底安装。 保温风管的水平管支架设置在保温层外面，并在风管与支架横担之间加垫经防腐处理的木方；立管与支架接触的地方垫橡胶垫，橡胶垫厚度与保温层厚度相同。	条板墙支架固定

续表

序号	项目	主要工艺	图示
1	风管支、吊架安装	条板墙位置支架生根：①制作穿墙件，适当长度通丝杆一端焊接5cm×5cm钢板；②条板墙打孔，穿过杆件；③支架固定	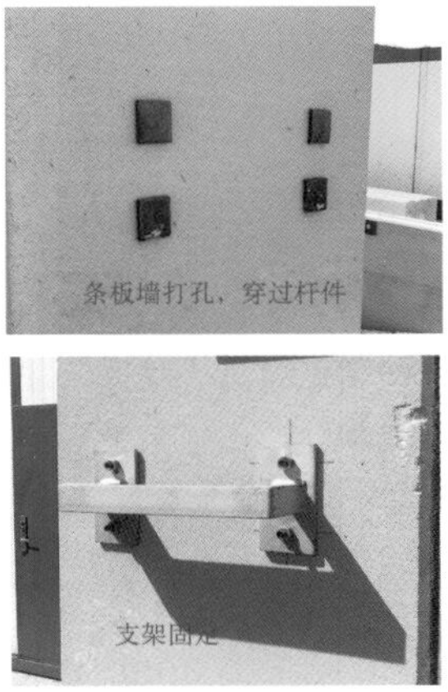 条板墙支架固定
2	风管预组对	风管组对：将成品运至安装地点，按编号进行排列，风管系统的各部分尺寸和角度确认准确无误后，开始组对。 连接：各段连接后，在法兰四周涂上密封胶，连接螺母置于同一侧；空调风管角钢法兰垫料采用4mm厚阻燃闭孔海绵橡胶条，排烟风管法兰垫料采用3.5mm石棉橡胶板榫形连接，法兰压紧后，垫料宽度与风管内壁平齐，外边与法兰边一致。将水平风管放在设置的支撑架上逐节连接，将角钢法兰风管连成20m左右，将共板法兰风管连成10m左右	风管组对
3	水平管安装	将已组装好的水平风管采用电动液压式升降机或手提式升降机提升至吊架上。组装风管置于升降机上，提升风管至比最终标高高出200mm左右，拉水平线紧固支架横担，放下风管至横担上，确定安装高度	 风管顶升
4	柔性通风管道安装	楼层内用作接驳主风管和定风量或变风量送风设备采用柔性通风管道连接，长度不大于300mm；风管与风口软连接长度不大于300mm，并由金属压条压紧，折角平直，拉锚间距不大于80mm，柔性短管应松紧适度，无明显扭曲	风管连接
5	风口的安装	风口验收合格后运至现场安装，其中矩形风口两对角线之差不大于3mm。风口到货后，对照图纸核对风口规格尺寸，按系统分开堆放，做好标识，以免安装时弄错。 安装风口前，要仔细对风口进行检查，查看风口有无损坏、表面有无划痕等缺陷。 凡是有调节、旋转部分的风口，要检查活动件是否灵活，叶片是否平直，与边框有无摩擦。 对有过滤网的可开启式风口，如风机盘管的门铰式百叶回风口，要检查过滤网有无损坏，开启百叶是否能开关自如。 风口与风管的连接严密、牢固；边框与建筑装饰面贴实，外表面平整不变形，调节灵活。风口水平安装其水平度的偏差不大于3/1000，风口垂直安装其垂直度的偏差不大于2/1000。 采用散流器进行送风，安装时，应与精装修施工单位密切配合，风口紧贴吊顶板，风口与吊顶之间无缝隙。一个房间内的风口排列整齐，达到完美的装饰。风口安装后，应对风口活动件再次进行检查。 走道内排烟口应靠近顶棚，其上沿距吊顶50~100mm	风管漏光检测

续表

序号	项目	主要工艺	图示
6	阀门的安装	整个工程风管上阀门种类较多，到货后分型号、规格堆放，安装按系统领取，注意不能拿错型号，也不能装错位置。 防火阀、排烟阀等必须单独设吊架，阀门安装在吊顶内时，要在易于检查阀门开启状态和进行手动复位的位置在吊顶上开设检查口，并定期检查。 所有阀门安装，必须便于操作，不得将阀门上操作机构朝内侧。 安装防火阀、排烟防火阀、全自动防火阀、防火调节阀时，应注意熔断器在阀门入气口一侧，即迎气流方向 在接驳防火阀两端的风管道上，按气流方向和易熔片安装适当及易操作的位置，设置气密检修门，以便对防火阀叶片和易熔片进行例行检查和维护	 风管保温  风管安装检查
7	消声器、静压箱安装	安装消声器前，应对其外观进行检查：外表平整、框架牢固，消声材料分布均匀，孔板无毛刺。消声器、静压箱单独设置支、吊架，不能利用风管承受消声器的质量，也有利于单独检查、拆卸、维修和更换。消声器的安装方向按产品所示，前后设 150mm×150mm 清扫口，并做好标记	
8	垂直风管	采取自下而上逐节安装、逐节连接、逐段固定的方法。用电动葫芦提升至安装高度，操作人员在升降平台上紧固支架螺栓将风管固定	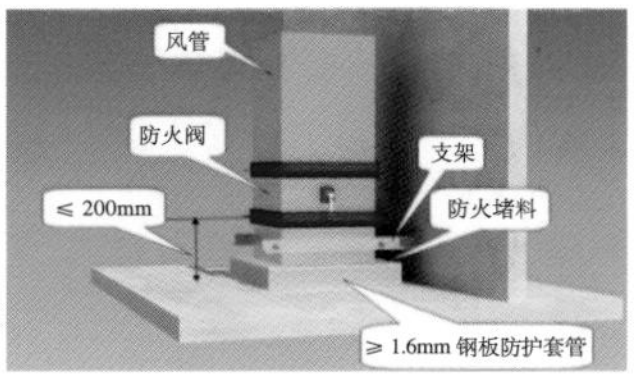
9	防火阀（风管穿越伸缩缝防火墙）	防火阀安装时，熔断器在阀门入气口；距墙表面不大于 200mm	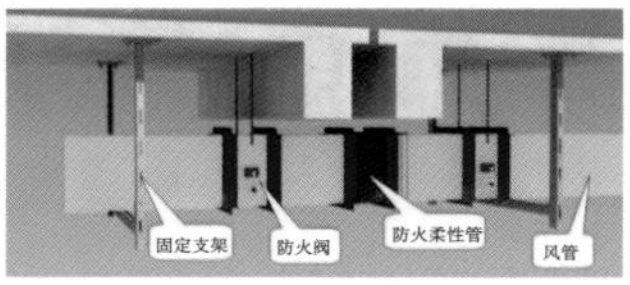

10.3.4 空调水管道安装

空调水管道类别、管材及连接方法见表 10.3-11。

空调水管道类别、管材及连接方法　　　　　　　　　　　　　表 10.3-11

序号	管道类别	管材	连接方法
1	空调冷冻水管、空调热水管、空调冷却水管	DN ≤ 40mm 时，采用焊接钢管 50 ≤ DN ≤ 200mm 时，采用无缝钢管 DN ≥ 250mm 时，采用螺旋焊缝钢管	焊接、螺纹连接、法兰连接
2	空调冷凝水管	镀锌钢管	螺纹连接
3	地板供暖水管	采用 PE-Xa 管	埋设在地板垫层中的管道应无接头

1. 管道支架

1）一般说明

（1）要保证管道支架的设置和选型正确，符合管道补偿移位和设备推力的要求，防止管道振动。管道支架必须满足管道的稳定和安全，允许管道自由伸缩，并符合安装高度。

（2）加工制作管道支架前，应根据管道的材质、管径大小等按标准图集进行选型。支架的高度应与其他专业进行协调后确定，防止施工过程中管道与其他专业的管线发生"碰撞"。

（3）安装在管道系统上的阀门及其他管道系统配件均应在两旁设置附加支架，以防止管道因额外负重而引致变形，安装在水泵、冷水机组等设备的接头处，亦应设置附加支架，以免设备受力。对于机房内压力管道及其他可把振动传给建筑物的压力管道，必须安装弹簧支架，并垫橡胶垫圈，以达到减振的目的。

（4）垂直安装的总（干）管，其下端应设置承重固定支架，上部末端设置防晃支架固定。管道的干管三通与管道弯头处应加设支架固定，管道支吊架应固定牢固。管道支吊架的间距不应大于表 10.3-12 所列数值。

<table>
<tr><td colspan="8" align="center">管道支吊架最大间距表　　　　　　　　　　　　　　表 10.3-12</td></tr>
<tr><td rowspan="2">各类
钢管</td><td>额定内径（mm）</td><td>15 ~ 40</td><td>50 ~ 80</td><td>100</td><td>150</td><td>200</td><td>250 及以上</td></tr>
<tr><td>支架中心距（m）</td><td>2.5</td><td>3.5</td><td>4.0</td><td>4.5</td><td>5.0</td><td>6.0</td></tr>
</table>

（5）设置管道固定点时，应配合有关管道的改向和管网内的伸缩器及伸缩管弯，以能有效地将管道系统因膨胀和收缩及内压力所产生的推力和应力传送到建筑结构上。同时，管道固定支架要承受管道水压试验时所产生的轴向推力。

（6）所有水平和垂直的管道都应在适当位置装设导向支架，以能有效地控制因热胀冷缩所产生的移动和配合伸缩圈及伸缩器的效能，导向支架的布置和间距应考虑伸缩器制造厂商的建议。

（7）所有安装于室内的金属管道支架均以涂漆作保护，而安装于室外的应作热镀锌为防锈处理。

2）支架安装流程（图 10.3-15）

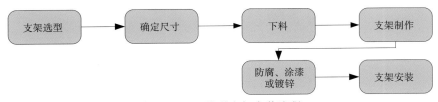

图 10.3-15　管道支架安装流程

3）管道支吊架的安装形式（表 10.3-13）

管道支吊架的安装形式 表 10.3-13

支架形式	示意图
固定支架  	
导向支架  	
综合支架  	
立管支架 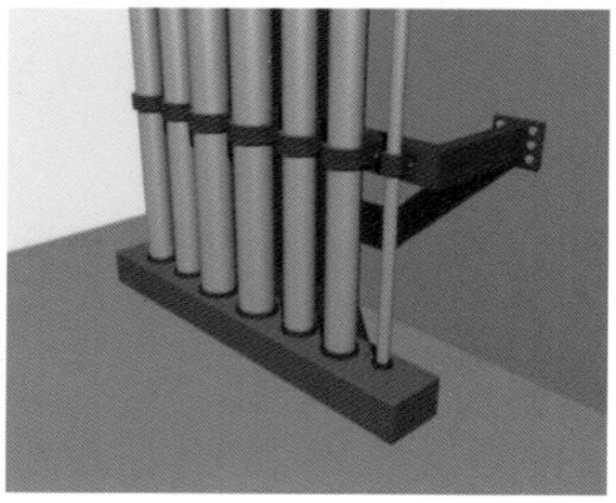 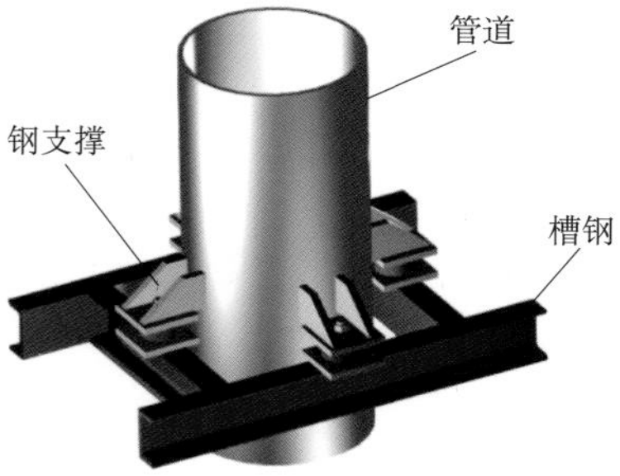	

2. 管道连接

1）管道焊接

（1）管道焊接流程如图 10.3-16 所示。

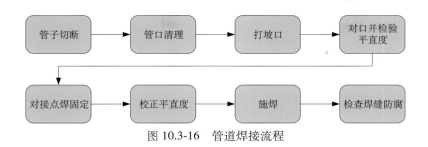

图 10.3-16　管道焊接流程

（2）坡口加工：进行对焊时，必须进行适当的开口处理或者倒角处理，坡口根据钢管壁厚采用 V 形或 I 形坡口。焊接 I、V 形坡口形式及尺寸如表 10.3-14 所示。

焊接坡口形式及尺寸表　　　　　　　　　　　表 10.3-14

厚度 T （mm）	坡口名称	坡口形式	坡口尺寸			备注
			间隙 C （mm）	钝边 P （mm）	坡口角度 α （°）	
≤ 6.25	V 形坡口		3.2	0 ~ 2	105 ~ 120	内壁错边量 ≤ 0.1T，且 ≤ 2mm；外壁 ≤ 3mm
≥ 6.25			4.8	0 ~ 3	105 ~ 120	
厚度 T （mm）	坡口名称	坡口形式	间隙 C （mm）	接头处理		备注
1 ~ 3	I 形坡口		0 ~ 1.5	所有平焊接头上使用垫环		内壁错边量 ≤ 0.1T，且 ≤ 2mm；外壁 ≤ 3mm
3 ~ 6			1 ~ 2.5			

（3）焊接要求：管道焊接要选择适合管道材质的焊条及电流，焊缝的焊接层数与选用焊条的直径、电流大小、管壁厚、焊口位置、坡口形式有关，具体选用标准如表 10.3-15 所示。

焊接焊条、电流选用表　　　　　　　　　　　表 10.3-15

序号	管壁厚度 （mm）	层数	焊条直径 （mm）		电流大小 （A）	
			第一层	以后	平焊	立、仰焊
1	6 ~ 8	2 ~ 3	3	4	120 ~ 180	90 ~ 160
2	10	2 ~ 3	3 ~ 4	5	140 ~ 260	120 ~ 160
3	14	3 ~ 4	4	5		

本工程焊接设备主要采用普通交、直流焊机，见图 10.3-17，焊接工工艺见表 10.3-16。

焊接工艺　　　　　　　　　　　表 10.3-16

序号	工艺要求
1	焊条根据设计及国家规范要求选用，烘干后使用。焊条必须保存在专门的干燥容器内
2	在焊接工作过程中，必须采取措施防止因为漏电、电击或者其他因素引起的火灾或者对人员的伤害。特别是在管廊内施工，要准备好防护装置和进行充足的通风，同时应以 3 人为一组，避免单独作业。为减少焊缝处的内应力，施焊时，应有防风、防雨措施。管道内还应防止穿堂风

续表

序号	工艺要求
3	在任何焊接前，按要求用刮削、擦除、铲除和抹擦等方法从待焊表面除去一切腐蚀物及其他外界材料
4	焊接后的焊缝加厚部位高于被焊部位正常表面不小于 1.6mm，也不应大于 3.18mm。焊缝加厚部应中间隆起，所焊接的表面两侧递降，焊缝暴露表面外观应精巧，并且被焊件的下表面不应有凹陷
5	所有焊接部分，焊接金属与被焊接金属应彻底熔融，焊接的穿透性应包括不倾斜部分并延伸到管子内壁

交流电焊机

手提焊机

图 10.3-17 焊接设备

2）法兰连接

管道施工在与设备、阀门等连接以及管路需要检修的位置时，采用法兰连接，通常法兰与管道采用焊接方式相连；当管道直径在 50mm 以下时，采用螺纹连接。

（1）法兰连接安装工序如图 10.3-18 所示。

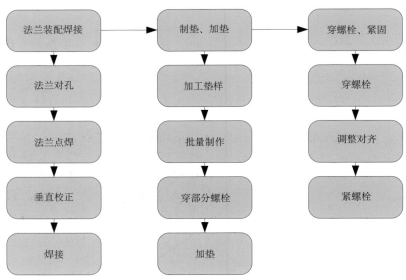

图 10.3-18 安装工序流程图

（2）法兰连接安装如表 10.3-17 所示。

法兰连接安装要点　　　　　　　　　表 10.3-17

序号	工序	要点
1	装配与焊接	选好法兰装在相连接的两个管端，要注意两边法兰螺栓孔是否一致，先点焊一点，校正垂直度，最后将法兰与管子焊接牢固。平焊法兰的内、外两面都必须与管子焊接。如管端不可与法兰密封面平齐，要根据管壁厚度留出余量
2	制垫、加垫	现场制作的法兰垫片用凿子或剪刀裁制。法兰垫片的内径不得大于法兰内径而突入管内，垫片上忌涂抹白厚铅油，不允许使用双层垫片
3	穿螺栓及紧固	法兰穿入螺栓的方向必须一致，拧紧法兰需使用合适的扳手，分 2～3 次进行。拧紧的顺序应对称、均匀地进行拧紧。螺栓长度以拧紧后伸出螺母长度不大于螺栓直径的一半，且不少于两个螺纹。为便于拆卸法兰，法兰和管道或器件支架的边缘与建筑物之间的距离一般不应小于 200mm

3）丝扣连接

（1）管道丝扣连接程序见图 10.3-19。

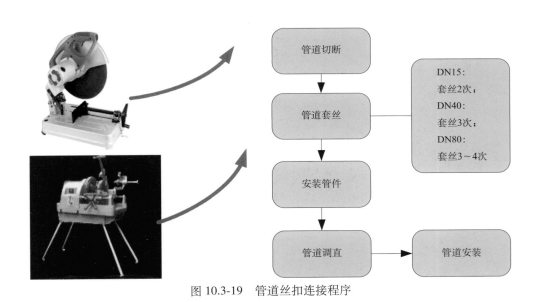

图 10.3-19　管道丝扣连接程序

（2）安装要领如下：

套丝时，管子一端插入套丝机，另一端放在临时制作的架子上，确保被套丝的管子摆放平直；安排专人用套丝机集中进行管子套丝。

接口套丝后清理碎屑灰尘，做好半成品保护。

缺丝、变形、有裂纹的管件不能使用。

垫料采用：防锈密封胶加聚氯乙烯生料带。

螺纹标准见表 10.3-18。大于 DN50 的管螺纹参照 DN50 及相应规格的标准管件执行。

<table>
<tr><th colspan="5">标准旋入螺纹扣数及标准紧固扭矩表　　　表 10.3-18</th></tr>
</table>

公称直径（mm）	旋入		扭矩（N·m）	管钳规格（mm）× 施加压力（kN）
	长度（mm）	螺纹扣数		
15	11	6.0 ～ 6.5	40	350×0.15
20	13	6.5 ～ 7.0	60	350×0.25
25	15	6.0 ～ 6.5	100	450×0.30
32	17	7.0 ～ 7.5	120	450×0.35
40	18	7.0 ～ 7.5	150	600×0.30
50	20	9.0 ～ 9.5	200	600×0.40

3. 阀门安装

（1）安装阀门的程序如图 10.3-20 所示。

图 10.3-20　安装阀门的程序

（2）阀门的强度及严密性试验有如下要求。

安装阀门前，必须进行强度和严密性试验，试验应在每批（同牌号、同型号、同规格）数量中抽查 10%，且不少于一个。对于安装在主干管上起切断作用的闭路阀门，应逐个做强度及严密性试验。

阀门的强度试验应符合设计及技术规范的要求，如无具体要求时，阀门的强度试验压力应为公称压力的 1.5 倍，严密性试验压力为公称压力的 1.1 倍；试验压力在试验持续时间内应保持不变，且壳体填料及阀瓣密封面无渗漏。阀门试压的试验持续时间应不少于表 10.3-19 的规定。

<table>
<tr><th colspan="4">阀门试验持续时间　　　表 10.3-19</th></tr>
</table>

公称直径 DN（mm）	最短试验持续时间（s）		
	严密性试验		强度试验
	金属密封	非金属密封	
≤ 50	15	15	15
65 ～ 200	30	15	60
250 ～ 450	60	30	180

（3）一般主要阀门安装要点见表 10.3-20。

阀门安装要点		表 10.3-20

名称	材质及结构	要点
闸阀	50mm 以下：青铜阀体及实心楔开闸板、升降阀杆和连接阀帽作丝扣连接。 50mm 及以上：铸铁阀体、青铜座环及实心楔形闸板、不升降阀杆和法兰接头。 用于化学处理系统：聚氯乙烯阀、法兰或丝扣接头	检查其种类、规格、型号及质量，阀杆不得弯曲，按规定对阀门进行强度（为公称压力的1.5 倍）和严密性试验（出厂规定的压力）。
球型阀	50mm 以下：青铜球、丝扣阀帽、升降阀杆、金属对金属座、丝扣接头。 50mm 及以上：铸铁阀体、镶青铜球、可再研磨或可更换的阀座环和阀板、经处理的青铜不升降阀杆、螺栓锁定分离阀帽、法兰接头。 用于化学处理系统：聚氯乙烯阀、法兰或丝扣接头	选用的法兰盘的厚度、螺栓孔数、水线加工、有关直径等几何尺寸要符合管道工作压力的相应要求。
止回阀	50mm 以下：青铜阀体及摆荡阀塞、配有可拆除铰钉及螺纹盖，适合于水平及垂直位置安装。 50mm 及以上：铸铁阀体、法兰接头、316 号不锈钢阀座、弹簧及阀塞	水平管道上的阀门安装位置尽量保证手轮朝上或者倾斜45°或者水平安装，不得朝下安装。
蝶型阀门	阀体：球墨铸铁。 座环：EPDM 或 BUNAN 并适合于有关系统的额定工作温度。 阀板：铝青铜合金或球墨铸铁。 阀杆：不锈钢（液体不能与轴杆接触）。 所有直径 450mm 及以上的蝶型阀，应同时装配 20mm 旁通球阀。 所有直径 150mm 及以下的手动蝶型阀，均应配有 10 个可锁定位置的手柄；而大于150mm 的蝶型阀，应配有螺旋手轮式或蜗轮式传动装置，并附有位置指示器和由制造厂预调的全开及全闭的限位装置。 用于化学处理系统时阀体应是铸铁，而座环、轴及阀隔板须以聚四氟乙烯覆盖作保护	阀门法兰盘与钢管法兰盘相互平行，一般误差应小于2mm，法兰要垂直于管道中心线，选择适合介质参数的垫片置于两法兰盘的中心密合面上。 连接法兰的螺栓、螺杆突出螺母长度不宜大于螺杆直径的1/2。螺栓同法兰配套，安装方向一致；法兰平面同管轴线垂直，偏差不得超标，并不得用扭螺栓的方法调整。
润滑旋塞阀	阀结构：铸铁或钢阀体、耐锈蚀轴承、聚四氟乙烯覆盖的锥形旋塞、刻度指示器、可全开满径及耐腐蚀性座环。 50mm 及以下以螺纹接头；65mm 及以上则以法兰接头。 除特别标明外，80mm 及以下用扳手操作。100mm 及以上用齿轮操作，并带固定转环	安装阀门时，应注意介质的流向，水流指示器、止回阀、减压阀及截止阀等阀门不允许反装。阀体上标示箭头，应与介质流动方向一致。
双调节阀	50mm 及以下：铜阀体、丝扣连接可再磨及翻新的座环及旋塞、不升降阀杆、活接阀帽 65～150mm：铸铁阀体法兰接头、可再磨及翻新的座环及旋塞。 阀门须有带供量度压差的接驳口保护盖塞	螺纹式阀门要保持螺纹完整，按介质不同涂以密封填料物，拧紧后螺纹要有 3 扣的预留量，以保证阀体不致拧变形或
安全阀	角型阀以温度或压力感应操作及弹簧复位。 阀体、阀塞及阀座以青铜制造。 连同导向、调节螺丝连帽、螺纹连接	损坏。紧靠阀门的出口端装有活接，以便拆修。安装完毕后，把多余的填料清理干净。
自动排气阀	浮波型、浮波止泄排气口配有螺纹接头，适合 3mm 铁管（IPS）排水接驳，并接驳引到低位排放。 包铜钢浮波，连 316 号不锈钢浮针、丝扣连垫圈。 可拆除铸钢外壳配有螺纹接头适合 18mm 外螺纹铁管（IPS）接驳	过滤器：安装时，要将清扫部位朝下，并要便于拆卸。安装截止阀和止回阀时，必须注意阀体所标介质流动方向，止回阀还须注意安装适用位置
Y 型过滤器	法兰接头、过滤网须易于拆除清洗并适合系统的工作压力。 过滤网的开孔总面积应为所连接管道内切面面积的 3 倍，铸铁外体，304 号不锈钢笼网。 过滤网应有膛锁装置以便拆除板时不影响笼网位置。 50mm 以下：青铜阀体、螺纹盖板带青铜排水旋塞、丝扣连接。 50mm 以上：铸铁阀体、法兰接头、滤网盖板应配有螺栓牢固，带 25mm 青铜排水阀及在出口处配上旋塞	

4. 管道的伸缩补偿

自然补偿：在允许的情况下，管道的膨胀和收缩采用 U 形或 L 形伸缩弯，或利用管路的改变方向来解决。

人工补偿：如果不能采用自然补偿来解决管网的膨胀和收缩时，则应在适当位置安装（轴向伸缩式、铰链伸缩式及多向伸缩式）波纹式管道伸缩器。伸缩器的伸长量为 26mm、28mm、29mm、34mm、38mm、44mm。

10.3.5 管道试压

1. 试压设备及工机具准备

管道试压设备采用电动打压泵，试压用的压力表不少于 2 只，精度不得低于 1.5 级，量程要为试验压力值的 1.5 ~ 2.0 倍。试压工具有排气阀、泄水阀、截止阀、连接短管等。主要试压机具如表 10.3-21 所示。

主要试压机具一览表　　　　　　　　　　　　　　表 10.3-21

序号	设备名称	示意图	备注
1	电动试压泵		设在待试验管网的底层
2	截止阀		安装在管道进排水口，连接可靠，阀门压力等级为管网试验压力
3	排气阀		安装在最高点
4	压力表		压力表不少于 2 只，精度不得低于 1.5 级，量程要为试验压力值的 1.5 ~ 2.0 倍，压力表使用前要进行调校，确保准确

2. 试验管网的准备

试验前，应将预留口堵严，关闭入口总阀门和所有泄水阀门底处放风阀门，打开各分路及主管阀门和系统最高处的放风阀门。试压前，应对试压管道采取安全有效的固定和保护措施，但必须明露接头部位。

3. 试压的进排水点选择准备

试压水源为工程临时用水水源，利用每层临设用水点进水。试压后的排水，排入每层的临时排水口，也可考虑利用正式排水管道，用临时管把排水管与市政管网接通，确保排水的可靠性。对于可回收利用的排水，单独编制排水方案。

4. 试压分区

分区原则如下：为确保管道一次性试压成功，现场成立试压小组，把管道系统按功能划分为冷却水、冷冻水、冷凝水三个系统。其中，冷冻水系统按区段及承压大小分成几个小的部分，各部分再根据管井设置及管线布置分为单个的小系统。试压先按小系统单独试压，最后整体试压的顺序进行（图 10.3-21）。管道试验压力见表 10.3-22。

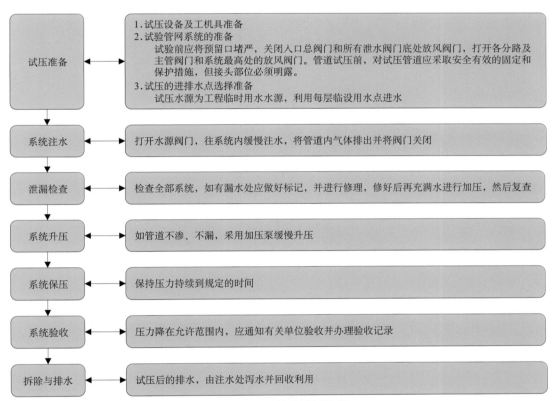

图 10.3-21　管道试压流程

管道试验压力　　　　　　　　　　　　　　　　　　　　　　　　　　表 10.3-22

序号	系统名称	系统工作压力（MPa）	试验压力（MPa）
1	空调冷冻水系统	0.8	1.2
2	空调冷却水系统	0.6	0.9
3	地源热泵地埋管系统循环泵	0.5	0.75
4	空调热水系统	0.8	1.2
5	大堂地供暖系统	0.6	0.9

5. 试压要求（表 10.3-23）

管道试压要求   表 10.3-23

序号	管道试压要求
1	管道试压按设计要求进行。与水泵连接的管道，试压按加压泵净水头的 2 倍进行，但不得小于 0.75MPa；高位水箱连接的管道，试压按水箱静水头的 2 倍进行，但不得小于 0.75MPa
2	试压管道在试验压力下先观测 10min，压力降不得大于 0.02MPa，然后降到工作压力进行检查，要不渗不漏，管道承压测试时间最少为 60min。水压严密性试验在水压强度试验和管网冲洗合格后进行，试验压力为设计的工作压力，稳压 24h，应无渗漏
3	管道在隐蔽前做好单项水压试验。系统安装完成后，进行分区综合水压试验
4	压力管道试压注水要从底部缓慢进行，等最高点放气阀出水，确认无空气时再打压，打压至工作压力时检查管道以及各接口、阀门有无渗漏，如无渗漏时，再继续升压至试验压力；如有渗漏时，要及时修好，重新打压。如均无渗漏，持续规定时间内，观察其压力降在允许范围内，通知有关人员验收，办理交接手续，然后把水泄尽
5	试压前，要先封好盲板，认真检查管路是否连接正确，有无管内堵死现象；把不能参与试压的设备、阀门隔断封闭好，确保其安全

10.3.6 管道清洗与化学处理

本项目对冷冻水系统、冷却水系统清洗之后，在投入使用前需进行初次化学处理，如图 10.3-22 所示。

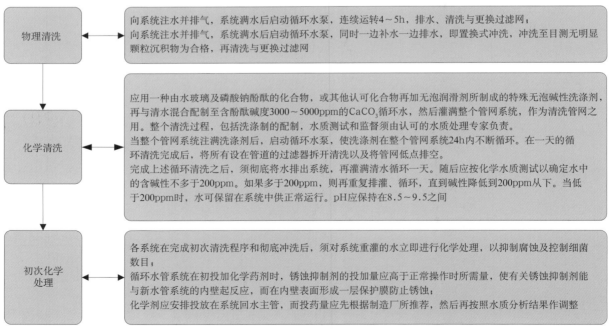

图 10.3-22 管道清洗及处理

10.3.7　风管保温

1. 风管保温概况（表 10.3-24）

风管保温概况　　　　　　　　　　　　　　　　　表 10.3-24

序号	管道名称	保温材料	保温厚度	图示
1	空调回风管、处理后新风管	保温材料采用铝箔超细无甲醛玻璃棉	25mm	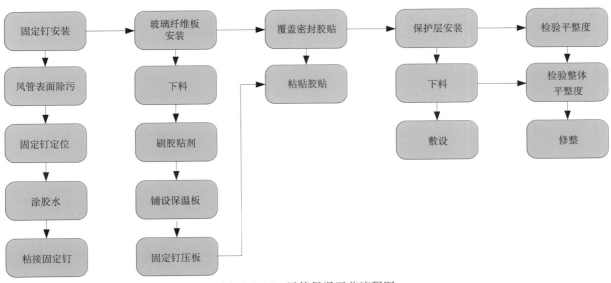
2	空调送风管、穿越空调区未经处理的新风管	保温材料采用铝箔超细无甲醛玻璃棉	40mm	
3	风阀与法兰保温	保温材料采用铝箔超细无甲醛玻璃棉	保温厚度同相临管道保温规格	
4	吊顶内的排烟管道	保温材料采用铝箔超细无甲醛玻璃棉	50mm	

2. 施工工艺流程（图 10.3-23）

固定钉安装 → 玻璃纤维板安装 → 覆盖密封胶贴 → 保护层安装 → 检验平整度

固定钉安装 → 风管表面除污 → 固定钉定位 → 涂胶水 → 粘接固定钉

玻璃纤维板安装 → 下料 → 刷胶贴剂 → 铺设保温板 → 固定钉压板

覆盖密封胶贴 → 粘贴胶贴

保护层安装 → 下料 → 敷设

检验平整度 → 检验整体平整度 → 修整

图 10.3-23　风管保温工艺流程图

3. 施工方法

（1）材料：半刚性玻璃纤维保温板。

（2）固定钉的粘结：当风管道的宽度大于 450m 时，除采用胶粘剂外，应同时采用固定钉和锁紧垫圈，以不超过 300mm 的间距作固定。固定钉粘结前，将风管表面污物清理干净，固定钉粘结后 12 ～ 24h 后，再铺设保温板。

（3）水平安装的空调风道应设置木垫块；木垫块要经防腐处理，其厚度不应小于保温层的厚度，宽度应与支撑架截面相等。

（4）玻璃纤维保温板安装要求如下。

保温板下料准确，切割面平齐，端面与水平面垂直，在剪裁保温材料的长度时，应长于风管的周边长度，以确保在任何位置尤其是矩形风管四个转角位置的保温厚度均匀一致。

保温板采用保温压板穿入固定钉来固定，压板直径为 40mm。固定钉突出保温层外的尾部应整齐地切平，外部以铝质防潮密封贴条覆盖。

玻璃纤维保温板铺设以大边包小边，如需拼缝，接驳口位置应进行交错连接安排，以提高保温气密程度，并将 100mm 宽的铝质防潮密封贴条紧密封贴在各接口位置。

粘贴铝质防潮密封贴条时，在进行保温周长的计算后，将胶带一次性截取，避免出现多个接头，胶粘搭接重叠宽度为 20mm，胶粘与风管粘结严密、平实。

风管保温板铺设见图 10.3-24。

（5）风阀及法兰的保温要求如下。

风阀保温：应保证平实、严密，但手柄必须留在保温层外，不妨碍操作。如有传动机构安装在阀体外，则需要做保护盒再进行保温，保温完毕后，在保温层外标注开启、关闭方向及调节程度。风阀保温见图 10.3-25。

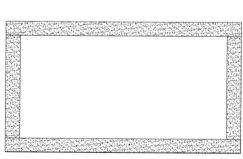

图 10.3-24 风管保温板铺设示意图

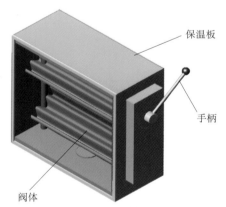

图 10.3-25 风阀保温示意图

法兰接头保温：首先进行风管的大面积保温，其次进行法兰接头的保温，铺设方法详见图 10.3-26。

施工要点：保温严密，不规则的小间隙用边角余料填满。

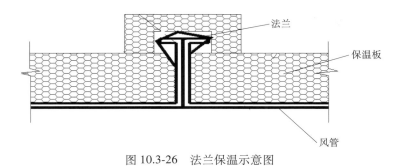

图 10.3-26　法兰保温示意图

10.3.8　水管保温

水管保温概况如表 10.3-25 所示。保温工艺及施工方法如表 10.3-26 所示。

水管保温概况　　　　　　　　　　　表 10.3-25

序号	管道 系统	保温材料	保温厚度（mm）	保温外表面处理
1	空调冷冻水管、空调热水管、空调冷却水管	保温材料采用难燃 B1 级柔性闭孔泡沫橡塑保温	管径＜DN50，28mm；DN50≤管径＜DN150，32mm；管径≥DN150，36mm	
2	换热站一次热水	保温材料采用铝箔超细无甲醛玻璃棉管壳外缠玻璃布	DN200≤管径≤DN350，70mm，管径≥DN350，80mm	
3	管沟内水管	保温材料采用铝箔超细无甲醛玻璃棉管壳外缠玻璃布	管径≤DN50，40mm；DN70≤管径＜DN350，50mm；管径≥DN350，60mm	
4	空调凝结水管	保温材料采用难燃 B1 级橡塑保温材料	20mm	

保温工艺及施工方法　　　　　　　　　　表 10.3-26

序号	项目	工艺要求
1	一般说明	保温、保冷材料要符合设计要求，有产品合格证，严禁受潮。 设备、管道按规定进行了强度试验或气密性试验，且试验合格。特殊情况下，如工期、环境、气候等原因必须提前进行保温施工，所有焊缝两侧要留出一块保温预制块的距离或至少 250mm 的长度，端面做防水处理。 水平安装的保温管道应设置木垫块；木垫块要经防腐处理，其厚度不应小于保温层的厚度，宽度应与支撑架截面相等
2	保温、保冷施工前提条件	按设计要求设置的绝热用固定件、支撑环、支吊架、紧固螺栓等准备齐全。 设备、管道的支座、吊耳、爬梯、平台以及支架、接管、仪表测试管等附件均安装完毕。 清除设备、管道表面的污物，按规定清除表面铁锈，并刷上两层防锈底漆。 遇有雨天停止室外施工，并做好防雨措施。 保温层的表面平整、圆滑、干燥

续表

序号	项目	工艺要求
3	保温、保冷层的施工方法	按技术规范选择玻璃棉的厚度。 玻璃棉管壳安装时要错缝，水平管道上管壳的纵向接缝在侧面，垂直管道上必须自下而上地进行施工。 每节管壳至少捆扎两道钢丝，严禁采用螺旋形捆扎。捆扎间距不大于300mm。 立式设备和垂直管道应设置支撑环，环间距3m，环下留25mm的间隙，用松散的、导热系数相近的软质保温材料。 安装在保温管道系统中的法兰、阀门和其他管道配件，应以与相连管道的保温厚度和规格相同的保温材料进行保温。对所有突出的金属部件和阀杆，亦应作彻底保温密封。 管径150mm及以上的保温管道，应在其每段保温段上附加不少于3条不锈钢环条固定

10.3.9 其他设备及配件保温（表10.3-27）

其他设备及配件保温 表10.3-27

序号	项目	工艺要求
1	一般要求	在进行任何保温工作前，必须对需做保温的表面进行彻底清理，以确保有关表面是在清洁及干燥而没有任何污染物质的状况下进行保温工作。而所有冷热水管道在安装保温材料前，必须先清除表面铁锈，并刷上两层防锈底漆。 所有与低温管道表面有接触的金属吊钩、锚杆支撑及其他穿过保温层的金属构件，均应提供完善的防潮密封处理。 除图纸特别说明外，所有保温管道在穿越套管和孔洞时，应穿越部分的保温须为整段连续不断的，而在套管两端与保温之间须采用100mm宽的铝质防潮密封贴条作紧密封贴。 在各保温的接驳口位置，应作交错连接安排以提高保温气密程度，并将100mm宽的铝质防潮密封贴条在各接口位置作紧密封贴
2	在管托支座上的保温	采用与有关管道相同厚度和规格的保温材料，剪裁成一块比管道外径和管托支座间的空隙稍大的保温材料。 用手将有关保温材料填塞在管外壁及支座间的空隙内，以致保温稍微超出支座两端。 保温应与支座齐口切平。 不能用零碎的保温材料、填充物、胶贴剂或其他物料作填补有关空隙或受破损的保温
3	固定支撑的保温	用作低温水管道的固定支撑须安装保温，其覆盖范围距离管道保温表面不能少于200mm
4	水管道和风管道在承托支架处的保温及保护	所有保温水管应在承托支架位置设置硬木管垫作管道承托和保温，而管道托架的阔度应与有关硬木管垫相同。而在保温管道与托架之间须加设一块1.0mm厚、250mm长的半圆形或直片式镀锌钢片作保护。 所有管径大于300mm的保温水管，如需以钢桥式支架穿越保温层直接作管道支撑时，则应提供妥善和足够的保温，以确保支架不会因冷桥现象而产生结露。 所保温风管应在承托支架位置设置硬木条作风管的承托和保温，而在保温管道与托架之间须加设一块1.0mm厚及250mm长的镀锌钢片作保护
5	柔性接头的保温	风管和水管的柔性接头，应按与其连接的管道保温厚度要求，用表面附有原厂装贴铝质防潮密封贴条的柔性玻璃纤维棉作保温。 所有安装在室内和机电房内的外露保温柔性接头，均应采用0.8mm厚带花纹的铝片，以专用铆钉按每隔50mm间距牢固覆盖整个外露的保温表面进行保护，保护外壳应为易装拆设计，以便进行维护工作。 安装在室外的保温柔性接头除加外壳作保护外，仍应加防水外壳

续表

序号	项目	工艺要求
6	阀门、过滤器和配件的保温	所有安装在空调循环水系统的阀门、过滤器、法兰和其他配件等，应按与其连接管道的保温厚度要求作相同厚度的保温。 如连接的保温管道已附金属保护外壳时，则所有相关的阀门和过滤器等配件亦应外加以 1.2mm 厚的铝片制成的易装拆式保护外壳。 阀门的外壳应覆盖至阀杆并设有箱盖方便阀门操作。过滤器外壳应覆盖整个过滤器，并在过滤器检修口设有箱盖以方便清理工作进行。 外壳的设计应在装拆或进行维护时不会使有关保温材料受破损。 在邻近法兰接驳位置两侧的管道保温，应整齐地折入以方便法兰的螺栓的装拆。 安装在室外的保温阀门、过滤器、法兰和其他配件等处加外壳
7	泵的保温	冷冻水泵及供暖水泵的外壳须采用厚度 50mm 和密度 64 kg/m³ 的刚性玻璃纤维作保温。 同时外加以 1.0mm 厚带花纹的铝片制成的对分易装拆式保护外壳。保温外壳与拉锁铆钉之间应有防水措施，以保证保温物料不会被弄湿或弄潮。同时，外壳和保温的覆盖方法应容许在保温不受破损的情况下，对水泵的密封垫等配件进行正常的检查工作。有关外壳的制造方法应提交工程师审批。 将保温材料紧贴覆盖于设备的外表面，并对不规则或弯曲的表面进行规律性填塞，使其不留任何空隙。 保温材料应按设备不规则或弯曲的表面进行剪裁，以求紧贴密封。 提供附有金属扣合栓、支架及防水保护的易装拆型设计保温金属外壳
8	板式热交换器的保温	板式热交换器应采用厚度 50mm 和密度 48 kg/m³ 的玻璃纤维进行保温。保温应覆盖整个板式热交换器，包括外框和导杆，而详细的保温方法须提交工程师审批。 同时外加以 1.0mm 厚带花纹的铝片制成易装拆式保护外壳。保温外壳与拉锁铆钉之间应有防水措施，以保证保温物料不被弄湿或弄潮。 将保温材料紧贴覆盖于设备的外表面，并对不规则或弯曲的表面进行规律性填塞，使其不留任何空隙。 保温材料应按设备不规则或弯曲的表面进行剪裁，以求紧贴密封。 提供附有金属扣合栓、支架及防水保护的易装拆型设计保温金属外壳
9	凝结水箱及排污缸、膨胀补给水箱的保温	凝结水箱及排污缸、热水系统膨胀补给水箱的保温须采用 50mm 厚和密度 64 kg/m³ 的玻璃纤维进行保温。同时，以 1.2mm 厚的铝片制成的易装拆式保护外壳作保护。有关外壳的制造方法须提交工程师审批。 冷冻系统的管壳式热交换器及膨胀补给水箱的保温，则采用 65mm 厚的环保型橡塑闭泡隔热保温材料。 在一般情况下，给水管、透气管、泄水管、溢水管等相关管道无须提供保温，但如该管道需连接上述设备时，则应由设备接驳位以外不少于 1.0m 范围内提供保温，所采用的保温材料应与冷冻水及热水系统相同。但如有关管道外露于室外时，则应做全面保温。 安装在室外的膨胀补给水箱应采用 50mm 厚的自灭式聚苯乙烯板作保温，并应在外侧加设以镀锌钢丝制成的铁丝网，再加上 15mm 厚的水泥砂浆保护层作保护
10	穿越防火分隔墙板的管道保温	但凡穿越防火分区分隔墙板的保温风管道，除应装设防火阀外，其外覆的保温层之耐火程度必须与防火分隔墙板的耐火要求相近。 在防火阀前后 1.0m 范围内，不应有保温内衬里装置。 所采用的保温材料必须是由当地消防部门批准，其厚度与保温功能应与其相连接的管道保温相同

10.3.10 保温外表面处理（表 10.3-28）

保温外表面处理 表 10.3-28

序号	项目	工艺要求
1	保温外表面处理	除特别说明外，所有安装于吊顶内的管道保温材料表面，无须另加保护层。 所有安装在室内和机电房内的外露保温管道均应采用 0.8mm 厚带花纹的铝片以专用铆钉按每隔 100mm 间距牢固覆盖整个外露的保温表面进行保护，保护外壳须为易装拆设计，以便进行维护工作
2	装饰套管式系统	装饰套管式系统或其他功能相同的产品应由同一生产商生产，全系列须包括各类定型附件、侧板、底板、面板、安装框架、转角配件、分支配件、连接段、过墙 / 楼板段、管支架等。 装饰套管应采用受防紫外光保护的 PVC 材料制造，外表颜色须经审核或按要求提供，同时在进行生产前应提交产品样板供审核。 应采用不锈钢制造的螺栓、螺母及垫圈。管支架主要是作为冷媒管在装饰套管式系统内安装之用
3	金属外保护层施工方法	金属薄板要压圆。安装时壳体要紧贴在保温层上。立式设备和垂直管道必须自下而上地进行施工，水平管道逆着管道坡向由低到高逐段安装。每段的纵缝相互错开。壳表面平整美观。 金属外壳表面可能渗进水分及湿气的缝隙按技术规范进行填塞密封。 用自攻螺钉固定金属外壳时，螺钉间距约 100mm。但保冷层外不可以使用自攻螺钉，以免刺破防潮层，要采用"Z"形咬口缝

第11章　室外工程施工方案优选

11.1　混凝土路面施工方案

道路混凝土面层形式主要采用钢筋混凝土路面，共约41.5万 m²，混凝土路面面板厚度为180mm和300mm两种，除过人防区域混凝土路面面板为180mm外，其他区域混凝土路面面板均为300mm。

以二期为例，各区分区如图11.1-1所示。

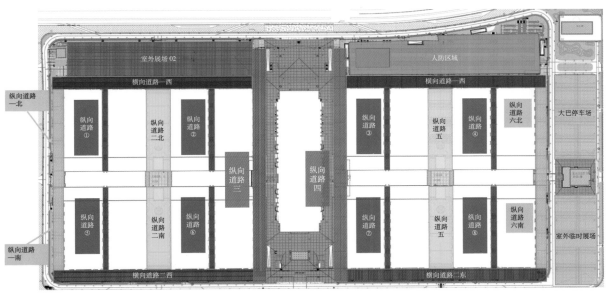

图11.1-1　室外区域混凝土路面分区图

各区域路面设计做法如表11.1-1所示。

各部位路面设计概况 表 11.1-1

序号	部位	路面形式	设计做法
1	展厅周边货运道路区域	300mm 厚 C30 钢筋混凝土路面	面层刻纹（3m×3m 切缝） 300 厚钢筋 C30 混凝土路面（抗折强度不小于 5MPa，Φ 6@200 单层双向） 180mm×2 水泥稳定碎石基层 200mm12% 石灰土底基层 路床填筑厚度 800～1200mm，压实度大于 94%～96% 现状表土下挖做灰处理，做灰整平后压实度大于 90%
2	建筑物周边区域	300mm 厚 C30 钢筋混凝土路面	
3	室外展场区域	300mm 厚 C30 钢筋混凝土路面	面层刻纹（3m×3m 切缝） 180 厚钢筋 C30 混凝土路面（抗折强度不小于 5MPa，Φ 6@200 单层双向） 180mm 水泥稳定碎石基层 200mm12% 石灰土底基层 路床 1240mm 分层回填土，压实度大于 94%～96% 地库顶板
4	大巴车停车场区域	300mm 厚 C30 钢筋混凝土路面	
5	人防顶小客车停车场	180mm 厚 C30 钢筋混凝土路面	

混凝土路面面层结构设计为 300mm 钢筋、C30 混凝土路面，设计要求抗折强度不小于 5MPa，钢筋 Φ 6@200 单层双向布置。混凝土路面大面积施工拟采用三辊轴摊铺机摊铺，局部采用挖机布料，人工配合振捣收面，混凝土采用商品混凝土站供应，混凝土罐车运输，挖机布料，三辊轴摊铺机摊铺振捣整平，洒水覆盖养护。

1. 测量放样

支立模板前，在基层上进行模板安装及摊铺位置的测量放样，每 20～30m 布设高程控制钢钎，适当加密变坡点，每 100m 布设临时水准点来核对路面高程、面板分块、胀缝和构造物位置。测量放样的质量要求和允许偏差应符合相应测量规范的规定。

2. 模板安装（图 11.1-2）

模板挂线安装

模板支撑固定

木楔调平

砂浆封底

图 11.1-2 室外区域混凝土路面模板安装图

3. 钢筋加工及安装

钢筋的设置：钢筋网片采用直径 6mm 圆钢，横向、纵向间距均为 200mm，钢筋网片置于混凝土路面上部，道路两侧钢筋保护层不小于 5cm，混凝土纵缝位置布设直径 16mm 螺纹钢拉杆，胀缝位置设置直径 28mm 圆钢传力杆，一侧涂抹防锈涂料，胀缝位置两侧混凝土面板用胀缝板隔开，如图 11.1-3 所示。

钢筋支撑搭接示意图　　　　　　　　　　　胀缝传力杆设置示意图

图 11.1-3　钢筋加工及安装示意图

4. 混凝土拌合和运输

本项目采用商品混凝土，采用两家商品混凝土站持续供料的施工方式，各供应对应区域的路面施工，禁止同区域使用不同拌合站的混凝土施工。

5. 混凝土卸料浇筑

混凝土由商品混凝土拌合站提供并运输至现场，综合考虑混凝土罐车运输卸料及现场摊铺的可操作性，采用坍落度为 140±20mm 的混凝土，钢筋及模板施工完成后及时通知拌合站发料，并在混凝土到达现场前清扫基层表面并洒水湿润，如图 11.1-4 所示。

混凝土罐车侧面卸料　　　　　　　　　　　小型挖机辅助布料

图 11.1-4　混凝土卸料示意图

6. 混凝土振捣

混凝土布料长度大于 10m 时，开始振捣作业。摊铺好的混凝土用三辊轴摊铺机组自带排振振捣密实，模板边缘、角隅处配合插入时振捣棒振捣，同一位置振动时不宜少于 20s，同时注意尽量避免碰撞模板和钢筋。板与板之间宜重叠振捣 10～20cm，同一位置的振捣时间以混凝土停止下沉、不再冒出气泡并泛出水泥浆为准，严禁发生漏振、过振现象，如图 11.1-5 所示。

图 11.1-5　混凝土振捣

7. 三辊轴整平

在三辊轴滚压前，振实料位高度宜高于模板顶面 5～20mm，在滚压后进行观察，混凝土表面过高时人工进行铲除，过低时用混合料补平，应使表面大致平整，无踩踏和混合料分层离析现象，严禁使用水泥砂浆找平。

8. 精平饰面

采用电抹子收面，收面后不得存在小坑、麻面、抹子印等情况；与模板或与既有混凝土面接槎处必须采用铁抹子人工收面，确保接触面顺直、平整。根据样板段施工经验，收面顺序为带浮动圆盘的抹面机粗抹 2 遍，不带浮动圆盘的抹面机光抹 3 遍，首次收面时间宜在混凝土浇筑后 2h 左右，相邻两次收面时间宜在 20min 左右，如图 11.1-6 所示。

抹面机粗抹　　　　　　　　　　　　　人工边角收面

图 11.1-6　混凝土精平饰面

9. 面板养生

采用土工布进行混凝土覆盖养生，刚开始养生时不宜洒水过多，防止混凝土表面起皮，待混凝土终凝后，再浸水养生，保持混凝土表面始终处于湿润状态。此外，应提前布设养生水管，保证养生水正常供应。

10. 刻纹施工

混凝土刻纹紧随切缝施工完成进行，待混凝土强度达到可上人之后，即可进行刻纹施工。刻纹开始前，对混凝土路面杂物进行清扫，刻纹机采用桁架轨道式刻纹机，施工前对刻纹机进行检查，然后对混凝土路面进行测量，分好刻纹板数及留白间距（待样板段施工完成后，由业主进行确认），并弹出刻纹起始墨线，严禁刻纹线与混凝土路面横缝有交叉或接近重合现象，根据画出的标线放置刻纹机，调整好刻纹深度后即可开始刻纹，如图 11.1-7 所示。

图 11.1-7　混凝土路面刻纹

11.2　石材铺装施工方案

国家会展中心（天津）二期项目室外工程花岗石铺装主要位于展馆中轴区域及东出入口大厅四周，总面积约 4.9 万 m²，包括地库顶板花岗石路面铺装，中轴广场花岗石路面铺装，北广场芝麻白荔枝面小料石铺装，北广场芝麻灰小料石铺装，东出入口大厅四周花岗石路面铺装，车行花岗石路面铺装等，如图 11.2-1 所示。各区域石材种类及面积如表 11.2-1 所示。

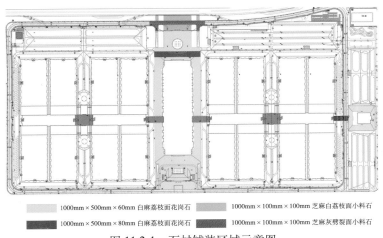

　　■ 1000mm×500mm×60mm 白麻荔枝面花岗石　　　　■ 1000mm×100mm×100mm 芝麻白荔枝面小料石
　　■ 1000mm×500mm×80mm 白麻荔枝面花岗石　　　　▨ 1000mm×100mm×100mm 芝麻灰劈裂面小料石

图 11.2-1　石材铺装区域示意图

石材种类面积表		表 11.2-1
国家会展中心工程二期项目室外工程石材		
种类	位置	面积
1000mm×500mm×60mm 白麻荔枝面花岗石	地库顶板、中轴广场、东出入口大厅四周	40797m²
1000mm×500mm×80mm 白麻荔枝面花岗石	车行路面	2538m²
100mm×100mm×100mm 芝麻白荔枝面小料石	北广场	3913m²
100mm×100mm×100mm 芝麻灰劈裂面小料石	北广场	2375m²

工艺流程如图 11.2-2 所示。

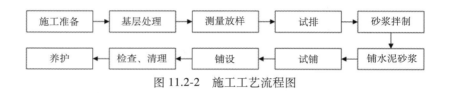

图 11.2-2 施工工艺流程图

1. 施工准备

（1）石材施工前，基层混凝土应完成施工，且达到一定的强度，进场原材水泥、砂子必须符合要求，必要时应对石子进行筛分。

（2）根据设计图纸要求，由石材厂家加工制作，根据现场施工面情况组织材料进场，按规定地点和方式储存或存放。

（3）熟悉和审查施工图纸，并对石材排版拼缝进行深化。

（4）成品保护：运输石材时，应特别小心，避免磕碰边角，必要时用地毯与软物等包住边角。

2. 基层处理

1）基层处理

先用扫帚将施工前下方的水泥稳定碎石灰土基层扫净，然后洒水湿润。

2）放线

支立模板前，在基层上进行模板安装及摊铺位置的测量放样，分幅摊铺，每幅宽度为 6m，每隔 6m 做一个灰饼用来控制标高，适当加密变坡点，每 36m 布设临时水准点，以核对垫层高程。测量放样的质量要求和允许偏差应符合相应测量规范的规定。

3）安装模板

模板要求：模板采用木方，木方高度略低于水泥混凝土面层厚度 1～2cm，用于面层调平，安装误差不超过 ±2mm，模板每隔 1m 应设置 1 处支撑固定装置。

模板安装：通过拉线控制安装模板的平面位置和高度，通过垫木楔方法调整模板的垂直度，底部空隙用砂浆封堵；模板内侧与混凝土接触表面涂隔离剂。模板安装稳固、顺直、平整、无扭曲，相邻模板连接紧密平顺，底部不得出现漏浆、前后错开、高低错台等现象。

模板安装精度控制：模板安装完毕后，对平面位置、高程、宽度、顶面平整度进行检查，必须满足规范要求。

模板拆除：混凝土抗压强度不小于 8.0MPa（洒水养护 24h）时，方可拆除模板。拆模时，严禁大锤强击拆模，可使用专用工具，不能损坏板边、板角周围混凝土，同时不能损坏模板，及时清除拆下的模板上的砂浆等杂物，并将其矫正，修补局部破坏。

4）混凝土浇筑

混凝土垫层采用 C30 抗折混凝土，抗折强度不小于 5MPa，由商品混凝土拌合站提供并运输至现场，综合考虑混凝土罐车运输卸料及现场摊铺可操作性，采用坍落度 160±20mm 混凝土，模板施工完成后及时通知拌合站发料，混凝土到达现场前清扫基层表面，并洒水湿润。

罐车进场后设专人指挥车辆，到达指定位置采取自卸方式进行卸料，罐车移动过程由专人指挥，严禁碰撞已支架模板。施工过程中需要搭设钢筋网片，规格为 $\phi6@200$ 单层双向钢筋网片，网片之间搭接 200mm。在摊铺宽度范围内，仅靠人工布料较为困难，故视情况采用泵送混凝土组织施工，布料速度应与摊铺速度相适宜。其中，人工采用铁锹、钩耙等工具进行摊铺，使用扣锹法，禁止抛掷和搂耙。布料后，混凝土表面应大致平整，不得有明显的凹陷。

5）混凝土振捣

混凝土布料长度大于 10m 时，开始振捣作业。摊铺好的混凝土用插入式振捣棒振捣密实，同一位置振动时不宜少于 20s，同一位置的振捣时间以不再冒出气泡并泛出水泥砂浆为准。

6）混凝土找平

混凝土浇筑完成后，以标高控制线为准检查平整度，将高的地方铲掉，补平凹处。用水平刮杠刮平，表面再用木抹子搓平。

7）混凝土养护

养护时采用土工布进行覆盖养生，保持混凝土表面始终处于湿润状态。设专人巡查养护膜覆盖完整情况。养生期间被掀起或撕破的养护膜及时洒水并重新覆盖。垫层养生初期，封闭交通，养护 3d 后可铺设石材面层。

8）切缝施工

混凝土切缝宽度为 5mm，深度为 5cm，间距为 6m×6m，待混凝土强度达到可上人和小型机具的程度后，用红色线标出切缝位置，及时采用专用的切缝机切缝。每隔 30m 切一道通缝，以减少断板率，用蓝色线标出切缝位置。切缝完成后，立即用高压水枪将残余砂浆冲洗干净。垫层伸缩缝见图 11.2-3。

3. 测量放样

根据现场石材铺装图进行划分弹线，作为检查、控制石材板位置，在基层上分区弹出各区控制线，控制线沿找坡方向弹线；另外在适当位置弹出标高线，控制找坡。其中，装饰井盖位置应单独放线。

4. 试排

将材料运至施工区域后，由于道板较重，需借助专用施工工具根据放样进行试排，每行依次挂线进行控制，同时调整板间缝隙和铺设顺序，及时调换和再加工需要调换的石材，然后根据试排情况对道板编号核对后，按顺序妥善堆放。

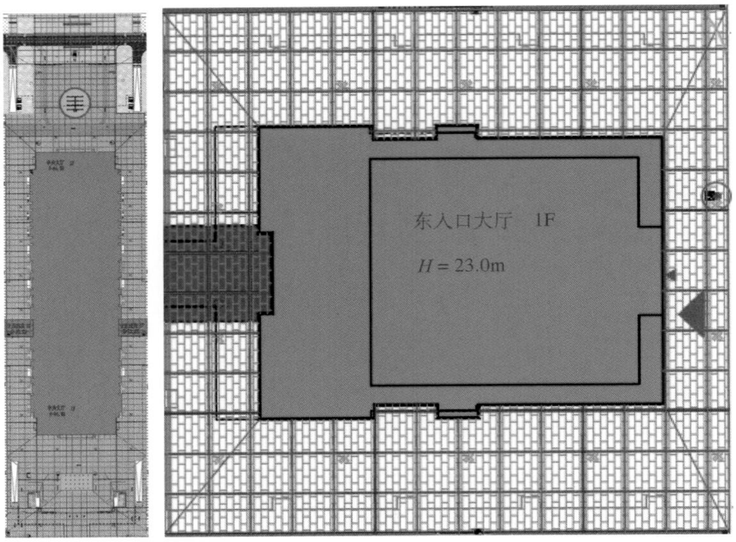

图 11.2-3 混凝土切缝示意图

5. 砂浆拌制

本工程采用 1：3 干硬性水泥砂浆铺砌，根据样板区铺设经验和设计试验配比，严格控制好水泥砂浆稠度，以保证这个体量的道板粘结牢固和面层平整。砂浆拌制使用砂浆罐，严禁现场人工拌制砂浆。

6. 铺水泥砂浆

铺设前，应将基底湿润，然后摊铺干硬性水泥砂浆结合层，从已铺好板块边向外铺抹，刮平、拍实、搓平，尽量平整，水泥砂浆摊铺完成后在上方浇一层素水泥浆，随铺随浇。

7. 试铺

砂浆铺设好后，清理干净道板铺设面，借助专用工具将道板水平放置至铺设位置，调整好板间缝隙，确认砂浆铺设平整，如不平整需对砂浆厚度进行调整。

8. 铺设

用橡皮锤轻轻敲击试铺板块，以使砂浆密实，当板块面达到铺设标高时，停止敲击，将板块移开，在板块铺设面均匀抹一层素水泥浆，再将道板借助专用工具水平放回原位置，确定好位置后，抽出叉车叉杆，用和易性好的水泥砂浆灌实叉车脚孔，用橡皮锤轻轻敲击道板中间，砸实、砸平、砸稳，确保砂浆密实无空隙，同时用水平尺四角找平，使平整度误差不超过 3mm，拼缝处采用十字花辅助。

9. 检查、清理

道板铺设好后，检查是否平整、缝路是否顺直、颜色定位是否正确。检查无误后，将板缝间溢出水泥浆及时擦净，并清理道板表面水泥浆及杂物。

10. 养护

道板铺设好后，应及时加以养护，为防止雨淋和污染道板，及时用彩条布、防水土工布或薄膜、草袋等覆盖道板，并禁止机械和人员在上面走动，如图 11.2-4 所示。

广场石材区域　　　　　　　　　　　　　　　　石材区域喷泉

图 11.2-4　石材区域实景图

11.3　景观绿化施工方案

本工程内容为绿化土换填及改良、排盐系统的设置、喷灌系统安装及调试、绿化栽植及养护。景观绿化包含椭圆绿地 8 个，常绿乔木 557 株，落叶大乔木 1179 株，小乔木及灌木 5188 株，地被 43178m²。由于区域化差异问题，绿化范围内的土质不符合树木种植标准，影响成活率，需进行绿化范围内排盐施工及种植土改良。

1. 施工准备

1）测量放线

应摸清工程场地情况，收集施工需要的各项资料，包括施工场地地形、地貌、运输道路、植被、邻近建筑物、地下基础、管线、电缆坑基、地面上施工范围内的障碍物和堆积物状况等，以便为施工规划和准备提供可靠的资料和数据，并在纸版施工图上标识现场勘测结果。

2）排盐系统施工的质量决定着绿地排水、排盐和地下盐分上侵的效果，是实现盐碱地绿化工程质量创优的基本技术保障。

2. 喷灌系统

喷灌系统对于绿化工程后期的养护及植物的正常生长起着至关重要的作用，便于自动化管理，并提高绿地的养护管理质量等。

其工作流程如下：放线→管线沟槽开挖→管线连接及铺设→管道试压→管线回填夯实→喷头、阀门安装→喷灌系统调试→清理现场。

首部系统施工，包括阀门、法兰、管件、管路的安装连接。

输水管道系统，包括施工范围内喷灌的管线沟槽开挖；整平各级输水管道及管件的铺设连接；管沟回填夯实；进排气阀、泄水阀、检查阀的安装。

3. 栽植流程

栽植流程如下：落叶乔木放线→落叶乔木挖坑、改良→落叶乔木栽植→落叶灌木放线→落叶灌木挖坑、改良→落叶灌木栽植→常绿乔木放线→常绿乔木挖坑、改良→常绿乔木栽植→地被、绿篱放线→地被、绿篱栽植，如图 11.3-1 所示。

BIM 绿化效果图

绿化实景

图 11.3-1　绿化示意图及实景

第3篇
大型会展智能建造技术

本项目的理念是用科技为建筑赋能，融合先进的建造方法和自主研发的智能建造技术，助力超高层建造。运用先进的制造理念和数字化、信息化技术，突破传统超高层施工技术的局限性，综合研发，高定位、高起点、高标准实施本项目，打造智慧之钻。

本篇对本项目在主体结构、钢结构、机电工程、幕墙工程等多方面智能建造技术进行详细介绍，建立了全员参与、全专业应用、全过程实施的"三全BIM应用"模式，整合信息资源，优化传统设计及施工，开发云平台与移动互联技术，实时监控塔楼结构变形，并进行分析，做到整合、集群、协同管理，建立涵盖建筑全内容的基础信息数据平台。

第12章　主体结构智能建造技术

本工程具有体量大、结构复杂多变、多专业穿插施工作业多、施工工期紧、钢筋及管线密集等特点，工程建造过程中存在诸多困难与挑战。采用传统组织方法难以完美适应上述特点，工程建造过程中，项目针对主体结构施工的需要，在方案编制与审核、4D 工期模拟、预留预埋及套管直埋等方面大量应用了 BIM 技术，确保结构施工一次成优，实现现场"零"拆改、"零"返工的高质量效果，结构施工速度实现每层用时两天的目标。

12.1　基于不同阶段的 BIM 场地布置规划

1. 技术概况

BIM 技术能够有效地对项目实施提供帮助，结合施工组织设计方案，建立施工组织模型，并将模拟结果汇总，对工序、资源、平面布置综合优化，将相关内容更新至模型，并编制模拟分析报告。

2. 技术重点

国家会展中心（天津）施工现场平面大，专业复杂，施工单位多，工序交叉变角复杂，通过 BIM 技术可以有序、直观地做好施工前的部署工作。

3. 技术要点

1）各阶段场布模拟（图 12.1-1）

2）航拍正摄图复核现场控制

通过现阶段现场施工场区航拍正摄图，结合施工临时道路、材料堆场及室外专业各类构筑物，确定现有场区规划及后续施工场地布置，如图 12.1-2 所示。

3）场地布置传递

由于一、二期为对称设计，依据一期场地布置方案，结合二期场地实际情况，优化现场平面布置，节省前期策划时间，如图 12.1-3 所示。

4. 小结

以数字化手段原样复制，实现建筑的施工建造，针对专项方案在施工前进行模拟，可对优化工序、工艺选择、专项实施等起到关键作用，有利于指导现场工作，为各阶段提供协同管理平台，互联互通，统一实现，促使施工组织模型指导意义的整体提升。

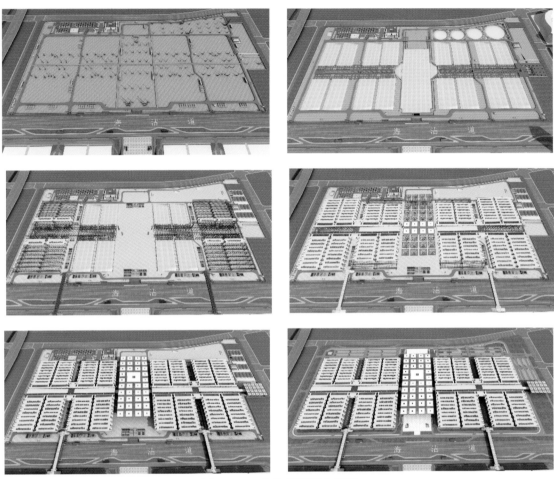

图 12.1-1　各阶段模拟布置图

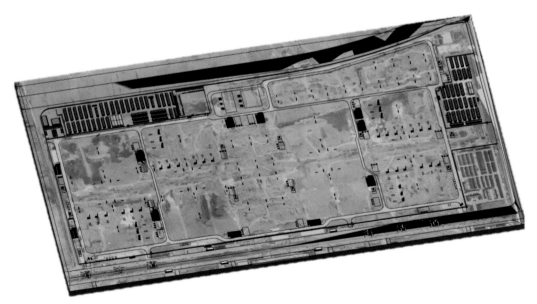

图 12.1-2　现场施工场区航拍正摄图

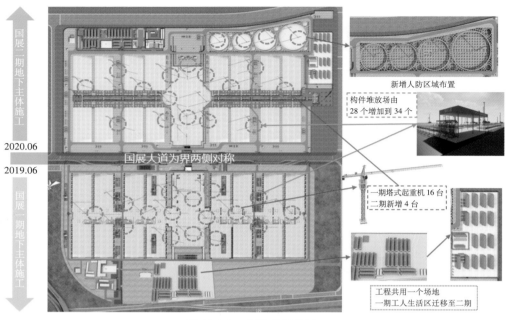

新增人防区域布置

构件堆放场由
28 个增加到 34 个

2020.06

2019.06

国展大道为界两侧对称

一期塔式起重机 16 台
二期新增 4 台

国展一期地下主体施工

工程共用一个场地
一期工人生活区迁移至二期

图 12.1-3 场地布置传递

12.2 人字柱柱脚复杂节点预埋钢筋精细化管理

1. 技术概况

采用 BIM 技术对复杂钢筋节点进行深化设计，排查复杂区域钢筋施工的可行性，规避施工问题，优化钢筋排布方案，提供三维可视化模型，帮助施工人员快速了解节点构造，并出具算量明细表，提供施工依据。

2. 技术重点

1）精细化模型搭建

精细化模型搭建有助于现场施工及进度控制（图 12.2-1）。

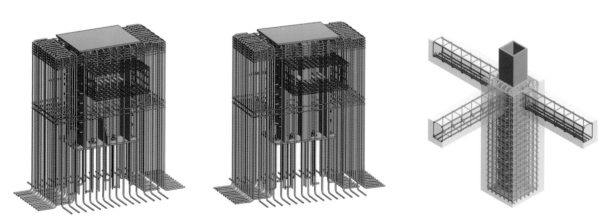

图 12.2-1 钢筋模型

2）钢筋料单明细表

利用软件直接生成钢筋明细表，方便现场生产，做到精细化下料，提升效率的同时节约成本，如图 12.2-2 所示。

〈A类人字柱柱脚钢筋明细表〉

A 钢筋编号	B 材质	C 钢筋直径	D 最短钢筋长度	E 最长钢筋长度	F 起点的弯钩	G 终点的弯钩	H 钢筋体积	I 钢筋长度	J 数量
6	钢筋-HRB400	20 mm	3090 mm	3090 mm	无	无	970.75 cm³	3090 mm	14
11	钢筋-HRB400	12 mm	3650 mm	3650 mm	抗震箍筋/箍筋-	抗震箍筋/箍筋-		3650 mm	13
13	钢筋-HRB400	25 mm	6560 mm	6560 mm	无	无	3220.13 cm³	6560 mm	19
14	钢筋-HRB400	25 mm	7200 mm	7200 mm	标准-90 度	标准-90 度	3534.29 cm³	7200 mm	4
16	钢筋-HRB400	25 mm	6520 mm	6520 mm	无	无	3200.50 cm³	6520 mm	1
17	钢筋-HRB335	25 mm	3750 mm	3750 mm	无	无	1840.78 cm³	3750 mm	54
18	钢筋-HRB400	12 mm	7030 mm	7030 mm	抗震箍筋/箍筋-	抗震箍筋/箍筋-	795.07 cm³	7030 mm	7
19	钢筋-HRB400	12 mm	1310 mm	1310 mm	箍筋/箍筋-135	箍筋/箍筋-135	148.16 cm³	1310 mm	14
21	钢筋-HRB400	12 mm	710 mm	710 mm	标准-180 度	标准-180 度	80.30 cm³	710 mm	14
22	钢筋-HRB400	12 mm	1680 mm	1680 mm	抗震箍筋/箍筋-	抗震箍筋/箍筋-	190.00 cm³	1680 mm	42
23	钢筋-HRB400	12 mm	1290 mm	1290 mm	标准-180 度	标准-180 度	145.90 cm³	1290 mm	14
24	钢筋-HRB400	12 mm	1320 mm	1320 mm	箍筋/箍筋-135	箍筋/箍筋-135	149.29 cm³	1320 mm	56
25	钢筋-HRB335	25 mm	3730 mm	3730 mm	标准-90 度	标准-90 度	1830.96 cm³	3730 mm	20
26	钢筋-HRB400	25 mm	7540 mm	7540 mm	标准-90 度	标准-90 度	3701.19 cm³	7540 mm	2
27	钢筋-HRB400	25 mm	7550 mm	7550 mm	标准-90 度	标准-90 度	3706.10 cm³	7550 mm	2
总计：267									276

〈A类人字柱柱脚钢筋明细表〉

A 钢筋编号	B 材质	C 钢筋直径	D 最短钢筋长度	E 最长钢筋长度	F 终点的弯钩	G 起点的弯钩	H 钢筋体积	I 钢筋长度	J 数量
6	钢筋-HRB400	20 mm	3090 mm	3090 mm	无	无	970.75 cm³	3090 mm	8
11	钢筋-HRB400	12 mm	3650 mm	3650 mm	无	无		3650 mm	13
13	钢筋-HRB400	25 mm	6560 mm	6560 mm	无	无	3220.13 cm³	6560 mm	12
14	钢筋-HRB400	25 mm	7200 mm	7200 mm	标准-90 度	无	3534.29 cm³	7200 mm	4
17	钢筋-HRB335	25 mm	3750 mm	3750 mm	无	无	1840.78 cm³	3750 mm	54
18	钢筋-HRB400	12 mm	7030 mm	7030 mm	抗震箍筋/箍筋-	抗震箍筋/箍筋-	795.07 cm³	7030 mm	7
19	钢筋-HRB400	12 mm	1310 mm	1310 mm	箍筋/箍筋-135	箍筋/箍筋-135	148.16 cm³	1310 mm	14
22	钢筋-HRB400	12 mm	1680 mm	1680 mm	抗震箍筋/箍筋-	抗震箍筋/箍筋-	190.00 cm³	1680 mm	28
23	钢筋-HRB400	12 mm	1290 mm	1290 mm	标准-180 度	标准-180 度	145.90 cm³	1290 mm	14
24	钢筋-HRB400	12 mm	1320 mm	1320 mm	箍筋/箍筋-135	标准-135	149.29 cm³	1320 mm	56
25	钢筋-HRB335	25 mm	3730 mm	3730 mm	无	无	1830.96 cm³	3730 mm	20
26	钢筋-HRB400	25 mm	6170 mm	6170 mm	无	无	3028.66 cm³	6170 mm	2
27	钢筋-HRB400	25 mm	6160 mm	6160 mm	无	无	3023.78 cm³	6160 mm	2
29	钢筋-HRB400	25 mm	7600 mm	7600 mm	标准-90 度	标准-90 度	3730.64 cm³	7600 mm	2
30	钢筋-HRB400	25 mm	7540 mm	7540 mm	标准-90 度	标准-90 度	3701.19 cm³	7540 mm	2
31	钢筋-HRB400	25 mm	7550 mm	7550 mm	标准-90 度	标准-90 度	3706.10 cm³	7550 mm	2
32	钢筋-HRB400	25 mm	7630 mm	7630 mm	标准-90 度	标准-90 度	3745.37 cm³	7630 mm	2
总计：233									242

〈展厅夹壁墙柱钢筋明细表〉

A 钢筋编号	B 材质	C 钢筋直径	D 最短钢筋长度	E 最长钢筋长度	F 终点的弯钩	G 起点的弯钩	H 钢筋体积	I 钢筋长度	J 数量
1	钢筋-HRB400	12 mm	2350 mm	2350 mm	无	无	265.78 cm³	2350 mm	3
2	钢筋-HRB400	10 mm	2340 mm	2340 mm	箍筋/箍筋-135	箍筋/箍筋-135	183.78 cm³	2340 mm	18
3	钢筋-HRB400	12 mm	1780 mm	1780 mm	无	无	201.31 cm³	1780 mm	3
4	钢筋-HRB400	10 mm	1790 mm	1790 mm	无	无	140.59 cm³	1790 mm	18
5	钢筋-HRB400	22 mm	2320 mm	2320 mm	标准-90 度	无	881.91 cm³	2320 mm	20
6	钢筋-HRB400	22 mm	2210 mm	2210 mm	标准-180 度	无	840.09 cm³	2210 mm	7
8	钢筋-HRB400	8 mm	1080 mm	1080 mm	箍筋/箍筋-135	箍筋/箍筋-135	54.29 cm³	1080 mm	7
10	钢筋-HRB400	10 mm	1100 mm	1100 mm	箍筋/箍筋-135	箍筋/箍筋-135	86.39 cm³	1100 mm	14
12	钢筋-HRB400	22 mm	1610 mm	1610 mm	无	无	612.01 cm³	1610 mm	12
13	钢筋-HRB400	20 mm	1590 mm	1590 mm	无	无	499.51 cm³	1590 mm	5
总计：104									104

图 12.2-2　钢筋明细表

3. 小结

通过钢筋精细化管控，方便施工现场实施施工，有效地节约了施工的时间和成本，提高施工效率。

12.3　人防工程人防门扇开启安全距离空间协调

1. 技术概况

在人防工程中，人防门的安装是一项重要内容，如何保证安装门扇过程中一次成优无返工，成为本应用的重点考虑内容。它除了单樘成本高、拆改困难等特点，还具有门扇开启安全距离的控制要点，这就使得工程人员需要提前考虑门扇安装后的软碰撞问题。

2. 过程控制

（1）软碰撞区域实体化：在模型搭建过程中，将所有人防门的门族按照图集选用表尺寸建模，并将安全开启控制距离以实体模型的方式进行体现，如图 12.3-1、图 12.3-2 所示。

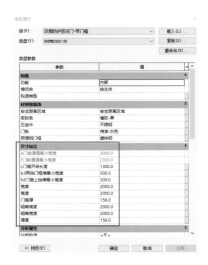

双扇活门槛钢筋混凝土防护密闭门选用表

型 号	战时门洞宽x高BxH (mm)	平时门洞宽x高 (mm)	设计压力值 (MPa)	门前通道最小宽度A (mm)	门前通道最小高度F (mm)	门扇开启最小长度L (mm)	门框墙最小宽度b₂ (mm)	战时门槛高度h₁ (mm)	门扇上挡墙最小高度h₂ (mm)	吊环直径 (mm)
BHFM2020-05	2000x1900	2000x2000	0.05	3000	2300	1300	500	100	300	18(2个)
BHFM2020-10	2000x1900	2000x2000	0.10	3000	2300	1300	500	100	300	18(2个)
BHFM2020-15	2000x1900	2000x2000	0.15	3000	2300	1300	500	100	300	18(2个)
BHFM2020-30	2000x1900	2000x2000	0.30	3000	2300	1300	500	100	300	18(2个)
BHFM2525-05	2500x2400	2500x2500	0.05	3500	2800	1600	500	100	300	20(2个)
BHFM2525-10	2500x2400	2500x2500	0.10	3500	2800	1600	500	100	300	20(2个)
BHFM2525-15	2500x2400	2500x2500	0.15	3500	2800	1600	500	100	300	20(2个)
BHFM2525-30	2500x2400	2500x2500	0.30	3500	2800	1600	500	100	300	20(2个)
BHFM3025-05	3000x2400	3000x2500	0.05	4000	2800	1800	500	100	300	20(2个)
BHFM3025-10	3000x2400	3000x2500	0.10	4000	2800	1800	500	100	300	20(2个)
BHFM3025-15	3000x2400	3000x2500	0.15	4000	2800	1800	500	100	300	20(2个)
BHFM4022-05	4000x2100	4000x2200	0.05	5000	2500	2600	500	100	300	20(2个)
BHFM4022-10	4000x2100	4000x2200	0.10	5000	2500	2600	500	100	300	20(2个)
BHFM4022-15	4000x2100	4000x2200	0.15	5000	2500	2600	500	100	300	20(2个)

说明：门槛高度h₁指门扇开启侧的地面完成面至门槛上沿的尺寸。防护密闭门门框墙厚度C最小为300mm。

图 12.3-1 模型尺寸表

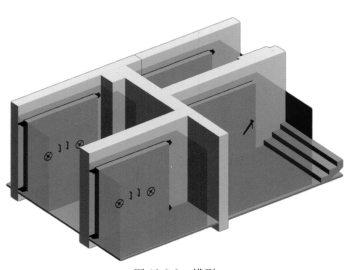

图 12.3-2 模型

（2）软碰撞区域监测：将实体化的软碰撞区域纳入综合碰撞监测之中，以规避后续机电管线的拆改工作，如图 12.3-3 所示。

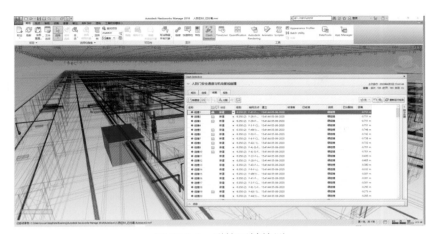

图 12.3-3　碰撞区域检测

（3）深化前后的对比如图 12.3-4、图 12.3-5 所示。

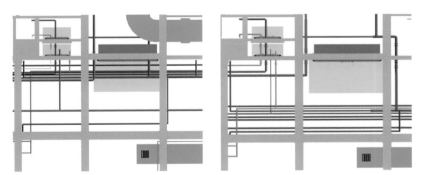

图 12.3-4　方案深化对比

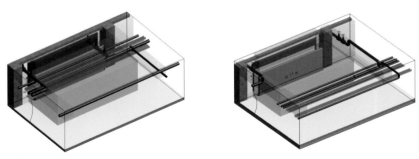

图 12.3-5　深化对比模型

第13章 钢结构智能建造技术

13.1 基于 BIM 技术大跨度 V 形桁架方案比选

1. 技术概况

根据以往的施工经验,得出适合现场的方案有以下三种:(1)高空拼装,累计滑移;(2)逐榀拼装,整体提升;(3)地面拼装,分段吊装。基于 BIM 技术对三种施工方案进行模拟,选择出最适合本项目的施工方案。

三种方案的特点如下:

(1)高空拼装 + 拼装支撑 + 滑移设备 + 逐榀卸载 + 变形监测;

(2)地面拼装 + 满堂支撑 + 提升机构 + 整体卸载 + 变形监测;

(3)拼装胎架 + 安装支撑 + 履带吊安装 + 千斤顶卸载 + 变形监测。

2. 技术要点

方案一 BIM 模拟:高空拼装 、累计滑移,如表 13.1-1 所示。

高空拼装、累计滑移施工部署模拟　　　　　　　　　　表 13.1-1

步骤一	随土建进度安装柱脚节点,拼装胎架	步骤二	使用汽车式起重机依次安装人字柱
步骤三	布设轨道及其支撑系统	步骤四	地面拼装,履带式起重机分段吊装前两榀桁架

续表

步骤五	前两榀桁架滑移一跨，吊装第三榀桁架	步骤六	相同方法安装至滑移部分施工完成
	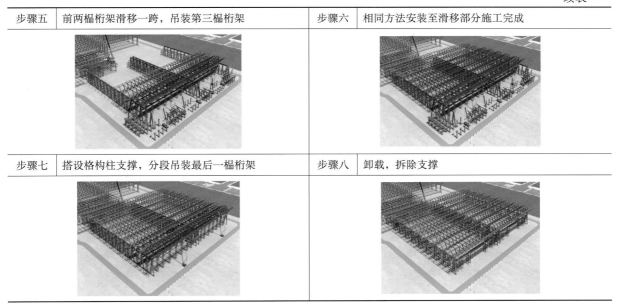		
步骤七	搭设格构柱支撑，分段吊装最后一榀桁架	步骤八	卸载，拆除支撑

方案二 BIM 模拟：逐榀拼装、整体提升，如表 13.1-2 所示。

逐榀拼装、整体提升施工部署模拟　　　　　　　　　　　　　表 13.1-2

步骤一	布设拼装胎架，搭设提升支撑架	步骤二	汽车式起重机地面拼装屋盖
	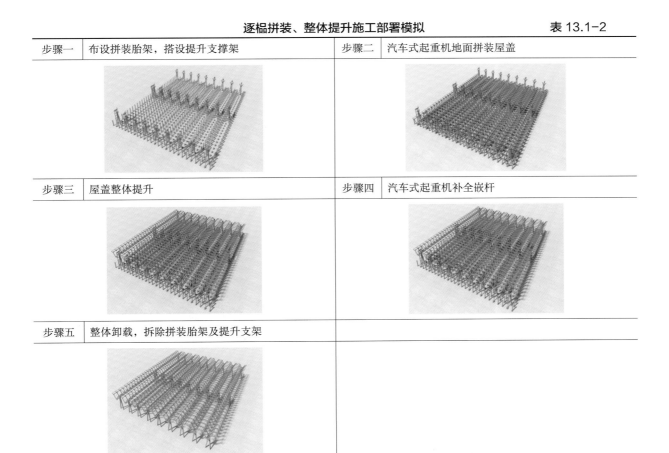		
步骤三	屋盖整体提升	步骤四	汽车式起重机补全嵌杆
步骤五	整体卸载，拆除拼装胎架及提升支架		

方案三 BIM 模拟：地面拼装、分段吊装，如表 13.1-3 所示。

地面拼装、分段吊装施工部署模拟 表 13.1-3

步骤一	拼装第一榀桁架及安装支撑金属模板	步骤二	吊装第一榀桁架第一段，拼装金属模板转移至下一榀拼装位置
步骤三	向两端推进第一榀桁架，拼装金属模板转移至下一榀拼装位置	步骤四	第一榀桁架全部吊装完成，拼装金属模板全部转移至下一榀拼装位置
步骤五	安装第二榀桁架人字柱及支撑金属模板	步骤六	安装第二榀桁架中间部分
步骤七	依次完成第三榀桁架安装	步骤八	安装最后一榀桁架人字柱及支撑金属模板
步骤九	整个展厅施工完成		

通过对比三种方案的经济合理性、安全性、实用操作性等方面,并经过专家论证进行确定。最终,大跨度四弦凹形桁架的最佳方案为地面拼装、分段吊装法。

3. 技术小结

确定方案后,对四弦凹形桁架地面拼装的吊装、防护、安全等进行 BIM 模拟交底,展示施工细节,同时便于控制质量和安全（图 13.1-1）。

图 13.1-1　BIM 可视化模拟视频

此外,对项目管理人员以及工人进行 BIM 可视化技术交底,并将交底内容生成二维码,以方便管理人员以及工人查看。

13.2　伞柱自平衡体系有限元分析技术

1. 技术概况

本项目的树形分权结构为国内最大的同类型结构体系,伞面之间间距仅为 6m,且工期紧张,经过多次的方案模拟、受力分析,确定了三级平衡体系无支撑自平衡的安装方法,利用有限元软件进行安装分析计算,并通过 BIM 技术模拟自平衡施工全过程。

2. 技术要点

一级分权通过 H200×100 型钢构成一级平衡体系,如图 13.2-1 所示。

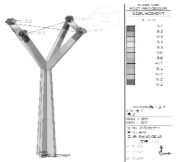

图 13.2-1　一级分权平衡体系

内部分权构成稳定的中间联络点，如图 13.2-2 所示。

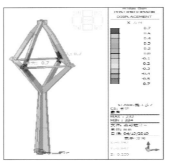

图 13.2-2 内部分权稳定图

二级分权 a 通过捯链构成二级平衡体系，如图 13.2-3 所示。

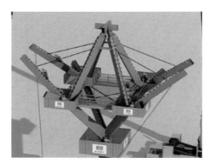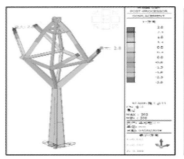

图 13.2-3 二级分权 a 二级平衡体系

二级分权 b 通过捯链构成二级平衡体系，如图 13.2-4 所示。

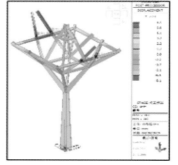

图 13.2-4 二级分权 b 二级平衡体系

屋面梁 $\phi 35$ 预应力钢拉杆构成三级平衡体系，如图 13.2-5 所示。

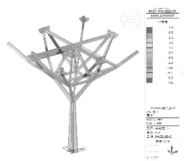

图 13.2-5 屋面梁三级平衡体系

通过 Midas 有限元分析计算，保证方案安全合理可行，并通过 BIM 技术制作三维视频动画，用于施工交底。

3. 技术小结

国家会展中心（天津）项目一、二期都具有树形柱分权结构，二期在一期的基础上进行优化升级，既可高效施工，又能减少大量支撑胎架投入。通过有限元分析及施工方案进行模拟推演，对整体拼装及吊装过程进行 BIM 模拟交底，展示施工细节，同时控制质量和安全。

13.3 三维激光扫描点云模型复核现场质量偏差

1. 技术概况

为保证钢结构构件精度，对中央大厅树形柱及展厅 V 架采用三维激光扫描技术进行复核，有效避免现场实体施工造成的不可控偏差，确保构件质量全部达标。

2. 技术要点

外业扫描工作选定在中央大厅施工现场及展厅施工现场，通过布置多个标靶对已经安装完成的构件进行现场实地扫描（图 13.3-1），外业扫描过程因为一次扫描无法将整个构件完整地扫描出来，因此需要通过从不同的角度转站，不同站扫描的数据通过标靶球来定位用于后期拼接，最终获得构件每一个面的数据。

图 13.3-1 外业扫描

结合现场收集的数据，通过三维扫描处理软件 SCENCE 结合 BIM 模型（图 13.3-2）进行内业数据处理，由于在施工现场扫描的数据量较大，需要对结果进行处理留取关键数据，得到需要复核的扫描模型，之后结合 BIM 模型进行复核比较，最终得出模型复核结果报告，用于工程质量检查及工程验收。

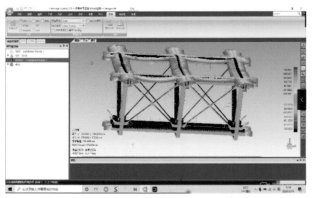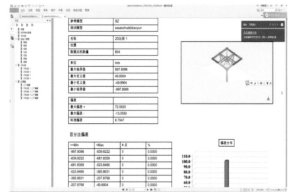

图 13.3-2　BIM 模型

3. 技术小结

传统测量方式采集的单点数据无法与包含建筑全信息的 BIM 模型相匹配，三维激光扫描技术能够实现快速自动化的高密度数字信息采集，与 BIM 相结合实现智能验收，达到高密度、高精度的数据采集，准确反映建筑的几何特征，无死角地进行全面检查，在大跨度钢结构构件的测量中有传统测量方式无法比拟的优势。

13.4　大跨度人行天桥道路导行方案及分段吊装工序

人行天桥道路实景图如图 13.4-1 所示。

图 13.4-1　人行天桥道路实景图

本工程钢结构人行天桥横跨通行市政道路，且跨越地铁出入口与地铁隧道，通过 Tekla 施工模拟分析，对人行天桥主结构进行合理分解"化整为零"，经过分解，避免发生运输超载、超长、超宽现象。现场利用小型汽车式起重机进行分阶段高空散装，对应市政道路进行分阶段占路导流施工，既不能影响市政道路通行，又要减小施工对地铁出入口与地铁隧道的影响。

1 号、2 号人行天桥总长度均为 157m，人行天桥净宽 10.0m，结构高度 6.25m，钢结构体量 4600t，天桥每延米结构重达 14.6t，其中 1 号人行天桥最大跨度为 90.2m。通过 Tekla 施工模拟分析，对人行天桥主结构进行合理分解"化整为零"合理分段箱形桁架，采用格构柱支撑体系应用技术，选用小型汽车式起重机进行分阶段高空散装，解决大跨度超质量人行天桥的安装问题，并减小施工对市政道路及地铁隧道的影响。

人行天桥桥梁箱形桁架内部是由相对密集的通长加劲肋焊接在箱体翼缘板及腹板上，且加劲肋的分段同箱体主体齐口断开，并且过人孔与桥梁箱形桁架形成"方洞套圆洞"，部分孔洞错位排列的复杂构件。现场对接加劲肋，被箱体翼缘板及腹板封闭在箱体内部，焊接难度大，难以控制焊接质量。研究一种复杂构造狭小空间桁架桥杆件施工方法，通过在箱形桁架开设"盖板"进行焊接，避免密闭空间作业施工。

人行天桥现场施工工况复杂，人行天桥南北跨越市政道路，且跨越地铁出入口与地铁隧道。人行天桥现场施工分为三个阶段施工，第一阶段施工处于国展一期正常施工，第二阶段、第三阶段 1 号、2 号人行天桥将同时施工，采用分阶段占路导行施工，既不影响市政道路通行，又能提升人行天桥的安装效率，缩短施工周期，减少占路时间。

装配式条板墙施工技术说明如下：本工程为装配式钢结构，钢结构造型多样，填充墙体为条板墙（蒸压加气混凝土板）。由于钢结构造型奇特，造成条板墙与钢结构的连接节点复杂多变，形式不一，且需要考虑与幕墙、机电等相关专业的生根、碰撞。对超高、异形、复杂节点进行专项深化，绘制 CAD、BIM 节点图，同时结合相关专业深化图纸，进行整体的施工模拟，避免二次开洞，提高施工效率。其中，中央大厅会议厅三层高度 13m，采用横装施工技术，不仅使墙体稳定，更有效增加了钢梁的利用率。

13.5 钢结构的深化设计

1. 技术概况

本工程展厅部分为四弦凹形桁架结构体系，中央大厅部分为树形分权结构体系，钢结构总用钢量达 23.5 万 t，相当于 4 个鸟巢的用钢量。针对如此大体量的钢结构工程，为保证工期及质量，钢结构的深化设计均以 BIM 技术为核心进行。

2. 技术要点

通过 Tekla 软件对中央大厅及展厅等钢结构进行三维深化设计，并出具二维深化图纸，如图 13.5-1 ～图 13.5-5 所示。

与此同时，深化建模时，应与构件加工工艺相结合，通过数控 NC 文件导出进行等离子切割下料，节约材料，同时提高加工效率。工艺模拟应避免组对顺序不同而导致无法焊接，提高制作效率 21%。

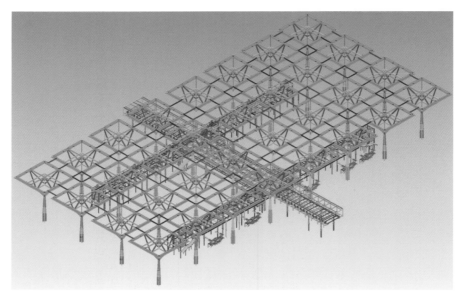

图 13.5-1 中央大厅树形分权结构细部深化设计

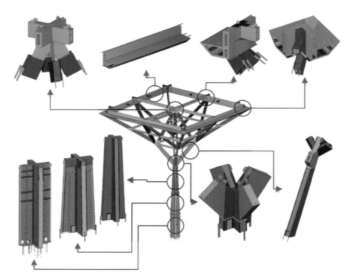

图 13.5-2 Tekla 模型关联进行图纸管理

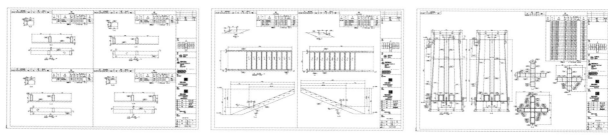

图 13.5-3 展厅四弦凹形桁架整体模型构建

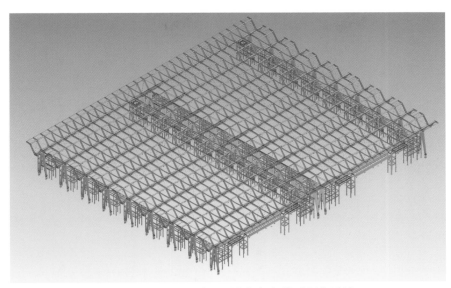

图 13.5-4 展厅四弦凹形桁架细部模型深化设计

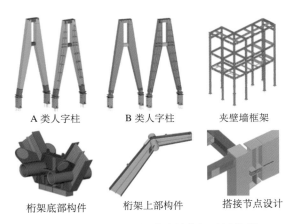

图 13.5-5 Tekla 模型关联进行图纸管理

3. 技术小结

相较于传统的二维深化设计，以 BIM 技术为核心的深化设计，可以解决二维可视化不足、复杂节点理解困难等问题，同时其应用面多不仅应用于出图，同时可以为后续运维工作提供模型基础，也可提供给加工厂，提高一定施工效率，节约一定工期。

13.6 V 架支撑体系及卸载工艺

1. 技术概况

本工程展厅主体结构为四弦凹形桁架，桁架跨度达 86m，其质量达 227t，对于如此大跨度、大质量的桁架，其拼装、支撑及卸载显得尤为重要，通过 BIM 技术设计定型拼装胎架及支撑格构柱，并通过有限元计算保障钢结构工程顺利实施完成。

2. 技术要点

1）格构柱支撑优化

通过 BIM 技术对格构柱支撑进行优化，形成 5 种标准化构件，方便现场拼装拆解（图 13.6-1）。并应用 Midas 软件对格构柱支撑进行有限元分析和桁架吊装完成后的应力分析验算（图 13.6-2），以保证格构柱可以多次循环使用，从而提高效益，加快施工进度，保证施工质量。

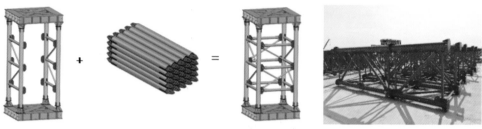

图 13.6-1　格构柱支撑体系及现场拼装

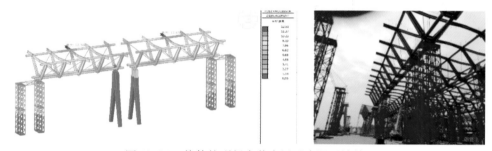

图 13.6-2　格构柱现场安装应用及有限元计算

2）定型拼装胎架优化

对定型拼装胎架进行深化设计，应用 Midas 软件对定型专用拼装胎架的变形进行模拟分析（图 13.6-3），最大变形 0.27mm，符合规范的设计要求。通过研发专用的定型拼装胎架，加快桁架拼装效率，提高桁架拼装的精度控制及起拱，从而加快施工进度，节约工期。

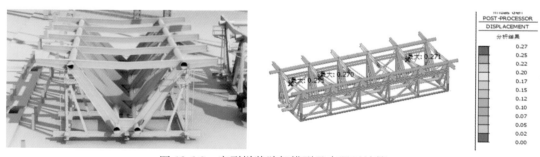

图 13.6-3　定型拼装胎架模型及有限元计算

3）卸载工艺

V 架的卸载采用逐步抽钢板卸载方式，桁架设置起拱值 105mm，卸载操作采取将千斤顶顶起使桁架与垫板脱离、多次移除垫板的方法来实现桁架卸载。通过 BIM 技术对卸载前及卸载后进行模拟分析及计算，进而作为理论数据（图 13.6-4）。

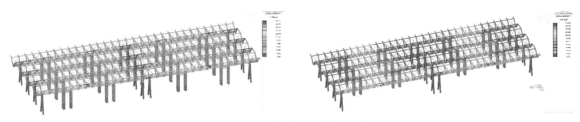

图 13.6-4　卸载前后模拟计算

实际监测数据是通过对钢结构变形监测点进行监控，每处临时支撑位置作为一处监测点（图 13.6-5），在卸载点设置反光贴片，使用全站仪对卸载过程进行监测。

图 13.6-5　卸载监测点

最后，将理论数据与实际数据进行对比分析，保证卸载合理可行。

3. 技术小结

BIM 技术在支撑及卸载过程中起到重要作用，可以优化胎架及格构柱，并对其合理性进行检测，为卸载提供有效的数据理论支持。此外，BIM 技术可以简化工作内容，提高工作效率，从而保障工程质量，加快施工进度。

13.7　自动焊接机器人的设计

1. 技术概况

本工程应用两种智能机器人用于辅助项目施工，自主研发焊接机器人用于展厅桁架的钢圆管焊接，应用 BIM 技术对焊接机器人进行设计深化，项目选用测量机器人结合 BIM 技术用于精准测量放样。

2. 技术要点

项目用零件自行拼装自动焊接机器人，用 Tekla 软件深化焊接机器人，并生成图纸（图 13.7-1），同时申请用于钢圆管的自动焊接方法及设备这项专利。

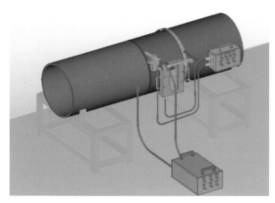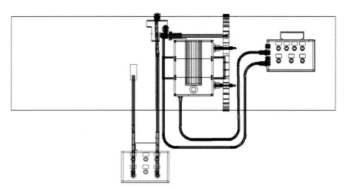

图 13.7-1 焊接机器人深化模型及图纸

现场焊接主要为钢圆管，利用焊接机器人对其进行焊接，同时提高工作效率，从而提高检测探伤合格率，保证结构施工的质量及安全（图 13.7-2）。

图 13.7-2 焊接机器人现场应用

对于焊接方式，对在圆管焊接机器人焊接与人工焊接在经济性、操作性、质量、工期等方面进行对比，发现效果显著。

采用 iCON Robot 60，测量机器人对复杂空间的四弦凹形桁架、中央大厅树形钢结构安装进行智能测量，有效地使 BIM 模型与现场测量结合起来（图 13.7-3），较全站仪作业效率提高 31%。

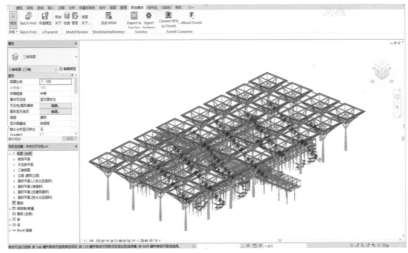

图 13.7-3　BIM 模型与现场测量结合图

利用 Leica Building Link 插件在 Revit 模型中布置放样点并输出（图 13.7-4、图 13.7-5）。

图 13.7-4　自动放样

图 13.7-5　桁架地面拼装自动测量校核

3. 技术小结

以智能机器人代替传统人工作业已成为未来的发展趋势，将 BIM 模型通过智能机器人带入施工现场，更好地将 BIM 与现场施工相结合，从深化设计到现场施工测量，提高工作效率。

第14章 机电安装智能建造技术

14.1 BIM技术在大型项目管廊中的机电管线综合排布及支架计算的应用

1. 技术概况

国家会展中心（天津）工程一、二期东、西区共包含4条主管廊，共1360m，展厅及通廊区所有给水排水、暖通水、动力、智能化系统均从主管廊分支，因此主管廊内管线为本项目核心管线。每条主管廊内均含8根DN400空调水管，8根DN200空调水管，11根DN100给水排水管，8根DN150消防水管，15趟强弱电桥架。

2. 技术难点

主管廊被业主定为本项目的主要亮点之一，因此在满足功能性、安全性的基础上，需充分考虑美观性及满足大量人员顺利通行的情况。为满足业主要求完美履约，项目应用BIM技术对主管廊进行管线综合排布及大型综合支架受力计算。

3. 技术要点

1）主管廊管线综合排布

结合主管廊防火门及管线实际情况，确定管线综合排布方案，根据管综确定支架布置形式（图14.1-1 ~ 图14.1-4），四版支架方案中不足分别含暖通水管支架稳定性低、人行通道宽度不足、支架零散及型钢浪费等。

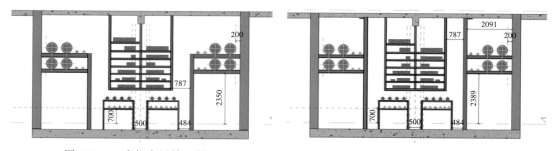

图 14.1-1 支架布置第一版   图 14.1-2 支架布置第二版

经研讨，确定综合支架最终方案如图14.1-5所示。现场实际效果如图14.1-6所示。支架受力图见图14.14-7。

2) MagiCAD 支架计算

主管廊管线综合支架受力计算属 BIM 较深应用，通过 MagiCAD 软件，可以计算支架每个部位型钢受力，以保障支架使用安全。

通过支架建模，导出计算数据，确定型钢受力满足需求。

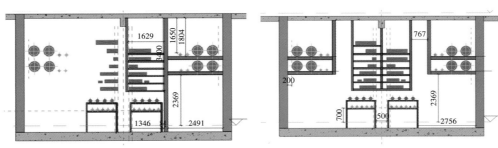

图 14.1-3　支架布置第三版　　　　　　　图 14.1-4　支架布置第四版

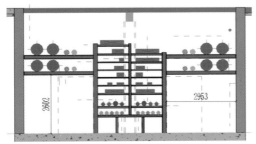　

图 14.1-5　支架布置最终版　　　　　图 14.1-6　支架实际效果图

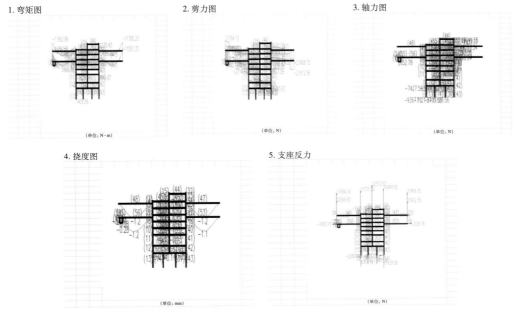

图 14.1-7　支架受力图

3）支架制作管理

在综合管廊的施工中，支架的施工是前提，一旦控制精度出现偏差，将耗费巨大的投入进行拆改，并会对后期管道的对接安装产生影响。为保证管廊的施工进度及质量效果，本项目结合现场实际情况，对大型综合支架进行了工厂化预制及现场拼接。从对支架进行受力分析计算开始，确定支架型材规格，按照 BIM 模型分别对支架进行测量预制，按照工序对支架进行流水化作业，实现了管廊大型综合支架的快速施工。

4. 技术小结

本项目管廊在会展类项目中具有代表性，通过 BIM 综合排布及 MagiCAD 软件实现安全性、功能性、美观性，同时充分降低支架型钢成本，对类似项目具有一定的借鉴意义。

14.2 BIM 运维在大型项目中的应用落地

1. 技术难点

项目体量大、专业全、工期紧，设备及点位的数量和种类多。

国内没有大型项目全周期 BIM 运维深度应用方面的借鉴经验。

2. 技术要点

1）高精度模型建立

在项目前期即采用 BIM 技术介入，将项目中所有管线、设备、阀门、末端点位等进行翻模及综合排布，并报送设计院审核，在施工过程中随时互相校正实际管线与模型的偏差，以确保最终施工完成的管线与 BIM 模型完全一致。

2）设备信息录入

在高精度模型建立完成的基础上，录入厂家提供设备运维所需的所有设备信息，充实模型内在内容。

3）运维平台搭建

针对本项目，专门开发运维平台，实现运维的精准化管理。

4）点表录入

所有带信号反馈的设备及点位均录入点表，作为 BIM 模型与运维平台的桥梁，实现弱电信号反馈的可视化与统一管理。

3. 技术小结

BIM 技术在建筑行业正在发挥越来越大的作用，但运维应用较少，将 BIM 技术与运维相结合，可实现直观的设备管理及维护，对项目落成后的运营有极大的帮助。目前接管 BIM 运维并无通用平台，因此平台开发费用也是一笔建设投资，项目可根据实际情况确定是否有运维的必要。

第15章 幕墙工程智能建造技术

1. 技术概况

本工程自主研发轨道吊装系统，包含轨道吊架和操作平台等部分，通过 BIM 技术对轨道吊装系统进行深化及受力验算，保证轨道平台的安全性及合理性，通过采用轨道吊装系统，提高工作效率，节省一定工期。

2. 技术要点

在二期幕墙施工过程中，项目研发轨道吊装系统，取消幕墙外脚手架。使用 8 号槽钢做轨道，轨道放置在钢梁上，吊架与轨道间采用抱轨方式连接，吊架整体尺寸 0.6m×3.5m×14.4m，吊架下端使用角钢顶住条板墙角钢，如图 15-1、图 15-2 所示。

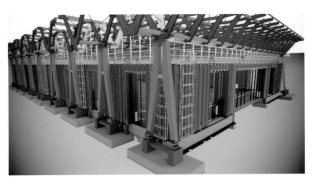

图 15-1　轨道吊装系统布置图

行走轮　防脱轨限位　悬挑支臂　防倾覆轮

图 15-2　轨道吊装系统深化详图

通过 BIM 的受力分析，保证吊装平台满足规范要求以及方案安全合理可行。

经过计算，吊架传递给轨道的最大竖向压力为 11.06kN（图 15-3）。

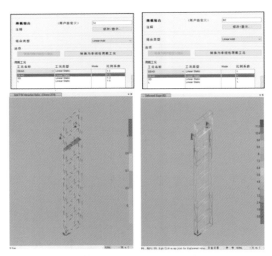

图 15-3　吊架整体计算

经计算，操作平台传递给轨道的最大压力为 3.05kN（图 15-4）。

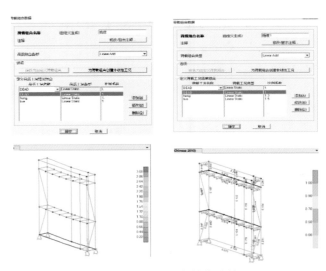

图 15-4　操作平台整体计算

经过计算整理得出，吊架整体及平台全部满足规范要求，方案安全、合理可行。

3. 技术小结

本项目创新采用轨道吊装系统代替传统外脚手架，节省了大量架体搭拆时间与费用，施工人员操作灵活，提高施工效率，避免在外墙留设大量拉节点，保证整体幕墙一次性施工的完整度。

第 16 章　屋面工程智能建造技术

1. 技术概况

整体屋面系统采用直立锁边有檩体系，即整体屋面板系统通过檩条、檩托与钢结构连接传力，檩托为焊接，檩条为栓焊，直立锁边铝镁锰板与固定支座为机械锁紧连接，如表 16-1 所示。

伞状屋面室内部分系统构造层一览表　　　　　　　　　　　表 16-1

序号	构造层次一览表（由上到下）
1	铝合金抗风夹
2	1.0mm 厚铝镁锰合金屋面板，65/400 型
3	铝合金支座
4	热镀锌几字件，L=80mm
5	1.5mm 厚 TPO 防水卷材
6	70mm 厚岩棉，自带铝箔，密度 180kg/m³
7	ϕ 1.5×30×30 镀锌钢丝网
8	180×70×20×2.2/2.0mm Z 形檩条，材质 Q355B 表面热浸镀锌，镀锌量 275g/m²
9	70mm 厚岩棉，密度 180kg/m³
10	≥ 0.6mm 厚自粘 SBS 改性沥青隔汽层
11	0.6mm 厚 YX35-190-950 型镀铝锌压型钢板

本工程紧邻渤海，秋冬季受强风影响，要求屋面构造具有强抗风揭能力。大面积金属屋面在实施过程及完成后，由于受强风影响造成构造损坏，从而影响防水、节能、安全问题，对建筑物安全、渗漏影响较大，如图 16-1 所示。

2. 技术难点

由于海鸥形屋面设计，金属屋面风荷载集中，如屋面屋脊、天沟等位置，防风处理难度大，极易受风破坏。

深化过程中进行多次抗风揭模拟及风洞试验，根据受力分析和荷载分布，优化屋面系统构造设计，选择更为合理的荷载传力体系。

通过风洞测压试验（图 16-2），得到测点平均压力系数和 50 年重现期极值风压统计值（云图）、测点平均压力系数随风向变化（云图）。极值风压以 50 年重现期基本风压为基础，风向角 10°为间隔，共 36 个风向角。风洞测压试验结果表明，建筑表面极值风压变化范围为 −4.4 ～ 1.3kN/m²。

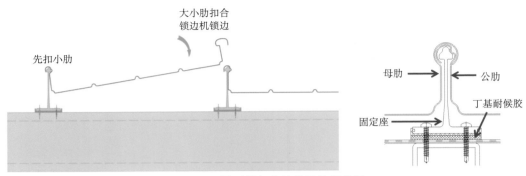

图 16-1 屋面板扣合及公母肋节点图

图 16-2 风洞测试模型

3. 技术小结

抗风揭性能的第一道保障是将原设计的无檩体系屋面优化为有檩体系屋面，保证屋面本身荷载传递和抵抗外界荷载性能。第二道保障是利用直立锁边＋抗风夹形式，增强金属屋面系统的防渗漏、抗风揭性能，锁边体系公母肋的咬合及与其固定支座的咬合。第三道保障用来缩小固定支座间距，降低屋面板承受荷载的变形。第四道保障是在金属屋面板咬合安装完成后，在屋面板顶部与固定支座相应位置安装抗风夹。

屋面屋脊、天沟等位置风荷载较集中，极易受风破坏，优化屋面系统构造，根据抗风揭试验结果适当加密檩距、抗风夹及采用其他抗风措施。

安装控制要点如下：屋面板就位，施工人员将屋面板抬到安装位置，就位时先对准板端控制线，然后将搭接边用力压入前一块板的搭接边，最后检查搭接边是否紧密接合，如图 16-3 所示。

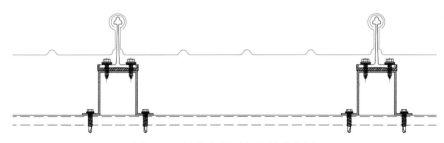

图 16-3 檩条与屋面板连接节点图

待屋面板位置调整好后，用专用电动锁边机进行锁边咬合。要求咬过的边连续、平整，不能出现扭曲和裂口。在咬边机咬合爬行的过程中，其前方 1m 范围内必须用力卡紧使搭接边接合紧密。屋面板铺设完成后，应尽快用咬边机咬合，以提高板的整体性和承载力。

试验确定抗风夹间距设置为 600mm，增大防渗漏和抗风揭效果，既可防止铝镁锰屋面板被掀起，还可通过抗风夹在金属屋面上部安装光伏太阳能等设备。由于铝镁锰屋面板连接通过直立锁边机，固定在铝合金支座上，受温度变化产生热胀冷缩作用而松弛，当遇到大风时易被掀起，安装抗风夹，可加强抗风揭，还可延长金属屋面的使用寿命。

4. 实施效果

在传统无檩体系金属屋面中，底板需承受屋面系统的全部荷载，屋面底板必须达到大波峰、大波谷、硬材质，才可满足抗弯、承载及强度要求，构造层和保温、防水等功能层交叉施工，隐蔽验收难度大，结构受力体系质量隐患大。优化后的有檩体系金属屋面底板采用吊挂安装方式，底板仅作为下层岩棉支撑层，上层荷载传递明确，隐蔽验收方便，质量控制难度小。无檩体系金属屋面底板波峰大、波谷大，施工过程中易破坏隔汽膜、保温层，成品保护效果差，施工过程中成品保护难度大。优化后的屋面系统，隔汽膜与屋面底板粘贴等操作简便，施工质量好，成品保护效果较好。

第 17 章　多专业协同的创新管理模式

17.1 "2+3" 管理模式

1. 技术概况

"2+3" 管理模式，即使用较为成熟的 BIM 技术对项目进行全方位应用及现场综合管理，通过在施工项目施行 BIM 技术的"全体管理人员使用、全专业协同工作、全过程模拟应用"的管理方法，以及 BIM 应用管理平台及智慧工地综合管理平台相互配合的平台管理手段，提升总承包的综合管控能力。

2. 技术要点

为了打造本项目以数字化管理为理念，以信息模型为核心的管理模式，项目使用 BIM 管理平台进行数据化维度的整体管控，累计上传 163 个，共计 11.2GB 的轻量化模型，录入相关工程资料 114521 份，如图 17.1-1、图 17.1-2 所示。

为解决现场施工范围广、管控要点多、信息反馈不及时的问题，本项目使用平台从信息的可视化维度进行管理，从人员车辆、违规行为、大型机械及绿色施工等方面的信息进行智能化采集分析，清晰把控现场动态，所见即所控，打造智慧工程，如图 17.1-3、图 17.1-4 所示。

首先，应做好全员的管理。建立好人员的交流沟通体系，是数字化管理的基础，项目通过全员培训，制订责任人制度，根据职责分工设置相应权限，统一以总承包为主的五方管理平台为中心进行高效工作协同，如图 17.1-5 所示。

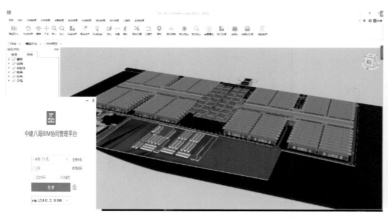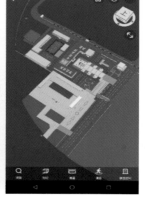

图 17.1-1　BIM 管理平台

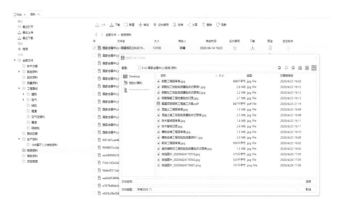
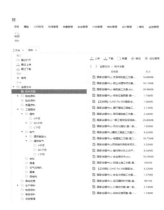

图 17.1-2　平台资料收集

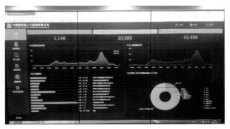

图 17.1-3　人员车辆管理

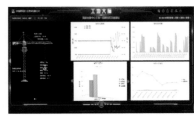

图 17.1-4　平台机械管理

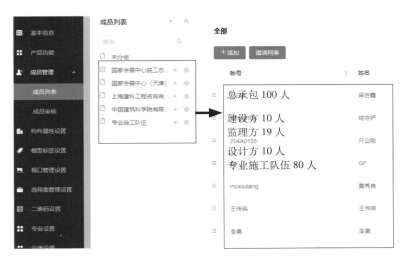

图 17.1-5　平台成员列表

其次，应做全过程的追踪。项目针对进度、质量、材料、安装、成本、资料，建立数据化的追踪体系，依托平台进行管理；通过形象监测、质量溯源，保证对进度质量的追踪，通过把控材料清单、及时更新安装信息，实现对材料、安装的追踪；通过曲线分析、审核资料与模型关联的完整性，完成对成本、资料的追踪；最后，是全专业的覆盖。

本工程在开工伊始，即进行了全专业施工的整体推演，明确了各专业的施工节点及插入时间，以 BIM 技术为手段开展工程施工的方案策划，解决了工期及百余家参建单位交叉施工的复杂问题。

3. 技术小结

为保证项目可以高效地建造，项目创新性地提出了"2+3"的管理理念，即以模型数据化、信息可视化的管理维度为核心，打造全员、全过程、全专业的 BIM 施工总承包管理体系，以信息化平台为纽带，实现工程建设的"程序化、标准化、信息化、科学化、常态化"。

17.2 基于云平台的孪生项目信息共享

1. 技术概况

BIM 的传统概念是基于模型的建筑信息技术，以时间为导向的建筑整体信息称为建筑的全生命周期。而在此基础上，本项目将探索基于 BIM 信息技术、以建筑各阶段横向特点为导向的数据"装配式"发展，将信息数据碎片化重组，形成新的工程核心数据库，即孪生项目的信息传递和数据共享；通过国家会展中心（天津）一期工程的建造经验成果信息向工程二期的高效传递进行探索，以提高二期工程的整体建造效率和品质；通过信息数据的交流和共享建立资源库，建立企业甚至行业的数据生态。

创新难：一期项目在 BIM 方面取得了丰硕的成果，虽然这是一个很好的成绩，但是对于二期项目来说，很难再继续进行创新。

技术的局限性：在一期项目中，BIM 依然是作为一种技术工具，来辅助项目实施，其本身所体现的价值并不直观，所获得的效益并不明显，二期项目将探索一种全新的模式，来解决项目乃至整个行业的痛点。

重复即浪费：一期项目在各方面都付出了巨大的努力，如果二期项目又重复进行一遍一期的工作，将是一种巨大的资源浪费。

2. 技术要点

1）载体模型传递

BIM 技术以模型为信息载体，数据模型的准确性和完整性将直接影响工程数据传递的时效性和可靠性。为此，工程以两期项目的差异性为主题组织了专项设计交底，并通过交底内容与施工蓝图进行了全方位的差异性分析，根据分析结果，将模型按传递形式分为 A、B、C 三个类型。通过项目编制的模型传递标准进行传递，并根据一期项目规定的模型命名、交付标准进行拓展，增加模型区域数据代码，即 NQ（南区）、BQ（北区）、PT（配套）等区域前缀，其他编号形式保持不变，既保证了模型编码的唯一性，又满足了工程的整体统一性，如图 17.2-1 所示。

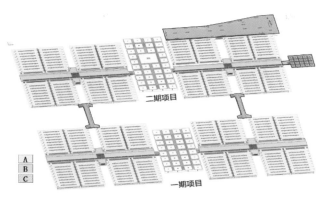

图 17.2-1　模型传递类型分区

工程传递的 A 类模型（图 17.2-2），即两期结构、功能形式完全一致的相同模型，可以进行最直接的模型信息传递。

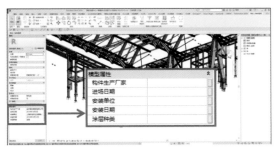

图 17.2-2　项目信息传递

工程传递的 B 类模型（图 17.2-3），即结构形式基本相同，但功能区域产生细部变更的模型，需要经过修改才能进行模型信息传递；

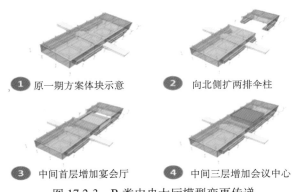

① 原一期方案体块示意　② 向北侧扩两排伞柱
③ 中间首层增加宴会厅　④ 中间三层增加会议中心

图 17.2-3　B 类中央大厅模型变更传递

工程传递的 C 类模型（图 17.2-4），即新增功能区域模型，需要建立全新的模型。

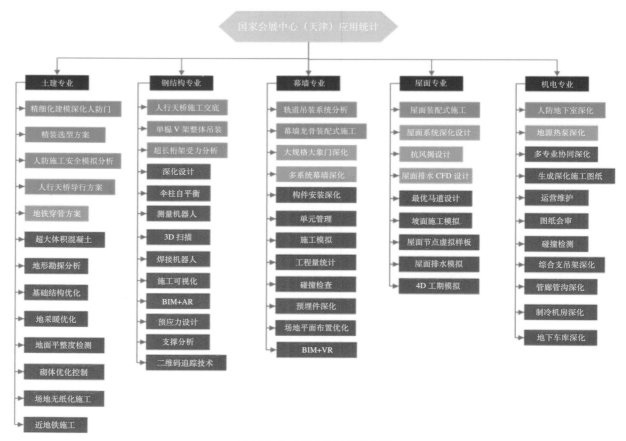

图 17.2-4　C 类东入口大厅构件模型传递

通过信息模型的分类传递，提高各专业模型完善、深化效率平均近 75%，显著提高工作效率，为二期项目的现场实施奠定了基础。

2）应用及方案数据的传递

作为孪生项目，两期工程的高度相似，施工技术方案及 BIM 应用数据（图 17.2-5）作为一期项目的重要实施成果，其信息的传递具有很强的可复制性和可靠性；同时，工程项目又存在独特性和唯一性，所以在过程实施中，技术方案及应用需要根据一、二期项目特点的差别进行补充设计，以满足二期工程的整体施工组织设计。

国家会展中心（天津）应用统计

土建专业	钢结构专业	幕墙专业	屋面专业	机电专业
精细化建模深化人防门	人行天桥施工交底	轨道吊装系统分析	屋面装配式施工	人防地下室深化
精装选型方案	单榀 V 架整体吊装	幕墙龙骨装配式施工	屋面系统深化设计	地源热泵深化
人防施工安全模拟分析	超长桁架受力分析	大规格大象门深化	抗风揭设计	多专业协同深化
人行天桥导行方案	深化设计	多系统幕墙深化	屋面排水 CFD 设计	生成深化施工图纸
地铁穿管方案	伞柱自平衡	构件安装深化	最优马道设计	运营维护
超大体积混凝土	测量机器人	单元管理	坡面施工模拟	图纸会审
地形勘探分析	3D 扫描	施工模拟	屋面节点虚拟样板	碰撞检测
基础结构优化	焊接机器人	工程量统计	屋面排水模拟	综合支吊架深化
地采暖优化	施工可视化	碰撞检查	4D 工期模拟	管廊管沟深化
地面平整度检测	BIM+AR	预埋件深化		制冷机房深化
砌体优化控制	预应力设计	场地平面布置优化		地下车库深化
场地无纸化施工	支撑分析	BIM+VR		
近地铁施工	二维码追踪技术			

图 17.2-5　BIM 应用传递汇总

例如，展厅区域钢结构桁架吊装方案的应用传递中，桁架整体吊装采用展厅每榀桁架分三段通过 350t 履带式起重机吊装，每段桁架地面胎架拼装的施工方案，但由于二期项目新增人防结构区域（图 17.2-6），与其相邻的展厅间距仅为 8m，不满足 18m 的履带式起重机工作半径，且人防区域无法承受履带式起重机的荷载，该展厅最后一榀桁架的吊装不适用原吊装方案，于是通过补充方案，调整桁架的连接位置（图 17.2-7），为最后一榀桁架设计提升支架，采用整体提升的方式进行施工，节约施工周期 18d，提升 26.6% 的施工效率。

图 17.2-6　展厅与人防区施工场地

一期单段 V 形桁架　　　　　二期单段 V 形桁架

图 17.2-7　单段桁架吊装变更

一期项目完成施工技术方案 118 项，二期项目完成施工技术方案 86 项，其中 60 项通过平台直接传递使用，占二期方案总量的 71%；二期工程实施的 59 类 BIM 技术应用，其中 48 类技术应用通过衍生在二期实施，占比 81%；通过应用、方案的高效传递，并根据项目特点进行补充设计的方式，极大地提升了二期项目技术人员的工作效率，如图 17.2-8 所示。

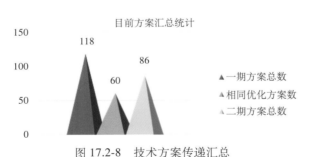

图 17.2-8　技术方案传递汇总

3）质量及安全信息的传递

施工质量及安全管理的经验方法是在工程建设过程中形成的成果，其数据大多体现在形成的成果文件中，也有少量成果作为经验只通过管理过程中的细节保留下来，收集、整理质量、安全管理的细节问题，也是工程建设中传递的重要数据信息。

项目在一、二期工程数据传递的过程中，通过 BIM 管理平台收集、整理一期建设过程中出现次数、频率较高的质量、安全问题，并进行汇总，扩展质量、安全管理手册内容，将形成的经验成果文件与模型进行关联，方便相关管理人员在建设过程中进行查阅，根据安全管理经验在平台中标记模型重点区域作为安全管控的要点供安全人员监管；同时，举办质量交流会，定期到一期项目进行实体观摩学习，总结经验，利用一期工程的实体建设优势，将一期项目作为二期项目的实体样板进行学习和使用，既可减轻管理人员的工作量，又可精准应对可能出现的问题，提高整体管控力度，如图 17.2-9 所示。

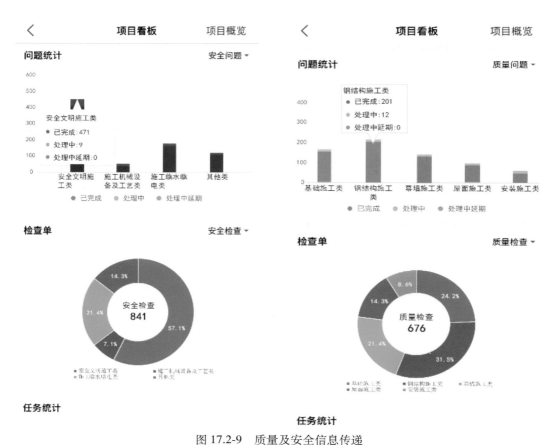

图 17.2-9　质量及安全信息传递

4）建设资源的共享

在工程建设中，劳动力、物料、机械设备等资源对施工进度、质量、安全等都会产生显著的影响。因此，企业都会建立自己的资源库，但如何更加精准地针对特定项目、特定专业甚至特定技术进行资源共享，一直是工程人员去探索和实现的问题。

在工程中，以一期项目 BIM 管理平台及智慧工地管理平台的管理痕迹为依据，提取相关数据为二期的项目管理提供支持。如人员的管理中，通过一期项目安装的 AI 智能违章采集系统采集的数据，建立不安全行为记录黑名单，对在一期项目中违章采集匹配数量达到 10 次的现场施工人员，将禁止进入二期项目的施工现场参与建设，提高现场施工人员安全意识，杜绝安全事故发生；同时，通过智慧工地平台采集的各劳务班组出勤表、岗位能手考评、施工进度和质量考核等数据进行整理，制作各阶段、各专业劳务班组综合评分表，得分高于90分的劳务班组将直接推荐进行二期项目施工，以提高二期项目施工效率，如图 17.2-10 所示。

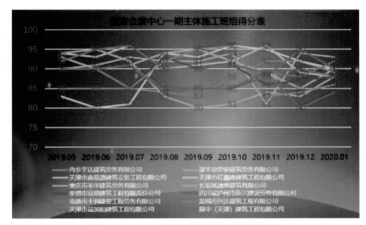

图 17.2-10 劳务班组考核综合评比

通过劳动力资源数据整理分析，累计从一期项目向二期项目传递优秀施工班组 37 个，在二期劳务班组中占比 52%，通过筛选重组二期施工劳动力资源，整体提升劳务素质水平，优化劳动力结构，提高项目管控能力，如图 17.2-11 所示。

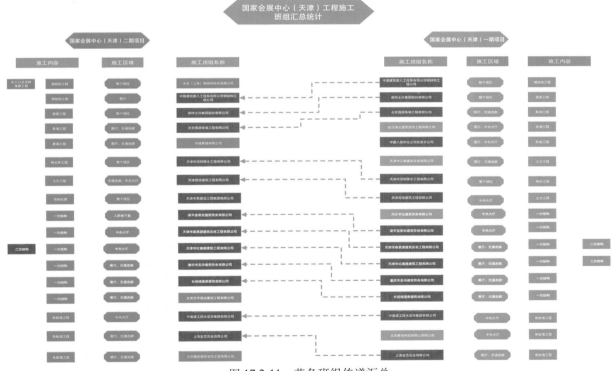

图 17.2-11 劳务班组传递汇总

3. 技术小结

一、二期项目为孪生项目，有其工程的特殊性，项目相似度极高，在施工数据、经验等传递过程中有着天然的优势，其信息数据的传递应用就显得更加可靠，这也是项目管理过程中一定范围内的数据传递取得成功的关键因素。此外，其以 BIM 为基础的信息数据传递模式、方法，以及工程信息数据如何根据项目的特点"因地制宜"产生价值的实践，也为工程人员探索企业"数据装配式"建设提供了宝贵的经验和数据。

第 4 篇
大型会展创新施工技术

第 18 章　地基基础工程创新施工技术

18.1　泥浆固化改良再利用施工技术

1. 技术概况

项目一期展馆区展厅地面加固采用 $\phi 400$ 的高强预应力混凝土管桩，桩长约 23m，19868 根，共计约 45.7 万 m；展厅人字柱基础及其他部位采用钻孔灌注桩基础，桩径 600mm、800mm，桩长 28.7 ~ 40.5m，总桩数为 8338 根，总混凝土方量约 14.2 万 m^3，泥浆排放量约 40 万 m^3，桩基施工阶段日均泥浆产出量超过 1 万 m^3。

2. 重难点分析

桩基施工泥浆产出量大，然而泥浆卸地限额排放，运输困难，对泥浆的处理直接制约工程进度。如何利用泥浆分离技术，减少水资源的投入，进而减少废弃泥浆外运，消除废弃泥浆对环境的影响，同时满足现场回填土方需求，成为本项目需要解决的重点课题之一。

本工程场地原为水塘、耕地，经初步填垫形成，场地标高比设计标高低 1.4m，在桩基施工后期即需进行展厅部位的灰土回填，缺土量达 7.2 万 m^3，土方资源严重匮乏。

3. 采取措施

在泥浆循环利用的基础上，对最终废弃的泥浆采用免压滤直接分离固化技术，以实现对大体量废弃泥浆的处理。

1）工艺原理

利用规划室外展场区域进行固化系统的布置，通过设备组合，将固化剂充分搅拌成溶液与最终废弃的泥浆充分融合，在固化池内养护 3 ~ 7d，待强度满足回填要求后挖出转运至待回填场地；亦可根据回填需要，直接将融合废浆和固化剂的混合液泵送至回填场地，形成自密实回填土。

固化剂的主要成分为水泥、硫酸铝、石膏粉和氯化钙。经室内试验试配和现场调整，将上述成分按照一定比例混合均匀，制成固化剂溶液，液体状的固化剂经静态处理器可与泥浆充分融合反应，如图 18.1-1 所示。

经过泥浆固化分离工艺，可将废弃泥浆转化成轻质土复合物用于场地回填，将析出的清水回流，继续用作桩基施工用水，或用于现场降尘使用。

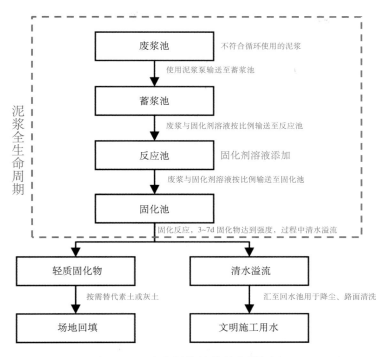

图 18.1-1　废弃泥浆的处理流程如图

2）固化系统布置

固化系统布置包括固化剂储存系统、固化剂搅拌系统、废浆储存系统、废浆固化拌合系统、废浆固化养护系统。

通过泥浆的减量化循环利用，最终废弃的泥浆日产生量约 5000m³，对最终废弃的泥浆采用免压滤直接固化工艺，设置 2 套固化剂储存系统、2 套固化剂搅拌系统、2 处下沉式废浆池、21 处固化养生池，按 7d 一个循环，可实现日处理废浆 4500m³，最大单循环固化能力 3.15 万 m³。基本满足对最终废弃泥浆的处理需要，如图 18.1-2 所示。

图 18.1-2　泥浆固化分离工艺布置图

3）技术实施要点

按照设计方案，确定所需回填土强度后，进行配比试验，选择合适的场地布置泥浆处理系统，本工程选择前期施工不受影响的室外展场区域，设置固化系统，如图 18.1-3 所示。

图 18.1-3　泥浆直接固化工艺实景图

废弃泥浆储备系统选用下沉式泥浆池，固化剂搅拌系统选用集成式拌合系统，可有效保证现场文明施工，如图 18.1-4 所示。

静态混合系统选用三通连接装置，循环管内设置螺旋片，可将固化剂溶液与废弃泥浆充分融合，如图 18.1-5 所示。

图 18.1-4　固化剂存储拌合系统

图 18.1-5　固化剂溶液与废弃泥浆通过设备融合

将混合后的溶液泵送至养护池内自然养护，根据不同的使用需要，养护 3 ～ 7d，土体状态如图 18.1-6 所示。

将泥浆固化形成的轻质土复合物替代灰土用于展厅部位场地回填，实现了废弃泥浆的资源化利用，以及固化过程中析出水的可循环利用。

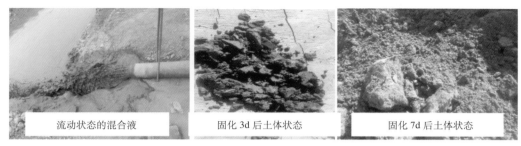

| 流动状态的混合液 | 固化 3d 后土体状态 | 固化 7d 后土体状态 |

图 18.1-6　混合液不同龄期状态

4. 技术小结

国家会展中心（天津）一期工程中应用废弃泥浆免压滤直接固化的工艺，减少了水资源的投入，消除了泥浆卸地受限的影响，避免泥浆外运对环境的负面影响，同时加快了桩基施工进度、固化后的产物完全满足场地回填需要，该技术的实施实现了废弃泥浆的资源化利用，对其他类似工程具有借鉴意义。

18.2　近地铁施工水位监测回灌智能控制技术

1. 技术概况

本项目紧邻运营地铁线路，施工期间难免对地下水位产生影响，其中基坑开挖、降水、桩基施工地下承压水位的影响最大。如若地下承压水水位大幅降低，会影响到地铁盾构区间的沉降，进而影响到其结构的安全性。在项目施工期间，采用承压水水位监测及回灌控制技术严密监控地下水位。如果承压水水位降低，启动应急回灌，保证承压水水位安全可控，避免对地铁结构造成影响。

2. 采取措施

1）观测井和回灌井的设计

观测井的选择需要根据附近孔的地质资料来确定，钻孔深度在含水层之间，即穿透上层隔水层，进入含水层，但不穿透下层隔水层。地下水位监测点应沿基坑、被保护对象的周边或在基坑与被保护对象之间布置，相邻建筑、重要的管线或管线密集处应布置水位监测点；拟布置6口观测井（第一承压水和第二承压水各3口）。

回灌井应重点布置在隧道与车站连接部位及隧道区间，以第一承压水回灌为主。观测井和回灌井的做法和布置情况如图 18.2-1 所示，其平面布置如图 18.2-2 所示。

2）水位监测及回灌

将投入式液位计放入观测井、回灌井中，并连接到控制箱，测得水位后反馈至控制箱。将回灌水管与现场临水管连接并调试，使其能够正常通水。

将排水管安放于回灌井内，另一端延伸至市政管线或排水沟。将智能水表和电磁阀安装于各水管之上，并连接到控制箱，近地铁施工地下水位智能监控系统即安装完成。

开启控制箱上的开关之后，若观测井中的液位计检测到水位下降一定数值，控制箱即发出预警，并自动开启回灌按钮。开启后，回灌水管上的电磁阀打开，开始回灌；回灌至观测井中水位回升至一定值后，自动关闭回灌按钮，停止回灌，如图 18.2-3 所示。

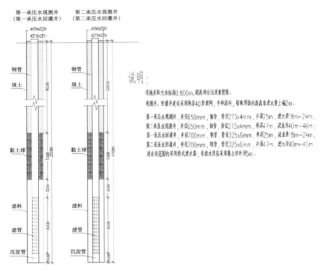

图 18.2-1 观测井与回灌井做法大样图

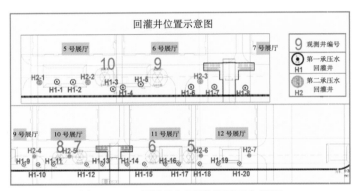

图 18.2-2 观测井与回灌井平面布置图

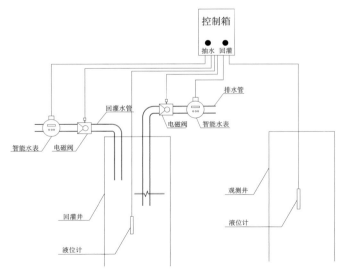

图 18.2-3 水位监测及回灌控制体系示意图

3. 技术小结

本技术的应用，使得开启控制箱开关后，水位观测和回灌即自动进行，不用人工进行水位观测以及应急回灌，仅安排一人值班即可，大大节省了人力投入；对地下承压水位进行密切监控，如有必要，可立即开始应急回灌，有效保证了地下承压水位的稳定，保障了近地铁施工期间地铁结构的安全。

18.3　海河故道地层被动式降水土方开挖施工技术

1. 技术概况

本项目紧邻天津地铁 1 号线，人防地下室共包括地下 2 层。人防地下室施工涉及基坑开挖和基坑降水作业。由于施工区域距离地铁结构较近，为防止降水对地下水位造成影响，间接地对地铁结构造成影响，不允许主动抽降水，将严重制约施工。采用土方开挖 + 被动式降水施工技术，可大幅度避免主动降水，将降水对地下水位的影响降到最低，保证地下水位的稳定，确保地铁结构的安全。

2. 采取措施

在施工降水井时，使降水井底标高位于地下室底板的底标高处，限制主动降水，仅将水位降至底板标高。待开挖至底板标高时，开挖盲沟、支沟以及集水井，其标高低于底板标高 500mm，使地下水汇入盲沟，最终汇集于集水井，通过水泵抽排，使得水位被动降低，最大限度地减少对地下水的扰动，保证地铁结构的安全。

第19章　钢结构工程创新施工技术

19.1　空间受限下大跨度钢结构整体提升技术

1. 技术概况

展厅屋盖为四弦凹形桁架大跨度钢结构，跨度为84m，屋面结构高23.28m，屋面单元平面尺寸为186.36m×159.7m。提升区域为13～16号展厅D～X轴，以A、B类人字柱为支撑点，单榀提升总质量为204t，提升高度16.7m，采用超大型构件液压同步提升技术，将地面原位拼装的桁架整体提升至设计位置。

2. 技术难点

场地狭小，整体提升施工区域北侧紧挨人防深基坑区域，土质疏松，大型机械无法站位行走。

单榀提升桁架跨度84m，质量204t，需要保持两侧同步提升和卸载，保证泵站同一电机的各个吊点受载均匀。

3. 技术要点

1) 施工工艺流程（表19.1-1）

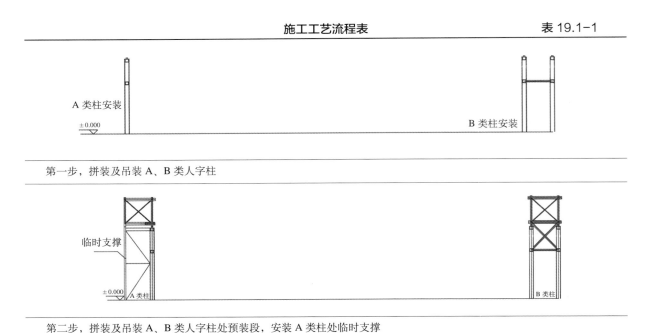

施工工艺流程表	表 19.1-1

第一步，拼装及吊装A、B类人字柱

第二步，拼装及吊装A、B类人字柱处预装段，安装A类柱处临时支撑

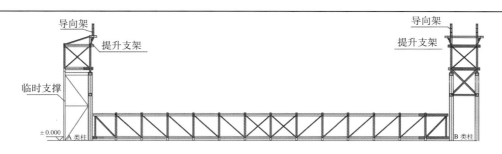

第三步，在桁架结构的正下方拼装提升段，在预装段顶部设置提升支架、导向架等临时措施

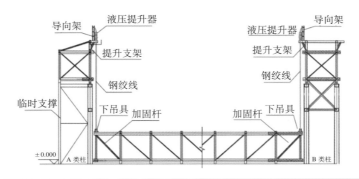

第四步，在提升架上布置提升器、钢绞线，在提升段布置下吊具，在桁架侧面布置液压泵源系统，连接液压油管、布设通讯信号线等液压提升设备设施

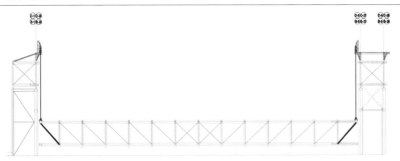

第五步，提升段验收、临时结构验收；液压提升器、液压泵源、同步控制系统整体调试；确认无误后，依次加载20%、40%、60%、80%、100%至结构离地10cm，如有必要"单点"微调，停留12h；各方面确认正常后，正式提升作业，期间每间隔5m测量其各吊点提升高度，吊点微调处理，提升过程中确保提升通道的畅通

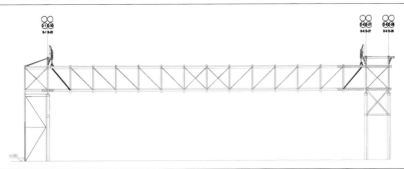

第六步，缓慢提升到桁架结构设计位置，锁紧液压提升器，复测各吊点提升高度，确保达到设计要求

2）提升支架安装

提升支架借助展厅两侧 A、B 类人字柱进行加固安装。

A 类人字柱加固措施如图 19.1-1 ～ 图 19.1-4 所示。

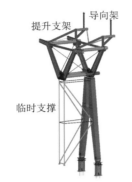

图 19.1-1　A 类人字柱柱顶提升支架

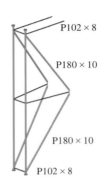

图 19.1-2　A 类临时支架主材规格

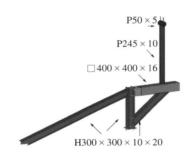

图 19.1-3　A 类提升支架、导向架主材规格

图 19.1-4　液压提升器

B 类人字柱加固措施如图 19.1-5、图 19.1-6 所示。

图 19.1-5　B 类人字柱处临时措施

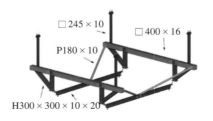

图 19.1-6　B 类提升支架、导向架主材规格

　　3）提升设备组装

　　本工程的主要提升设备分为液压同步整体提升技术与钢绞线。

　　液压同步整体提升技术，主要设备由以下三部分组成。

　　（1）TJJ-2000 型液压提升器：结合本工程的提升工况配置液压提升器，每吊点配置 1 台 TJJ-2000 型液压提升器，单台额定提升能力 200t，工程配置液压提升器总提升能力为 200×4=800（t），提升裕度系数为 800/300=2.7。

　　（2）TJV-30 型液压泵源系统：液压泵源系统数量依照提升器数量和参考各吊点反力值选取，提升钢结构时，共计配置 2 台 TJV-30 型液压泵源系统，每台泵源控制 2 台 TJJ-2000 型液压提升器。

　　（3）YT-1 型计算机同步控制系统：依据提升器及泵源系统，配置一套 YT-1 型计算机同步控制及传感检测系统。

　　（4）钢绞线：钢绞线作为柔性承重索具，采用高强度低松弛预应力钢绞线。根据桁架结构质量及液压提升器配置，TJJ-2000 型液压提升器选取直径为 15.20mm，破断力为 26t/ 根的钢绞线。钢绞线相关性能参数如表 19.1-2 所示。

<table>
<tr><td colspan="3">**钢绞线相关性能参数**</td><td>表 19.1-2</td></tr>
<tr><td rowspan="2">序号</td><td rowspan="2">项目名称</td><td colspan="2">内容</td></tr>
<tr><td colspan="2">TJJ-2000 型液压提升器使用钢绞线规格参数</td></tr>
<tr><td>1</td><td>名称</td><td colspan="2">低松弛预应力钢绞线</td></tr>
<tr><td>2</td><td>标准号</td><td colspan="2">ASTM416-1998</td></tr>
<tr><td>3</td><td>公称直径</td><td colspan="2">15.20mm（15.24mm）</td></tr>
<tr><td>4</td><td>捻向</td><td colspan="2">左或右</td></tr>
<tr><td>5</td><td>强度级别</td><td colspan="2">1860MPa</td></tr>
<tr><td>6</td><td>钢号</td><td colspan="2">SWRH82B</td></tr>
<tr><td>7</td><td>破断力</td><td colspan="2">260kN</td></tr>
<tr><td>8</td><td>延伸率</td><td colspan="2">4.5%</td></tr>
<tr><td>9</td><td>模量</td><td colspan="2">195GPa</td></tr>
<tr><td>10</td><td>1000h 松弛</td><td colspan="2">≤ 2.5%</td></tr>
</table>

　　4）屋面桁架整体提升

　　（1）提升同步控制策略：为确保结构在提升过程中的安全性，根据提升吊点的布置，采用"吊点油压均衡，结构姿态调整，位移同步控制，分级卸载就位"的同步提升和卸载就位控制策略。控制系统根据上述控制策略和特定算法实现对钢结构的提升姿态控制与荷载控制。在提升过程中，从保证结构吊装安全角度来看，应满足以下要求：①保证泵站同一电机的各个吊点受载均匀；②保证提升结构的空中稳定，即要求各个吊点在提升过程中能够保持同步。

根据以上要求，制订如下的控制策略：在提升器油缸处设置位移传感器，测量油缸的伸出长度，当油缸最大伸出长度与最小伸出长度之差超过设定值（20mm）时，系统自动暂停较快的提升器，待所有提升器伸出长度一致时，系统恢复所有提升器共同工作。

（2）提升前准备及检查：结构提升之前，应对提升系统及设备进行全面检查及调试工作。

提升器：伸缩提升器主油缸，检查 A 腔、B 腔的油管连接是否正确，检查截止阀能否截止对应的油缸。

导向架：导向架与提升器的安装牢固，导出钢绞线顺畅。

钢绞线：作为承重系统，在提升前，应派专人进行认真检查，钢绞线不得有松股、弯折、错位，外表不能有电焊疤。

地锚：吊具安装无误，锚片能够锁紧钢绞线。

传感器：包括行程传感器，锚具缸传感器，位移传感器。按动各油缸行程传感器的 2L、2L¯、L⁺、L 和锚具缸的 SM、XM 的行程开关，使主控制器中相应的信号灯发信。

临时设施：检查上吊点及下吊点等的安装、牢固情况；提升构件加固情况；结构正式提升时障碍物的清除等。

（3）试提升要求如下。

通过试提升过程中对钢结构、提升设施、提升设备系统的观察和监测，确认符合模拟工况计算和设计条件，保证提升过程的安全。

以主体结构理论载荷为依据，各提升吊点处的提升设备进行分级加载，依次加载到 20%、40%、60%、80%，确认各部分无异常的情况下，可继续加载入 90%、100%，直至钢结构全部离地。

每次分级加载后，均应检查相关受力点的结构状态，应通过全站仪跟踪监测桁架的高差及下挠，并将加载过程中的各项监测数据做好完整记录（对比计算模拟参数）。

当分级加载至钢结构即将离开拼装胎架（或地面）时，可能存在各点不同时离地，此时应降低提升速度，并密切观察各点离地情况，必要时做"单点动"提升，确保结构离地平稳，各点同步。

分级加载完毕，结构提升离开拼装胎架约 100mm 后暂停，停留 12h 做全面检查，停留期间组织专业人员对提升支架、钢结构、提升吊具、连接部件及各提升设备进行专项检查，包括临时支撑焊缝、受力状态、提升结构的主焊缝、受力状态、提升设备的状况。

停留期完毕后，各专业组对检查结果进行汇总，并经起吊指挥部审核确认无任何隐患和问题后，由总指挥下达正式提升命令。

（4）正式提升要求如下。

"液压同步提升技术"采用液压提升器作为提升机具，柔性钢绞线作为承重索具，液压提升器为穿芯式结构，以钢绞线作为提升索具，有着安全、可靠、承重件自身质量轻、运输安装方便、中间不必镶接等一系列独特优点。

液压提升器两端的楔形锚具具有单向自锁作用。当锚具工作（紧）时，会自动锁紧钢绞线；锚具不工作（松）时，放开钢绞线，钢绞线可上下活动。

液压提升过程如表 19.1-3 所示，一个流程为液压提升器一个行程，行程为 250mm。当液压提升器周期重复动作时，被提升重物则一步一步向前移动。

正式提升油缸过程　　　　　　　　　　　　　　　　　　　表 19.1-3

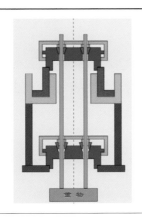	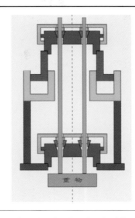
第一步：上锚紧，夹紧钢绞线	第二步：提升器提升重物
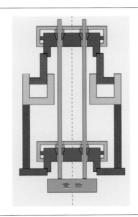	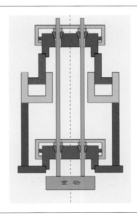
第三步：下锚紧，夹紧钢绞线	第四步：主油缸微缩，上锚片脱开
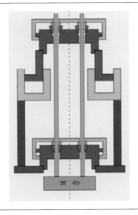	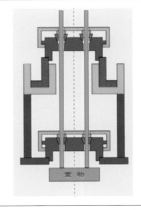
第五步：上锚缸上升，上锚全松	第六步：主油缸回缩至原位

（5）分级卸载步骤如下：与提升工况相同，卸载时也为同步分级卸载，依次卸载 20%、40%、60%、80%，在确认各部分无异常的情况下，可继续卸载至 100%，即提升器钢绞线不再受力，结构载荷完全转移至基础，结构受力形式转化为设计工况。拆除临时加固杆件、临时设施。

（6）桁架就位时，应调整允许范围。在液压提升过程中，必须确保上吊点（提升器）和下吊点（地锚）之间连接的钢绞线始终垂直，亦即要求提升支架上吊点和桁架下弦杆的下吊点在初始定位时确保精确。根据提升器内锚具缸与钢绞线的夹紧方式以及试验数据，一般将上、下吊点的偏移角度控制在 1.5° 以内。

4. 实施效果

项目通过空间受限下大跨度钢结构整体提升技术的实施，成功解决了场地狭小及超重大跨度桁架的吊装作业，如图 19.1-7 所示。

图 19.1-7　桁架整体提升实施

19.2　复杂工况超重异形人行天桥施工技术

19.2.1　技术概况

国家会展中心（天津）工程二期项目共两座人行天桥，位于国展一期和二期之间，南北跨越市政道路国展大道，横跨地铁出入口。桥长均为 157.0m，最大跨度为 90.2m，最大吊装质量约 60t（下弦杆）。桥上部结构为钢桁架，材料等级 Q345qD，个别构件采用 Q420qD，最大板厚 50mm，弦杆均为箱形梁，桁架之间设置水平构件连接，并设置水平撑。钢结构主要由主构件（桁架）、次构件（水平横杆、水平斜撑、钢次梁、平台板等）、楼梯等附属结构组成，如图 19.2-1 所示。

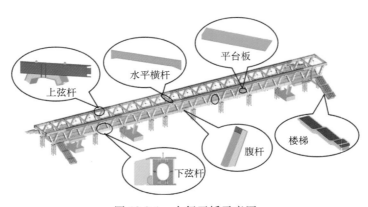

图 19.2-1　人行天桥示意图

19.2.2　技术难点

单根构件超宽超重，分段后部分散件存在超重（39t）、超宽（4.46m）的问题，常规物流车辆无法满足运输条件。

人行天桥最大跨度 90.2m，存在占路施工，两座人行天桥横跨城市主干道海沽路，施工过程影响市政道路车辆通行，施工范围内存在既有障碍物（地铁出站口、高压线、路牙石等）影响安装，施工过程变量多。

焊接难度大，天桥钢结构板厚 8～50mm，存在大量厚板焊接，且桥梁焊接质量等级要求高，焊接质量控制是重点。

19.2.3　技术要点

1. 施工工艺流程（表 19.2-1）

施工工艺流程　　　　　　　　　　　　　　　　表 19.2-1

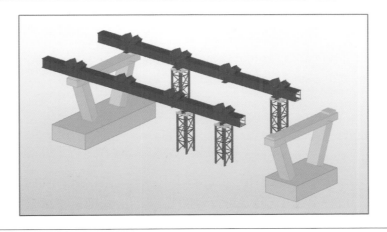

第一步，人行天桥第一阶段施工，跨地铁站出入口位置支撑胎架及主桁架下弦杆安装

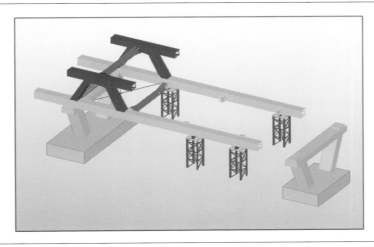

第二步，人行天桥第一阶段第一组主桁架 K 形吊装单元同步安装，同时连接桁架间次构件形成稳定吊装单元

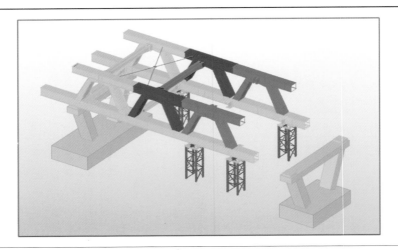

第三步，人行天桥第一阶段 K 形吊装单元依次安装

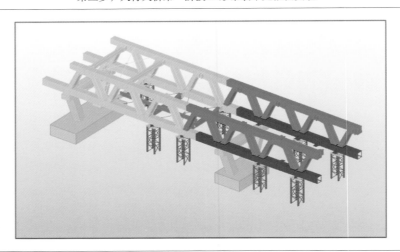

第四步，人行天桥第一阶段下横杆等次构件安装，主构件继续推进施工

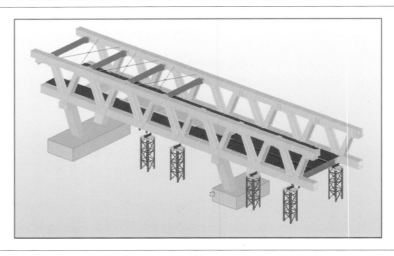

第五步，人行天桥第一阶段钢板桥面、上横杆等次构件安装

续表

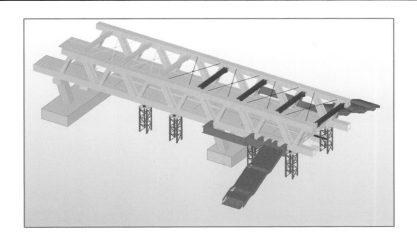

第六步，第一阶段次构件及楼梯、平台等附属构件安装，人行天桥第一阶段主、次构件施工完成

第七步，第二阶段封路、施工

第八步，第三阶段封路、施工

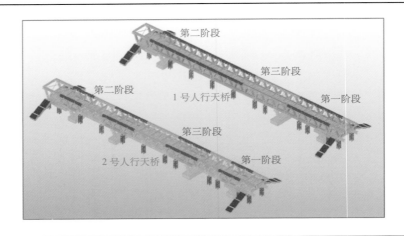

第九步，两座桥同时同步分阶段施工完成，解除封路

2. 分段导行分段施工

1号、2号人行天桥横跨市政国展大道，1号桥跨越已运营地铁D出入口。为了保证市政国展大道通行、项目施工安全及工期的要求下，采用以道路中心线为界、主结构分阶段施工、市政道路分阶段通行的施工方法，如图19.2-2所示。

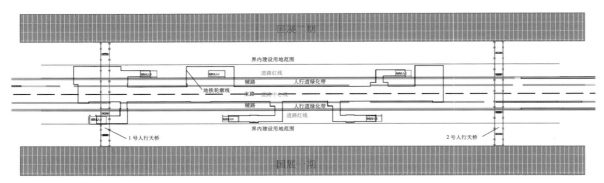

图19.2-2 1号、2号人行天桥布置图

根据现场实际情况，构件分阶段进场、施工场地分阶段导行，支撑格构柱搭设，下弦杆分段吊装，上弦杆及腹杆组合成K形单元吊装；施工分为三个阶段，第一阶段靠近国展一期，第二阶段靠近国展二期，第三阶段合龙段位于国展大道上方。各阶段按照"支撑格构柱搭设—主构件—连接次构件—附属结构"的顺序进行安装，待天桥结构全部焊接安装完成，最后进行支撑格构柱卸载，并解除封路，如图19.2-3所示。

3. K形单元体地面拼装

在上述施工准备的基础上，采用全站仪和水准仪进行基础复核及标高校正，并进行下弦杆两端支撑柱的安装。

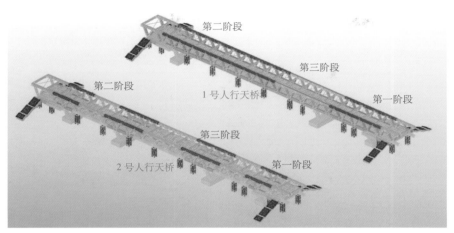

图 19.2-3　天桥施工阶段分布图

1）K 形单元体地面拼装胎架制作

采用 H 型钢与方钢管制作如图 19.2-4 所示的拼装胎架，拼装胎架保证 K 形单元体拼装地面平整度。因工程项目的不同，拼装胎架可根据实际情况制作不同类型。其布置图与三维效果图见图 19.2-5。

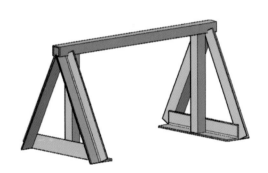

图 19.2-4　拼装胎架三维图

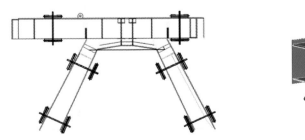
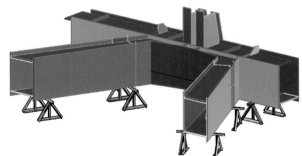

图 19.2-5　K 形单元胎架布置图与三维效果图

2）K形单元体地面拼装

K形单元体由上弦杆与腹杆拼装而成（图19.2-6），箱形桁架杆件内部由相对密集的通长加劲肋焊接在箱体翼缘板及腹板上，且加劲肋的分段同箱体主体齐口断开，并且过人孔与箱形桁架形成"方洞套圆洞"（图19.2-7），部分孔洞错位排列。在对接时，加劲肋被箱体翼缘板及腹板封闭在箱体内部，导致焊接难度大，难以控制焊接质量。经过设计确认及项目部研究，取消所有桥桁架杆件上的仰焊缝，并在箱形桁架上开设"盖板"进行焊接，如图19.2-8、图19.2-9所示。

图 19.2-6　上弦杆与腹杆图

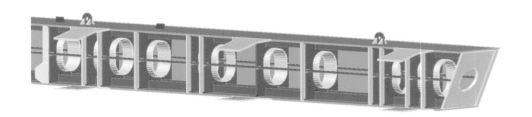

图 19.2-7　巨型桁架上下弦杆内部复杂构造图

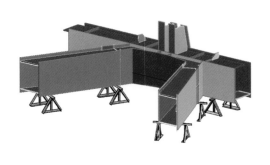

图 19.2-8　K形单元体地面拼装完成图

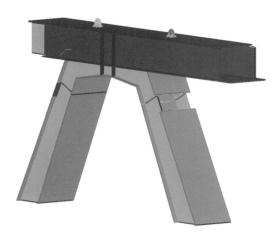

图 19.2-9　K 形单元体"盖板"图

4. 巨型桁架人行天桥高空散装

1）支撑格构柱的制作

由于海沽道地面高低不平，考虑塔架通用性原则，采用"标准节 + 调整段"的形式，根据现场实际需求制作支撑格构柱。塔架底部焊接在路基箱上，塔架标准节选用 3070mm 高、200t 标准节塔架，调整段采取现场制作的形式进行需求高度的调整。塔架底部构造形式与顶部构造均采用 HW350×350×12×19 截面型钢，顶部承力梁为 HW428×407×20×35，分配梁为 HW350×350×12×19。调节段通过加劲（t=10mm）刀板（t=20mm）与上部需支撑主梁临时焊接固定，材质均为 Q235B。经有限元分析，各施工步骤塔架顶部内力的最大值为 1218.34kN，故选用的 200t 支撑格构柱满足要求，如图 19.2-10、图 19.2-11 所示。

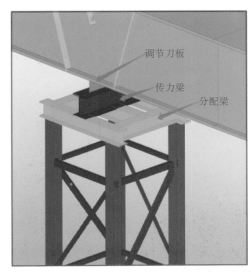

图 19.2-10　支撑格构柱三维图与实景图

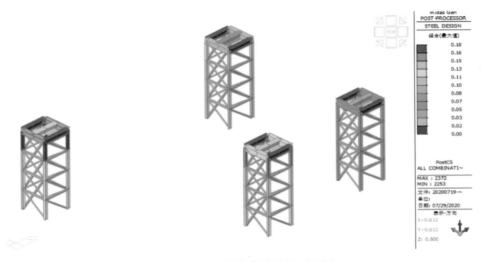

图 19.2-11 支撑格构柱有限元分析

2）支撑格构柱设置

人行天桥桁架每延米吨位重、跨度大，现场安装时，在下弦杆分段位置设置支撑格构柱。塔架布置根据天桥现场吊装分段及施工顺序确定，如图 19.2-12、图 19.2-13 所示。

1 号人行天桥设置塔架 24 组。2 号人行天桥设置支撑格构柱 24 组。

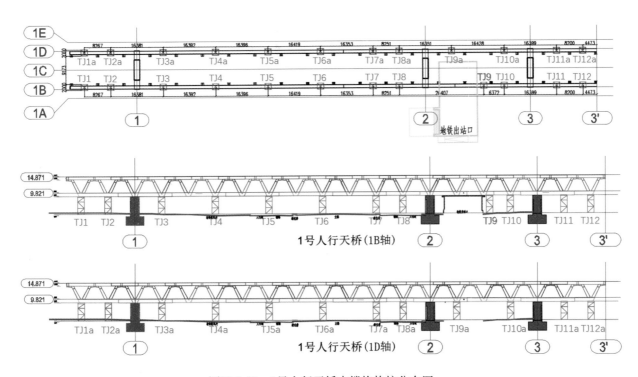

图19.2-12 1号人行天桥支撑格构柱分布图

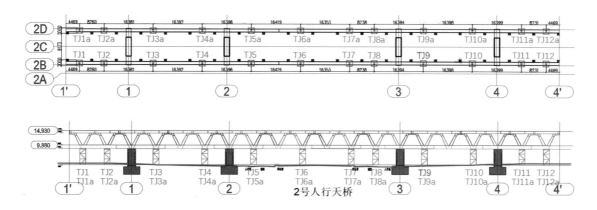

图 19.2-13　2 号人行天桥支撑格构柱分布图

3）桁架高空散装

支撑格构柱拼装完成后，在支撑位置铺设的路基箱上安装格构柱支撑，保证基础的承载力。安装施工各过程要经过施工有限元模拟分析，保证施工的安全性。

高空散装采用汽车式起重机进行吊装，项目采用 400t、130t 及 50t 三种型号的汽车式起重机。

地铁口上方主桁架下弦杆 1-1（1 号天桥 2 号桥墩附近）：分两段出厂，现场地面拼装后整体吊装，拼装后吊装质量 60t，长度 22.6m，选用 400t 汽车式起重机进行吊装，如图 19.2-14、图 19.2-15 所示。

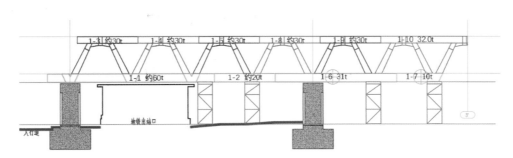

图 19.2-14　1 号人行天桥地铁出入口杆件吨位分布图

图 19.2-15　1 号人行天桥 400t 汽车式起重机吊装图

其余主桁架下弦杆：单根吊装，最大质量 39t（3-1），长度 16.4m，选用 130t 汽车式起重机进行吊装，如图 19.2-16、图 19.2-17 所示。

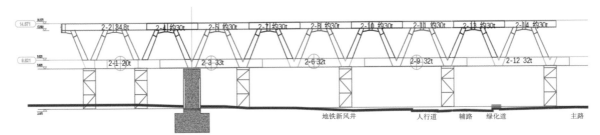

图 19.2-16　人行天桥 39t 下弦杆件吨位分布图

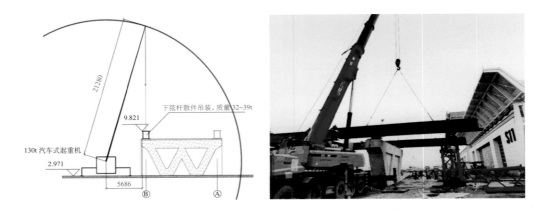

图 19.2-17　人行天桥 130t 汽车式起重机下弦杆吊装图

主桁架斜腹杆及上弦杆：散件出厂，现场地面拼装成 K 形单元整体吊装，最重 K 形单元 34.8t（3-5），长 13.7m，如图 19.2-18、图 19.2-19 所示。

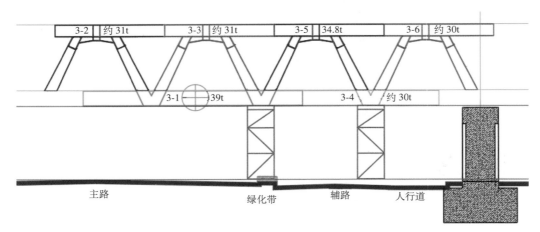

图 19.2-18　人行天桥 K 形单元体吨位分布图

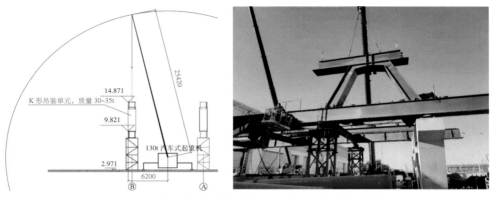

图 19.2-19　人行天桥 K 形单元体 130t 汽车式起重机吊装图

其余上横杆、下横杆、平台板等次结构构件随 K 形单元吊装同步采用 50t 汽车式起重机安装。

5. 起拱及桥桁架连接

1）桥桁架折线起拱

桥桁架起拱值以支撑格构柱正上方对应的下弦杆底面标高作为起拱的基准值，其中 1 号桥为对应模型标高（如图 19.2-20 中 1 号天桥起拱曲线示意图），2 号桥为对应模型标高 + 对应位置设计起拱值（如图 19.2-20 中 2 号天桥起拱曲线示意图）。预拱度主要是在支撑格构柱调节刀板高度处设置，达到起拱的目的。

2）巨型桁架连接

下弦杆与 K 形单元体吊装完成稳定之后，通过箱形桁架上开设"盖板"焊接内部加劲肋以及箱形桁架下口焊缝（图 19.2-21），避免焊接人员进入密闭空间作业及操作仰焊缝。

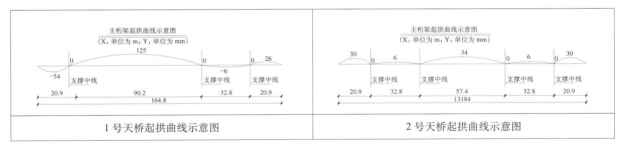

1 号天桥起拱曲线示意图	2 号天桥起拱曲线示意图

图 19.2-20　控制调节刀板进行起拱

图 19.2-21　箱形桁架对接图

6. 卸载要求

本工程的卸载过程既是拆除支撑格构柱的过程，又是结构体系逐步转换的过程，在卸载过程中，结构本身的箱形桁架内力和临时支撑的受力均会产生变化。卸载时，在安全方便施工、又不改变设计意图的前提下，既要保证卸载时相邻支撑格构柱的受力不会产生过大的变化，同时又要保证结构体系的杆件内力不超出规定的容许应力，避免支撑格构柱内力或结构体系的杆件内力过大而出现破坏现象，确保结构体系可靠、稳步形成。

1）准备工作

整个卸载区域全部工作完成，并报监理部门对焊接质量进行检查验收，提交焊接过程资料及检测资料。

整体测量检查时，要附安装和焊接过程中的测量检测数据，经检查合格并请测量工程师签字确认后，将整体测量数据报相关部门审核确认，合格后方能进行卸载工作。应核实、检查安装前的标示点是否清楚，便于在卸载过程中进行对照。

2）卸载顺序

塔架卸载顺序应按照变形协调、卸载均衡的原则，采用先次后主的顺序进行同步等比卸载的方法。卸载时，每座天桥的两榀箱形桁架应同时同步进行卸载，每榀箱形桁架具体卸载顺序见图 19.2-22。

3）卸载步骤

根据桁架设置起拱值，卸载操作采用千斤顶顶起使箱形桁架与垫板脱离、多次移除垫板的方法实现桁架卸载，根据卸载工况模拟分析所得的支撑位置的卸载位移量，控制每次移除垫板的高度 ΔH（每次卸载量控制在 30mm），直至完成某一步的移除垫板后，结构不再产生向下的位移，之后拆除格构支撑。

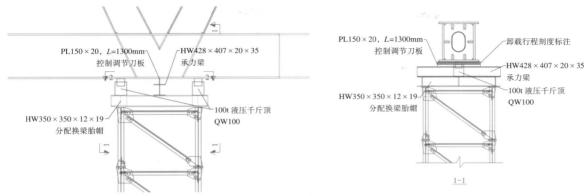

图 19.2-22　卸载千斤顶设置示意图

7. 施工过程的监测

天桥箱形桁架自重大，跨度大，不同施工阶段受力工况不同，在施工过程中，用全站仪对箱形桁架进行卸载全过程及卸载后的变形监测，结构卸载需对相关主结构构件进行竖向位移测量。

（1）吊装前，根据设计图纸及构件定位情况，在下弦杆构件上设置竖向位移观测点，每榀箱形桁架均设置 12 个观测点（图 19.2-23）；

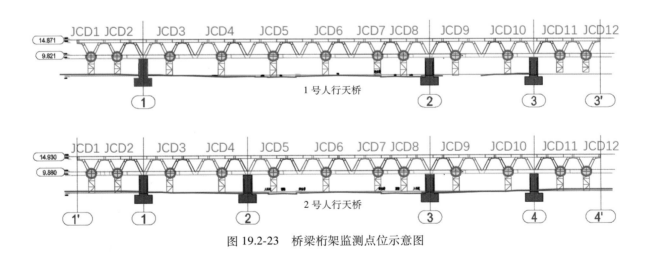

图 19.2-23　桥梁桁架监测点位示意图

（2）钢梁、箱形桁架安装完毕，在观测点上设置反光贴，在卸载前进行初步测量，获得卸载前的坐标数据；

（3）卸载完后，用全站仪对反光贴进行测量，并记录卸载后的测量数据；

（4）卸载完后，定期测量观测点坐标，直至测量数据稳定。

桥梁桁架全过程监测示意图如图 19.2-24 所示。

图 19.2-24 桥梁桁架全过程监测示意图

19.2.4 实施效果

  本技术成功解决了施工场地局限条件下的桥梁施工困难问题，为在同类条件下钢结构的安装积累了经验，同时为公司增添了新的技术财富，为设计师提供了成套且成熟的施工工艺，更坚定了广大设计者对各种环境条件下大跨度人行桥梁设计的信心，如图 19.2-25 所示。

图 19.2-25 实施完成效果图

19.3 装配式单立柱空间折线大悬挑树形柱施工技术

19.3.1 技术概况

  中央大厅是伞状钢柱支撑的大跨钢结构，柱距 36m 或 39m，结构总高 32.8m，屋面总尺寸 141.3m×357.3m。屋面结构的主要支承体系由 36 根相互连接的伞形柱及局部大跨屋面桁架共同构成，柱列形成 4×10 的纵横网格，整体呈矩形平面，如图 19.3-1、图 19.3-2 所示。

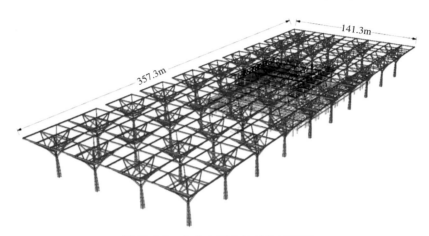

图 19.3-1 中央大厅主体结构轴测图

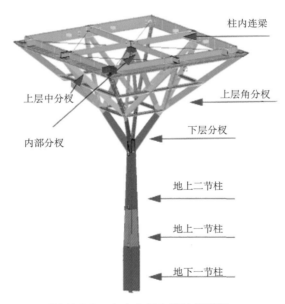

图 19.3-2 中央大厅伞形柱模型图

19.3.2 技术难点

场地狭小：中央大厅除伞状伞形结构外，其余均为功能性用房，包含会议厅、东西连桥、南北向东西侧二层平台、楼梯、马道、吊顶转换层、幕墙龙骨等多个子项，在空间和时间上施工组织难度特别大。

高处作业多：钢结构吊装、焊接施工等全是高空作业，安全管控风险大。

变形量控制难度大：伞形柱为大空间折线悬挑结构，不同于常规框架结构，施工时变形控制难度大。

19.3.3 技术要点

1. 薄壁多腔异形组合构件加工制作技术

1）树形结构柱

树形结构柱为变截面"9腔多隔板"箱形组合十字柱，外形尺寸 H=1400 ~ 2800mm，高15.4m，最大板厚为40mm，最大质量79.6t；具体截面尺寸见表19.3-1及图19.3-3。

树形结构柱截面尺寸表   表 19.3-1

构 件	截 面	材 质	备 注
A 类树形结构柱	焊接十字形截面 壁厚 t=30mm、40mm	Q355B	变截面箱形组合十字柱 H=1400 ~ 2800mm
A 类树形结构柱加劲肋	壁厚 25mm	Q355B	纵向加劲肋、横向加劲肋
B 类树形结构柱	焊接十字形截面 壁厚 t=25mm、35mm	Q355B	变截面箱形组合十字柱 H=1400 ~ 2800mm
B 类树形结构柱加劲肋	壁厚 20mm	Q355B	纵向加劲肋、横向加劲肋

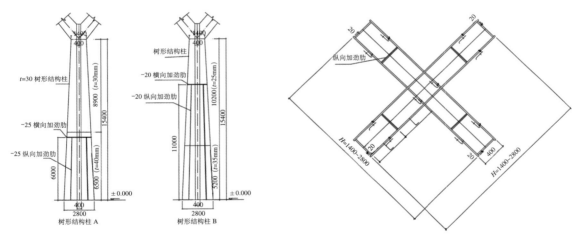

图 19.3-3 树形结构柱示意图

2）薄壁分杈交叉节点（图19.3-4、图19.3-5）

3）多腔异形组合构件加工制作关键技术

本项目中的钢结构柱并非规则的箱形、矩形等截面造型，而是为向上收缩的十字组合箱形结构造型；树形结构柱为十字箱形柱，最大宽度2800mm，最小宽度1400mm，箱体宽度400mm，十字箱形柱高度约20m，分为3段。内部设有通长纵向加劲肋及节点处水平加劲肋，箱体内空间狭小，且内侧存在大量隐蔽焊缝，无法进入内部施焊，根据规范及设计要求，十字箱形柱的制作和加工难度极大。因此，在项目实施前，在不降低质量和安全的前提下，对树形结构柱进行设计优化，将对钢结构深化、制作产生良性影响，有力地节约成本、提高施工效率、节约工期。在十字箱形柱的装配焊接中，最复杂的为地下一节柱，箱形柱先行柱内灌浆，后进行箱形柱外包混凝土，决定了箱形柱焊接的高要求，且与梁连接一侧的内部隔板必须焊接，导致其装配焊接顺序比较复杂。

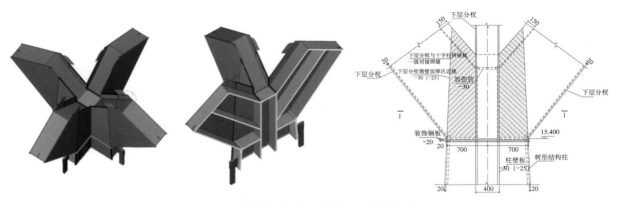

图 19.3-4　薄壁分杈交叉节点图及内部构造图

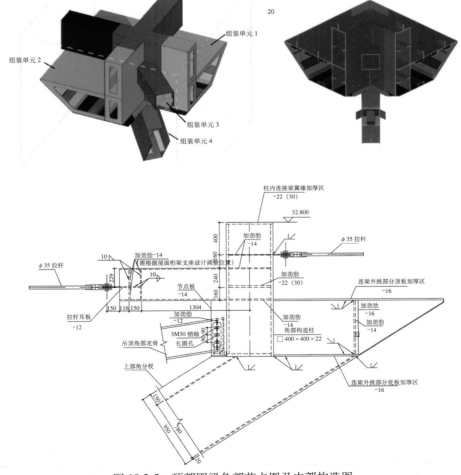

图 19.3-5　顶部圈梁角部节点图及内部构造图

十字箱形柱的组装装配按照"合理拆分，分 U 组对，对 U 组 T、T 转十字，底板装配，翻身盖面"的流程进行组装装配，具体工艺要求如下。

"合理拆分，分 U 组对"：根据焊接要求，精准拆分十字箱形柱体，将十字箱形柱拆分为两组 4个对称的 U 形，合理进行 U 形组对顺序，首先组成 L 形板后进行隔板安装焊接，随即 L 形盖板组成 U 形，U 形组对后进行 U 形盖板及纵向加劲板隐蔽焊缝焊接。

"对 U 组 T、T 转十字"：为应对一字箱形对接口应力过于集中，将一字对 U 腹板设计为长短板，从而保证对接口对缝不对称，强化了一字箱体的自身结构强度，有效应对了十字箱形对接口处应力集中的问题。一字箱体组对完成后，平铺组 T 形箱体，将 U 形竖放于一字箱体结构上，两侧间断加设斜向支撑配合两名焊工于 T 形箱体两侧进行焊接，最后将 T 形箱体倒立于拼装胎架上，进行十字 U 形组对。之后，从防变形措施及施焊顺序两方面进行 T 形箱体组装精度控制。

"底板装配，翻身盖面"：十字箱形组对完成后，进行坡口开设，保证坡口开设齐平，随即进行柱底板安装焊接。十字箱形呈 X 形放置进行十字焊缝盖面，十字焊缝盖面及柱底板焊缝同步随十字箱形柱每 90° 进行旋转，最终完成十字箱形柱加工。

十字箱形柱的组装焊接可按表 19.3-2 所示的步骤进行。

十字箱形柱的组装顺序　　　　　　　　　　　表 19.3-2

步　骤	图　示	说　明
第一步：主材、零件下料主材拼板		主材拼板过程需要注意装配反变形，焊接后矫平。将其分为 1.4m 的两段，当材料受拼接宽度影响，不就料的情况下，可将其改为 1260～1540mm 范围内的两钢板进行拼接。余料板宽小于 2800/4=700mm 的主材，优先用于下内部的隔板。主材在下料前要先抛丸除锈。图示的灌浆孔均为下料割孔
第二步：装配单个箱形柱的单面盖板		箱体垂直放置，组装焊接纵向加劲板及横向加劲板，并且焊接纵向加劲板焊缝 Z-1 和横向加劲板焊缝 H-1、H-2
第三步：装配柱底板并焊接		安装柱底板，将纵向加劲板与柱底板连接焊缝 Z-2、箱体盖板与柱底板焊缝 G-1 焊接完毕

续表

步　骤	图　示	说　明
第四步：安装箱形柱另外一侧盖板		安装箱形柱另外一侧盖板，并焊接纵向加劲板与腹板焊缝 Z-3 及箱体腹板与柱底板焊缝 G-2
第五步：安装上层横隔板		安装纵向加劲板上层各横向加劲板，并焊接与之连接的 H-3、H-4 焊缝
第六步：安装中心位置的竖隔板和横隔板		安装靠近箱形柱中心位置另外一块纵向加劲板及横向加劲板，并焊接纵向加劲板与两侧腹板横焊缝 Z-4、Z-5 及横向加劲板纵向加劲板焊缝 H-5 同类型焊缝
第七步：装配其他三个箱体		以同样的方式装配焊接另外三个箱体，但是每个箱体都单独组装，与柱底板的焊缝最后焊接

续表

步 骤	图 示	说 明
第八步：拼接两段箱体		断开后的两段箱形梁腹板对接，焊接箱体与柱底板焊缝 G-3 及两侧箱体对接焊缝 X-1
第九步：焊接中心横隔板		考虑箱体对接后，中间位置横向加劲板无法焊接，故在箱体一侧预留 250mm 宽（也可根据盖板主材的拼板接缝调整宽度，以减少主材的纵向拼缝）的盖板以便于焊接内侧横向加劲板三边焊缝 H-6，之后再焊接预留 250mm（可根据主材原材料钢板宽度扩大）盖板与箱体腹板的对接焊缝 X-2
第十步：装配两侧箱体		箱形柱两侧箱体与主箱体拼装，焊接两侧箱体腹板与柱底板连接焊缝 G-4，焊接箱体与箱体之间的焊缝 X-3
第十一步：开手孔洞焊接柱底板与竖向隔板的焊缝		柱底板安装完毕后，再组装后箱体段部分，中间纵向加劲板无法焊接，需要在箱体外侧纵向加劲板上预留 500mm 长孔洞，待箱体内侧中间的纵向加劲板与柱底板焊缝 G-5 焊接完毕后，再安装焊接外侧 500mm 预留盖板。对于内部焊接不到的隔板，也可在其旁边的盖板处开设手孔洞进行焊接。最后进行整体端铣，确保现场对接焊接质量

2. 受限条件下树形结构施工模拟技术

相邻树形结构的间距为 6 ~ 9m，且 180mm、250mm 厚的混凝土顶板局部无法满足大型机械的承重需求。使用 BIM、CAD 等软件对吊车机械施工可转动范围进行模拟，用 Midas 软件对楼板上吊车吊装进行承载力分析，顶板局部回顶圆管支撑后进行安装施工。

3. 树形结构模块化自平衡安装关键技术

树形结构根据其自身的结构特点，划分为下分权单元、内分权单元、中分权单元、边梁 L 形单元，采用模块化的施工方法进行拼装、安装，能够更好地控制各个杆件的安装精度，并且能够极大地降低高空安装的安全风险，也能够确保结构安装完成后的整体外观精美。

树形结构按照树形柱分段安装，下分权拼装成整体安装，内分权拼装成整体安装，上层中分权拼装成 4 个"A"形对称吊装，边梁分为拼装成 4 个 L 形对称吊装。具体施工工艺流程如表 19.3-3 所示。

树形结构安装步骤　　　　　　　　　　　　　　表 19.3-3

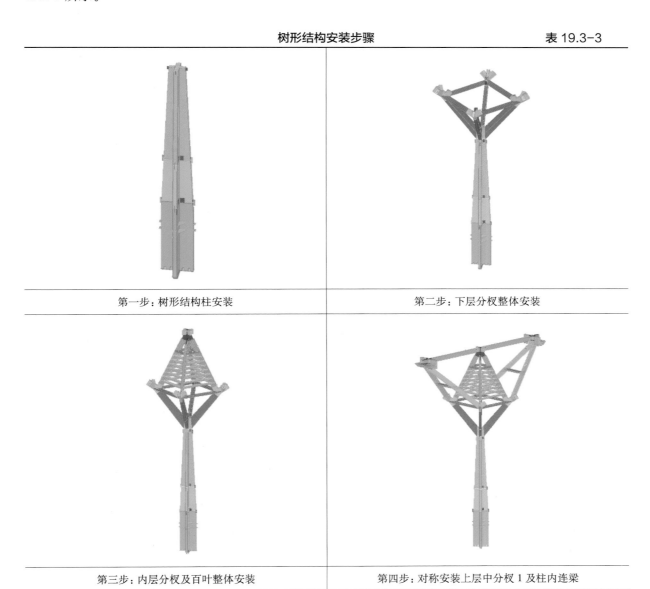

第一步：树形结构柱安装	第二步：下层分权整体安装
第三步：内层分权及百叶整体安装	第四步：对称安装上层中分权 1 及柱内连梁

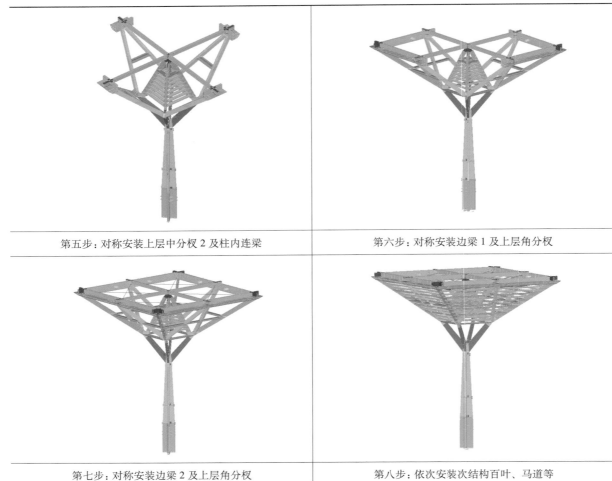

第五步：对称安装上层中分杈 2 及柱内连梁	第六步：对称安装边梁 1 及上层角分杈
第七步：对称安装边梁 2 及上层角分杈	第八步：依次安装次结构百叶、马道等

19.3.4　实施效果

本项目通过装配式单立柱空间折线大悬挑树形柱施工技术，在质量、安全、工期及经济等各方面均创造了良好的效果和效益。本项目通过实施以上关键技术，保证了工程一次成优，顺利通过海河杯优质结构认定验收，为后期鲁班奖验收提供质量保证（图 19.3-6）。

图 19.3-6　现场实施效果图

19.4 "海鸥"式四弦凹形桁架大跨钢结构施工技术

19.4.1 技术概况

本工程展厅及交通连廊屋盖为单层大跨钢结构，桁架总长度 186m，最大跨度为 84m，屋面结构高度 23.28m，每两个展厅共用一个屋盖，每个屋面总尺寸为 186.36m×159.7m，采用人字柱 + 四弦凹形桁架的结构体系，展厅内部附属空间均与屋盖钢结构脱开，屋面由 9 榀 "V" 形桁架组成，桁架间由屋面梁及屋面拉杆连接，桁架为 "V" 形架、圆管弦杆及钢拉杆组成。

通过研发十字钢拉杆拼装定位装置与无套筒大直径预应力钢拉杆张拉工装，解决了钢拉杆拼装角度控制和无着力点张拉难题，实现了预应力的分级精准张拉；研发出钢圆管对接快速校正装置和轨道式自动焊接机器人设备，实现了钢圆管现场高效安装、焊接。通过模拟分析，将桁架进行分段吊装，设计定型拼装胎架，在胎架底部设置预起拱控制垫板。采用自稳定标准化格构式可拆卸支撑，顶部设置可调标高的临时工装，通过有限元分析，模拟施工过程指导现场进行桁架起拱与卸载，解决了桁架安装精度低、起拱控制难度大等难题，并节约了大量的材料和人工成本。

19.4.2 技术难点

支撑桁架的人字柱宽 6.65m，高 17.1m，柱脚采用铸钢销轴的单向铰接形式，柱体内部设计 "横 9 纵 6" 加劲板，两者的加工精度控制难度大；柱脚吊装、定位校正效率低。

四弦凹形桁架跨度 84m，重 248t，基础承载力小，地面拼装需设置专用胎架，需要设置大量周转性高的支撑，桁架起拱及卸载控制难度大。

钢拉杆分布于桁架腹杆间，最大直径 φ125mm，单重 1.2t，为无调节套筒式钢拉杆，地面拼装角度控制难度大，空间张拉过程无着力点，预应力控制难度大。

桁架圆管构件数量 8900 件，对接焊缝为 1.8 万道，焊缝施工效率与质量直接影响项目施工进度，难以控制工期和桁架质量。

19.4.3 技术要点

1. 变截面多肋箱形铰接人字柱施工技术

1）大截面超宽超长人字箱形柱加工精度控制

设置专用的拼装平台、定位夹具，精确定位装配控制线，通过焊接工艺评定确定内部肋板焊接流程，控制焊接变形量，最终保证人字柱加工精度（图 19.4-1）。

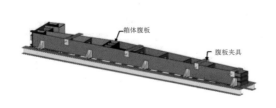 

图 19.4-1　人字柱加工精度控制

2）A 类人字柱铸钢销轴节点加工精度控制（图 19.4-2）

销轴节点内部连接件采用精密机器加工，焊接工艺评定确定焊接流程、铸钢件接头预热温度、焊接后缓冷措施；保证了铸钢节点可控性、工艺装配的精确性。

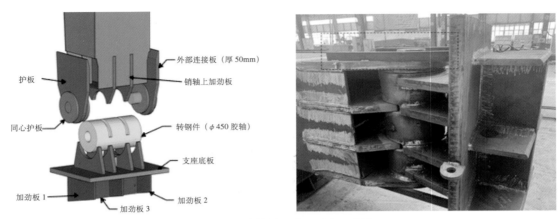

图 19.4-2　销轴节点装配及加工制作

3）埋入式基础柱快速定位校正装置

本项目发明了一种新型埋入式钢柱定位装置和一种适用于反顶构件吊装装置，解决了埋入式柱脚吊装、校正效率低的问题，如图 19.4-3 所示。

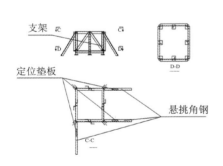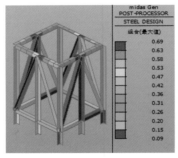

图 19.4-3　定位装置简图及受力分析图

2. "海鸥"式四弦凹形桁架施工技术

1）四弦凹形桁架结构分段技术

单跨桁架 84m，考虑地基承载力限制，通过模拟分析，采用 350t 履带满足承载力要求，根据吊装半径和履带吊吊重性能，将每跨桁架分为三个吊装单元段（图 19.4-4）。

2）槽式定型周转性拼装胎架

设计了定型槽式周转性拼装胎架，胎架主要主杆采用 HW400×400×13×21，立杆采用 HW250×250×9×14，抵抗吊装过程中的变形，进行拼装过程的有限元验算（图 19.4-5）。

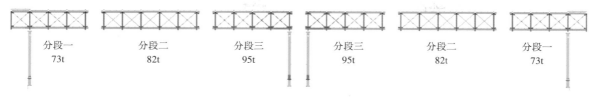

图 19.4-4　主桁架分段示意图

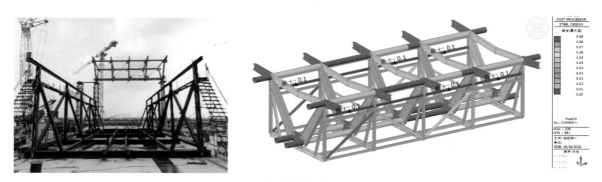

图 19.4-5　定型槽式胎架及拼装验算

3）自稳定标准化格构式可拆卸支撑技术

本项目设计并采用自稳定标准化格构式可拆卸支撑，标准节间、顶部及底部连接均为栓接，经有限元分析及 BIM 模拟，支撑体系可实现自稳，大大提高周转效率（图 19.4-6）。

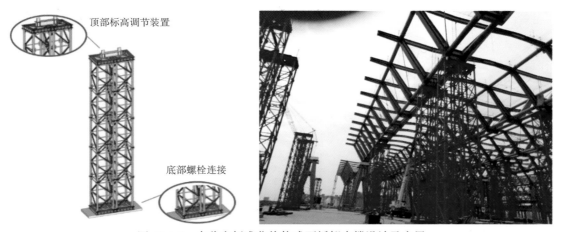

图 19.4-6　自稳定标准化格构式可拆卸支撑设计及应用

4）桁架起拱卸载技术

通过地面拼装起拱及格构支撑起拱两种方式，实现四弦桁架起拱的设置。

采用 Midas 对施工进行全过程模拟计算，采用分轴分步卸载、单轴同步卸载的方式，大大减少措施投入，提高了施工效率。施工完成后，采用三维激光扫描仪整体验收。

3. 大直径预应力无套筒式钢拉杆施工技术

根据钢拉杆十字交叉的结构形式，研发了一种十字交叉型钢拉杆拼装角度控制装置，控制十字交叉钢拉杆地面拼装角度，减少钢拉杆螺纹的损伤，保证十字交叉型钢拉杆的拼装精度和拼装效率；由于钢拉杆为大直径无调节套筒式，无法实现人工张拉，且难以控制张拉力，本项目发明了一种无调节套筒钢拉杆液压式张拉装置，可以实现无着力点的张拉及预应力的分级控制（图 19.4-7）。

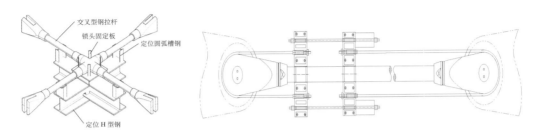

图 19.4-7　交叉型钢拉杆拼装装置及无调节套筒张拉装置

4. 大直径桁架钢圆管快速施工技术

1）大直径圆管拼装轴向定位测量技术

本项目研制了一种圆管同轴度测量装置，调节装置的螺杆使其顶紧管壁，全站仪测量观察反射贴进行同轴度测量，调整偏差后，提高了桁架的拼装效率（图 19.4-8）。

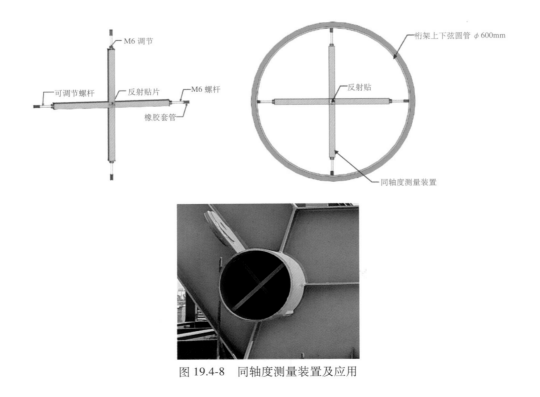

图 19.4-8　同轴度测量装置及应用

2）焊接圆管现场圆度校正技术

本项目研发了一种焊接圆管校正装置，该装置包括圆管校正上部定圆部分、下部顶圆部分、连接销轴、连接普通螺栓和液压千斤顶（图 19.4-9）。

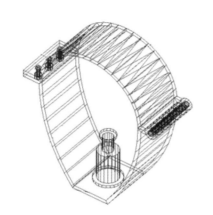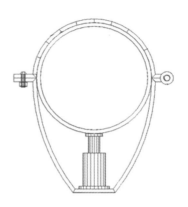

图 19.4-9　圆管校正装置

3）大直径钢圆管自动焊接的研发及应用技术

本项目研发了圆管轨道式自动焊接机器人设备，磁吸行走小车可自动吸附在圆钢管上，由轨道规定其行走轨迹，整个焊接过程均由控制系统进行规划、行走和焊接。通过试验焊接确定焊接工艺参数，自检时，焊缝一次探伤合格率为 99.89%（图 19.4-10）。

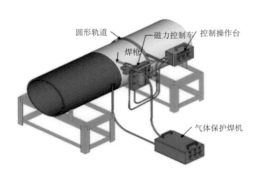

图 19.4-10　圆管自动焊接机器

19.4.4　实施效果

通过实施以上四个创新点，本项目的质量和安全方面都得到有效保障，通过使用圆管自动焊接机器，使大跨度四弦凹形桁架的圆管焊接一次合格率达 99.2%；桁架卸载后偏差控制在 3cm 之内，通过采用研发的自稳定标准化格构式可拆卸支撑、槽式定型周转性拼装胎架等施工装置，节约了大量的材料和人工成本。

19.5 复杂钢结构节点深化设计技术

19.5.1 技术概况

本项目钢结构包括展厅、交通连廊、中央大厅三部分，16 个展厅工程量为 6 万 t，交通连廊工程量为 3.2 万 t，中央大厅工程量为 1.8 万 t。展厅由钢柱及屋盖组成，钢柱为人字柱，共 9 跨，两个展厅共 36 组，两侧 A 类人字柱柱脚为销轴连接，中间 B 类人字柱柱脚为刚接。屋盖由 9 榀凹形桁架相连组成，最大跨度为 84m，总长 186m，屋面及桁架侧面由刚拉杆连接。屋盖底部人字柱内侧分布有夹壁墙框架结构。中央大厅分为伞柱屋盖和下部框架结构两部分，伞柱屋盖通过 32 把伞柱组成，单个伞柱屋面尺寸为 30m×30m，伞柱屋面之间通过屋面连杆及钢拉杆连接成为一个整体；底部框架结构分为内连桥、附属用房、东西连桥三部分，内连桥设有平面桁架，其余均为框架结构。交通连廊由上部屋盖及下部框架结构组成，屋盖造型与展厅相似，由人字柱及框架柱顶生根的屋盖柱进行支撑，最大跨度 36m。下部结构为钢梁、钢柱组成的框架体系。为保证构件的加工制作、长途运输及现场安装的顺利进展，保证钢结构的施工质量，在钢结构部下专门设置深化管理部，对钢结构进行深化设计与深化管理。

19.5.2 技术难点

钢结构深化设计涉及工厂制作、过程运输和现场安装。同时，在现场安装时，还应考虑与土建、机电设备、给水排水、暖通、幕墙、金属屋面等多个专业的交叉配合。

（1）对钢结构部分进行深化设计，包括完成深化设计模型、深化设计总说明、焊缝说明、安装图、零构件图、各种相关的目录、报表、预算资料等配套设计。

（2）考虑制作、安装等各种因素，对构件进行合理深化，并做好技术服务工作。

（3）对深化设计工作进行系统、有效的管理，包括进度和质量控制，满足材料采购、加工安装需要，保证深化符合原设计的要求。

（4）在整个施工过程中，做好与土建、机电、幕墙、金属屋面等专业的协调配合工作，并做好与这些专业界面配合的深化设计，确保工程的顺利进行。

19.5.3 技术要点

1. 深化设计工艺流程（图 19.5-1）

2. 深化设计对安装和运输的考虑

1）构件分段分节考虑

分段分节的合理性是深化设计建模前首先考虑的基本问题。箱形构件体量大，与桁架相交位置节点复杂，柱上伸出的牛腿、连接板较多，应在深化设计前与运输、安装等相关单位沟通协调，充分考虑运输的方法、现场吊装机械布置和吊重能力、现场条件。在深化建模过程中，应充分考虑构件吊重，对超重构件及时与技术管理部进行沟通协调，最终划分合理的分段分节。

2）构件运输尺寸的考虑

公路运输重点考虑构件的超长、超宽和超高问题。根据此特点，将构件的长、宽、高限制在一定范围内，深化设计时，对构件单元截面大小的划分必须在此范围之内。

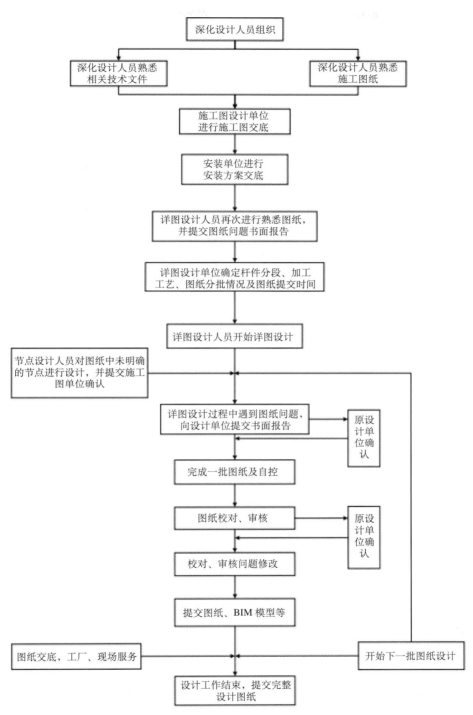

图 19.5-1　深化设计流程图

3）安装技术措施

会展类建筑钢构件数量多、构件质量大，在深化设计过程中，根据构件类型不同构件分为箱形柱构件、变截面箱形构件、变截面 H 型构件、桁架构件、圆管构件、楼层梁等构件类型，分类计算吊耳规格，做到安全可靠适用，此类连接板不但起到现场临时连接作用，并且可用作吊装耳板，合二为一。根据现场安装流程及措施，设置定位板、双夹板等，同时应考虑在拉杆等位置设置临时连接板。箱形构件根据现场焊接工况，做好焊接人孔的预留。

4）钢柱灌浆孔和排气孔的设置

为了箱形柱内混凝土密实，深化设计时需考虑在柱内隔板上开设灌浆孔与排气孔。

3. 深化设计制作工艺技术

1）深化设计前进行工艺评审

深化设计前，深化人员应和工艺人员熟悉图纸，对图纸中的信息进行整理，开展工艺评审，物资、商务、生产、检测等相关部门共同参与，对重点和难点部位的制作工艺进行分析，对特殊板材、板幅要求、检测要求等予以明确，并提出相关建议。对于暂时不明确的问题，深化设计负责人与设计、现场、业主等进行沟通，在深化设计前形成合理的工艺评审文件，在深化设计文件中得以体现。

2）深化建模、出图时要考虑工艺制作方案

在深化建模过程中，不但要考虑安装运输对深化设计的要求，还应紧密结合制作国家会展中心（天津）工程一期展馆区钢结构施工组织设计工艺方案。深化设计人员在建模过程中要了解零部件的工厂加工方法，车间施工用器具的使用方法，零部件的工厂组装顺序，以及季节变化对加工制作的影响。通过对这些内容的了解，可使建模时在依据原设计意图的前提下，结合工艺方案，对节点进行构造等处理。

3）深化图中对每种类型的构件焊缝考虑

箱形截面焊缝：柱截面大，在结构中处于重要位置。所以，在深化设计时，依据设计和工艺要求，均采用坡口等强焊缝。

其余部位的焊缝：针对设计图中未明确给出的其他部位焊缝，次要位置根据构造要求进行焊缝设计，重要位置均按照等强设计进行焊缝计算。必须保证节点焊缝的完整性，节点科学合理，可操作性强，且能最大限度减少焊接残余应力。

4）深化设计对应力集中的考虑

构件在制作过程中，应考虑消除应力集中问题，不仅要做好焊前预热、焊后保温等措施，在深化设计阶段，同样还需对各个部件的相关部位在构造上进行处理，以达到消除应力集中的目的。例如，因板厚度、宽度不同，对接时需按要求进行过度处理；工厂焊接、现场焊接的相关部位，应按照规范要求设计合理的弧形过焊孔；深化建模时，应多和设计沟通，尽量避免焊缝交叉；消除应力集中现象。

5）对工艺隔板等措施的考虑

本工程箱形构件体量大，制作时变形较大，所以需在制作过程中设置合理的工艺隔板，以防止构件在组装、吊运过程中发生变形，同时设置合理的工艺衬板等以保证焊接质量。其他如厚板焊接时，应从构造上、坡口的形状和方向上进行模型处理，以防焊接时发生撕裂，这就要求在深化建模时为厚板焊接创造条件。组装箱形柱时，要考虑到柱顶端铣；柱内隔板因部位不同采取不同的焊接方法，箱形柱靠柱端隔板采取四边剖口焊，柱内采取电渣焊；深化设计时，还应给出所有过焊孔的位置和大小。

4. 深化设计与相关专业配合

通过多年来钢结构工程实践和经验总结，在钢结构施工中，因构件在工厂生产，需要钢结构在制作阶段有更高的预见性和协调性。如果构件一旦成型，再发现问题，就会造成很大的损失，特别在安装阶段才发现问题，不但影响进度，而且更难于纠正。所以，在深化设计阶段，应从以下两个方面引起足够的重视，并在设计过程中予以解决。

1）与土建专业协调配合，开设孔洞，焊接钢筋接驳器、栓钉布置

在劲性钢骨结构中，钢筋与钢构件之间的交叉矛盾比较突出，本工程中地下室柱与土建混凝土结构关系密切，深化时应根据设计图纸进行实际放样，遇到矛盾之处和设计、现场及时沟通，深化建模时，预留土建用钢筋的规格、实际位置以确定钢筋穿孔和连接器位置，并在深化图中表示出钢筋接驳器的大小、规格和具体定位。

2）与机电、幕墙、金属屋面等其他专业的协调配合

钢结构除与土建有密切的联系外，与机电、幕墙、金属屋面等其他专业也有着紧密的关系，在深化设计时应予以考虑。深化设计时，应认真阅读机电、幕墙、金属屋面等相关专业的图纸，做到与钢结构有关的连接问题均在制作阶段予以解决，避免现场安装时发现预留孔、预埋件漏开、漏埋现象，使现场安装时各专业顺利进展。

19.5.4　实施效果

通过本技术的应用，解决了本工程钢结构施工工艺复杂、体量大等施工难题，从钢构件加工、运输、拼装及安装等方面进行全面深化，加快了施工进度，节约工程成本。

19.6　超大跨度平面桁架施工技术

1. 技术概况

根据施工现场条件以及工期要求，屋面大跨度桁架采用地面预拼装、分段吊装的方案。为保证将结构施工对地铁影响降至最低，本工程施工时考虑尽可能满足大跨度桁架吊装要求，最大程度减少桁架分段数量，本工程选用一台750t履带吊进行安装作业，750t履带吊起重量大，吊装性能优越，从而尽量减少架高空对接次数，增加地面拼装作业量，更有利于保证桁架安装质量。

2. 技术难点

（1）桁架跨度大，挠度控制要求高。

钢结构屋面跨度大，吊装时的挠度变形控制和起吊直立较为困难，在未形成整体结构之前，难以控制桁架的侧向稳定性。

（2）高空焊接量大，厚板焊接难度高。

桁架对接均采用全熔透焊接形式，钢板最厚达90mm，材质为Q390GJB，焊接难度大。对接焊口多为高空焊接，对焊接质量和安全的要求较高。

3. 技术要点

1）桁架分段

屋面桁架由加工厂将构件分段运输至现场，考虑运输条件限制，每段桁架长度不超过17m。运输到现场对接后，再进行整体吊装。综合考虑场地因素、机械性能参数等，吊装时将桁架分为4大段吊装。

2）拼装胎架

根据桁架截面特性，设置拼装胎架。拼装胎架采用 H 型钢 H588×300×12×20 焊接而成，通过水准仪对拼装桁架的水平度进行调整，再对桁架拼装定位线进行复测和微调，直到桁架的拼装精度达到规范要求。定位完成后，进行焊接施工。

3）支撑设置

在二层框架柱上设置临时支撑。临时支撑由规格为 630mm×16mm 螺旋管加工制作两端设置中 770 法兰盘，板厚 25mm，钢材材质均为 Q345B，共有 0.5m、3m 和 5m 三种规格。每件圆管支撑附带 M24×75 螺栓副 16 套，支撑底部焊接于二层框架柱顶端，并设置 25 号槽钢作为斜撑。

4）桁架吊装

（1）采用履带吊将临时支撑结构安装于桁架位置下相应的钢柱上端，并将其焊接于四周桁架上，在桁架安装位置的支撑支架上安装操作平台。

（2）分段桁架分别吊装于临时支撑上，将桁架调整至设计安装位置，安装连接板及高强螺栓临时固定。桁架吊装顺序：分段架 1—分段架 2—分段架 4—分段架 3。

（3）按顺序焊接完成桁架分段架之间、分段桁架与钢柱之间的焊接工作，完成单元桁架的安装。

（4）安装完基本单元主架后，吊装次架等，尽快形成稳定单元。次架安装方法同主架安装方法。

5）卸载

（1）卸载前，测量并记录各支撑点处的架标高。

（2）卸载时，根据计算得出的结构在自重作用下的挠度值，采用分级同步卸载。

（3）每一步都要严格按照规定的卸载量进行卸载，提前在 H 型钢支撑上画上标记线。用气割按照标记线切除相应 H 型钢，待挠度下降完成后，再进行下一步操作，最终实现结构自身受力，即结构卸载完成。

（4）复测并记录支撑点处的桁架标高。

4. 实施效果

通过创新技术的实施，解决了本工程大跨度平面桁架起拱控制难度大、安装精度低等施工难题，提高了施工效率，节省了大量措施费，避免了大型机械的投入，保证了工期节点的顺利完成。

第20章　外围护结构创新施工技术

20.1　异形折边式装配幕墙施工技术

1. 技术概况

本节介绍一种异形铝板玻璃组合幕墙施工技术，重点介绍了施工过程的几种施工技术：悬挂式脚手架、剪刀车升降平台、龙骨整体吊装施工、铝板十字卡件应用。运用这些施工措施有效地解决了现场交叉作业、施工难度、质量、安全、进度等问题。

2. 技术难点

项目总建筑面积近 60 万 m^2，幕墙体量大，施工周期长。

幕墙施工面大，与其他专业交叉面多，施工组织难。

幕墙大面为白色铝板平面设计，拼缝精度要求高，质量控制难。

3. 技术措施及亮点

1）轨道吊架

利用结构自有平台设置架体轨道，架体上端与轨道相连，下端焊接滑轮支撑在结构墙体或幕墙龙骨位置，整个架体重 1.3t，可由人力在结构面范围拖动。

其优点如下：与传统架体相比轨道吊架下部不落地，不影响下部施工，竖向工作面可移动，不影响上部焊接作业，从根源解决交叉作业问题，有效缩短工期。无架体妨碍，材料垂直运输作业面大，材料及成品保护效果好，可提高施工效率。

2）剪刀车升降平台

利用结构自有平台设置升降车轨道，采购成品升降车进行改装，并将其安装至轨道上，利用升降车的特点，可进行异形结构各个标高的施工作业。

其优点如下：与传统架体相比，轨道升降平台施工灵活，成本低，视野通透，过程中易于控制整体施工质量。

3）龙骨整体吊装工艺

将大量高空焊接作业转移到地面施工，保证焊接质量，同时安装机电线槽，为防止整体吊装过程龙骨变形过大，起吊前，整体增加 X 形固定型材，待吊装定位加固后拆除。

其优点如下：与传统散装拼装焊接相比，整体吊装大量减少高空作业，施工难度低，质量控制容易，施工安全性高，效率高，节约工期。

4）十字卡件应用

为保证接缝横平竖直，接缝大小一致，借鉴地砖安装的十字卡定位工艺，提前定制成品十字卡，安装铝板面材过程中，每个十字缝必须设置卡件，铝板固定后，将卡件拆除重复利用。

其优点如下：与传统工艺相比，十字卡施工更加高效，免去了大量位置复核工作，施工效率高、质量高。

4. 技术小结

面对本项目幕墙施工过程中出现的主要问题，在幕墙施工过程中，通过积极研发、推动落实轨道式升降平台及吊架系统幕墙施工工艺，大幅缩减了文明施工、施工措施等工作的费用，累计节约成本 300 余万元，极大地保障了本项目展厅幕墙的施工质量。经过展厅幕墙全过程施工，形成了一套系统而实用的关键施工技术，总结出了一套经工程实际检验和各方认可的施工方法，在降本增效、质量保证方面为后续类似工程提供重要的借鉴意义。

20.2 单立柱桁架式装配幕墙施工技术

1. 技术概述

本工程总幕墙面积约 21.8 万 m^2，其中铝板幕墙 8 万 m^2、玻璃幕墙 8.3 万 m^2、钢柱幕墙 5.5 万 m^2。其中，中央大厅玻璃幕墙骨架为超高单片式桁架立柱结构体系，立柱桁架高度为 33m。通过对立柱桁架整体实施过程进行受力分析，同时考虑了加工及运输的控制、整体深化设计及吊装方案的讨论论证，采用了钢拉杆装配式组合整体吊装技术，解决了超高单片式立柱桁架变形控制难题，成功完成了立柱桁架的施工。铝板幕墙在安装中，通过发明一种十字形定位装置，有效解决了大体量、大面积金属幕墙施工中安装精度差、施工效率低等问题。加快了现场施工进度，增强了铝板幕墙的安装精度和外观质量效果。

2. 技术特点和难点

（1）幕墙方钢管原材料加工难度大。立柱采用的方管要求项目整体体现工业化，方钢管采用直角方管，无 R 角。根据市场材料现状，常规钢厂钢管本身壁厚越大、R 角越大，不能满足要求，如果采用钢板焊接的形式实施，焊缝多、变形控制难度直线上升。

（2）超高单片式桁架加工、运输及安装难度大。中央大厅立柱桁架总体高度为 33m，且为单片式，在加工、运输及吊装过程中极易变形，从而造成整体安装质量偏差过大，需进行深化设计、计算和分段。

（3）33m 受限空间内超高单片式桁架吊装难度大。中央大厅单片式桁架分段加工，现场钢结构框架结构已经施工完成，在地下室顶板上拼装胎架，由于设计荷载受限及 33m 吊装空间受限，大型起重机械作业难度大，且幕墙结构对立柱桁架结构水平、立面平整度、构件加工控制变形、构件安装垂直度要求控制在 8mm 以内。

（4）整个结构外部装饰全为玻璃幕墙和铝板幕墙，建筑面积达 21.8 万 m^2，安装工期紧、任务重，且幕墙形式较复杂，如何保证幕墙按时完工是本工程施工的难点。

（5）幕墙外侧有大量装饰性的横向铝板装饰线条，横向铝板装饰线条按照设计师要求分布在建筑物的各个区域，使得整个外立面幕墙非常有层次感。在施工过程中，如何保证线条整体的安装精度和成品保护是本工程的重点和难点。

（6）本工程为钢结构框架，幕墙立面与屋面为框架交接，接触面转角较多，致使渗漏隐患增加。首层 400 系统幕墙与地面交接位置防水处理较为困难，防渗漏是本工程的重点。

3. 技术措施

1）无 R 角"圆改方"钢管加工技术

方钢立柱及横梁为非常规型号且 R 角要求 ≤ 2mm（近似于方），根据市场材料现状，常规钢厂钢管本身壁厚越大、R 角越大，越不能满足要求。如果采用钢板焊接的形式实施，焊缝多，变形控制难度直线上升。直角方钢管定制加工。方钢管采用挤压无圆角钢型材（圆改方），利用钢材二次加工技术，加工出符合设计要求的热轧直角方管，钢材无圆角，平整度好，外视效果美观（图 20.2-1）。

图 20.2-1　直角钢管效果图

2）受限空间吊装施工技术

33m 受限空间内超高单片式桁架加工、运输、吊装难度大。利用 Tekla 技术，结合深化设计、构件运输的要求，将现场焊接部位预留在结构受力小、应力不集中、偏离主节点的部位，按照上述原则操作，可保证结构稳固性及施工便利性。

因钢桁架整体拼装、吊装都在地下室顶板上进行，考虑顶板设计承载力要求及周边的伞柱已安装完成，施工条件受限，本项目在有效结合现场施工条件、施工设备的选取、构件分段设置及工期要求的基础上，采用了分体桁架现场拼接、整体吊装、双机台吊、空中转体、精确就位的施工方法。

3）免脚手架无配重式吊篮施工技术

中央大厅区域 33m 通高玻璃幕墙区域，常规脚手架作业施工效率低，安全隐患大，影响后续专业施工。为此，选用无配重电动吊篮与高空车结合的施工方法进行作业。结合项目现场工况、工期、作业环境，设计了专用的吊篮固定架与主体钢结构相连作为固定支点，大面施工完成后，运用高空车查漏补缺。与传统脚手架施工工艺相比，解决了玻璃幕墙架体连接点无法设置的问题，安全性、施工效率、质量均可提高。

4）BIM 技术

利用 BIM 技术，结合深化设计要求、确定的施工方案、构件运输对长度、宽度、质量的要求，对钢桁架结构进行了构件的划分。将现场焊接拼装焊接部位预留在结构受力小、应力不集中、偏离主节点的部位，按照上述原则保证结构稳固性及施工便利性。

5）十字形定位装置

本工程金属幕墙在安装过程中，发明了一种十字形定位装置，实现了铝板幕墙的金属面板的快速且高精度安装。该金属幕墙十字形定位安装方法主要包括以下操作：

（1）制作十字形定位块，根据金属幕墙每块金属面板之间交界缝的间距来制作十字形定位块，对应第一卡条和第二卡条的宽度；

（2）测量放线，将十字形定位块放线至相邻4块待安装金属面板的十字形交界缝位置；

（3）采用固定组件将十字形定位块与幕墙龙骨固定；

（4）安装金属面板，将金属面板的边沿贴合于十字形定位块的边缘；

（5）安装装饰线条，将装饰线条背面的卡件卡设在十字形定位块的卡槽中。

使用时，预先在幕墙龙骨上定位安装十字形定位块，安装金属面板时，只要将其边沿贴合于对应的十字形定位块的边缘即可，不用放线，且安装精度高，提高了施工效率（图20.2-2、图20.2-3）。

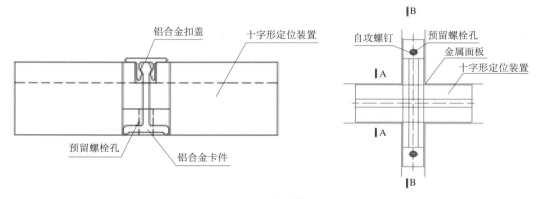

图 20.2-2　十字形定位装置节点图

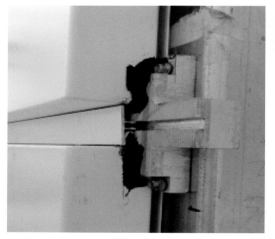

图 20.2-3　铝板幕墙安装完成

6）四道防水

首层幕墙与地面交接位置设置四道防水：第一道，防水卷材安装反卷至后砌砖墙上，与幕墙龙骨粘接；第二道，设置 L 形防水铁皮；第三道，装饰线条安装后，对石材与装饰线条之间的缝隙填塞泡沫棒及施胶密封处理；第四道，室内横向龙骨与地面施胶密封，达到防水效果。

4. 技术小结

通过对立柱桁架整体实施过程进行受力分析，采用了钢拉杆装配式组合整体吊装技术，施工中通过材料加工优化、钢桁架分段设计、安装方法优选等实现了加工安装精确控制，在确保安装质量的基础上，有效减少了安装时间，解决了超高单片式立柱桁架变形控制难题，成功完成了立柱桁架的施工。铝板幕墙在安装中，通过发明一种十字形定位装置，有效解决了大体量、大面积金属幕墙施工中安装精度差、施工效率低等问题，加快了现场施工进度，增强了铝板幕墙的安装精度和外观质量效果，产生了较好的经济效益和社会效益。

20.3 中空式吊挂底板金属屋面保温系统施工技术

1. 技术概况

本工程整体屋面造型多、实施难度大、操作空间受限，整体节能和防渗漏功能保障性要求高。综合考虑整体金属屋面系统，从标准节点到特殊部位节点的设计进行全面深化和处理，整理并完善现场管控措施，通过创新中空式构造、底板吊挂安装技术、装配式安装等，使大面积金属屋面安装形成标准化、流水化施工，同时实现整体屋面系统节能和防渗漏双目标，优化后的铝镁锰屋面系统标准节点安装流程如图 20.3-1 所示。

檩条安装	底板安装
铺贴隔汽膜：自粘改性沥青卷材	安装保温层：下层岩棉

图 20.3-1 屋面施工流程（一）

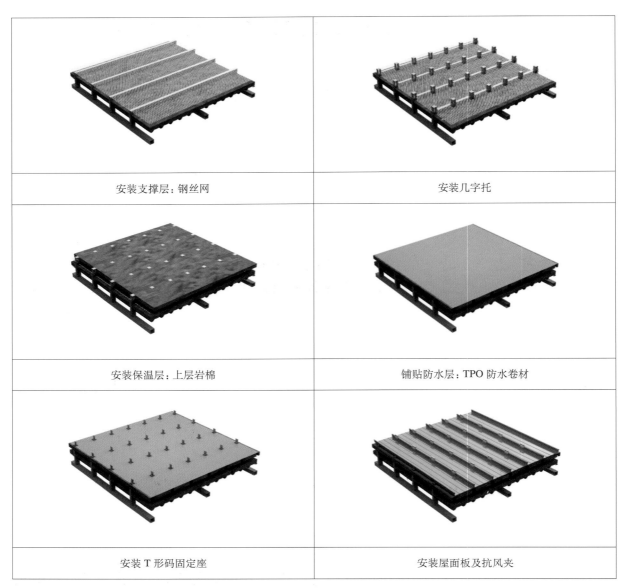

安装支撑层：钢丝网	安装几字托
安装保温层：上层岩棉	铺贴防水层：TPO 防水卷材
安装 T 形码固定座	安装屋面板及抗风夹

图 20.3-1　屋面施工流程（二）

2. 技术难点

大面积金属屋面体系常用于大型枢纽机场、高铁车站、会展中心等大空间公共建筑，施工难度大，功能性要求高，金属屋面构造设计、施工方法至关重要。金属屋面体系由于构造缺陷、施工方法不当，存在施工措施投入大、节能效果不佳、渗漏隐患大等问题。

如何控制屋面檩条安装准确度，微调钢结构微小误差，从而保证屋面的整体效果，是本工程质量控制的重点和难点。

3. 技术要点

1）深化思路及预期效果

本项目进行了空腔式 Z 形支撑型轻量化金属屋面构造和施工方法创新，利用 Z 形檩条与下层岩棉高差设计,加之支撑钢丝网的设置,形成空腔保温夹层,增大材料利用率的同时,提高屋面保温、隔声等节能效果。

2)节能效果好

檩条高度大于下层岩棉厚度,同时设置镀锌钢丝网支撑上层岩棉,上、下层岩棉之间产生空隙,提高金属屋面的保温效果和隔声效果。

3)材料利用率高且降低自重和屋面系统厚度

Z 形檩条设计,Z 形檩条的侧面固定在檩托侧面,Z 形檩条的顶面满足几字托和支撑钢丝网安装,Z 形檩条的底面吊挂屋面底板,满足荷载传递功能要求,材料利用率提高。屋面底板采用吊挂 + 支撑钢丝网设计,底板仅作为下层岩棉支撑层,底板强度和抗弯性能要求低,底板选材造价低,同时缩小屋面系统构造层高度和底板质量。

4)安装精度高、成型效果好

通过在檩托上面预开竖向长圆孔,消除主体结构标高偏差,提高檩条水平和坡向精度。通过在檩条上面预开横向长圆孔,消除主体结构、檩托安装的水平偏差,保证安装屋面系统安装精度,避免因结构偏差造成屋面板局部翘曲。屋面底板采用吊挂安装方式,檩条、檩托等不可见,保证展馆室内成型效果。

5)空腔式 Z 形支撑型轻量化金属屋面构造设计

金属屋面构造系统,共分为结构体系、隔汽支撑体系、防水保温体系三部分。结构体系包括主体结构、檩托、Z 形檩条、几字托、T 形码和屋面板;隔汽支撑体系包括波形屋面底板和 SBS 隔汽膜;防水保温体系包括下层保温岩棉、镀锌钢丝网、上层保温岩棉和 TPO 防水层(图 20.3-2、图 20.3-3)。

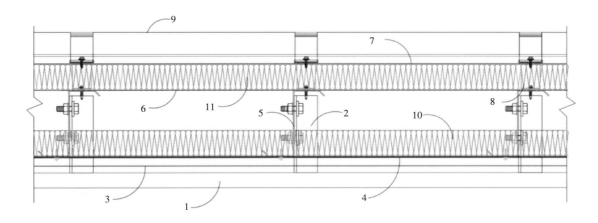

图 20.3-2 空腔式 Z 形支撑型轻量化金属屋面全断面图

1—主体结构;2—檩托;3—屋面底板;4—SBS 隔汽膜;5—Z 形檩条;6—镀锌钢丝网;

7—TPO 防水层;8—几字托;9—屋面板;10—下层岩棉;11—上层岩棉

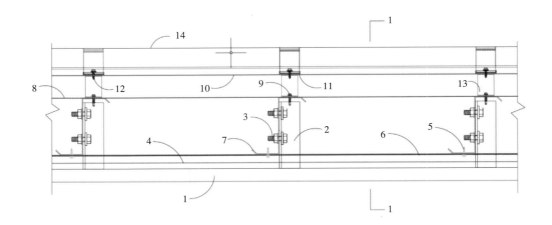

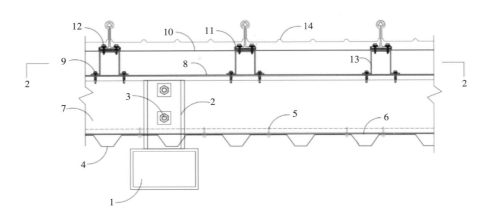

图 20.3-3 空腔式 Z 形支撑型轻量化金属屋面 X 向、Y 向断面图（无岩棉）

1—主体结构；2—檩托；3—螺栓；4—屋面底板；6—SBS 隔汽膜；7—Z 形檩条；8—镀锌钢丝网；

5、9、12—自攻螺钉；10—TPO 防水层；11—T 形码；13—几字托；14—屋面板

6）金属屋面构造装配式防渗漏施工

金属屋面上存在较多的屋脊、檐口、山墙等交接节点处理，屋面天窗使得同一坡度的屋面板断开，加上金属屋面系统自身的问题，加工设备的精度达不到使用要求，导致面板咬合不紧密等，使得金属屋面均存在漏水的隐患。本工程通过对整体金属屋面系统从标准节点到特殊部位节点的设计进行了通盘深化和处理，整理并完善了现场管控措施，可以有效解决金属屋面易渗漏的通病，保证实现整体屋面系统防渗漏的目标。

7）施工措施要点

在屋面底板施工前，在屋面找坡桁架上面满铺孔径 50mm、直径 5mm 的尼龙双层安全网，第一层安全网作为操作平台，第二层安全网作为安全防护网。安全网作为操作平台，保证操作人员在作业时的安全防护。在作业过程中，每名施工人员各拉设两道钢丝绳，每根钢丝绳的端部单独固定一根檩条，同时双钩单独挂设（图 20.3-4）。

天沟龙骨在地面拼装成 6m 长的单元后，采用整体装配的方式安装，减少高空散拼作业，提高安装质量，提高工效（图 20.3-5）。

图 20.3-4　底板安装措施图

图 20.3-5　天沟骨架地面拼装、整体分段吊装图

4. 实施效果

1）空腔式 Z 形支撑型轻量化金属屋面构造具体实施方式

第一步，制作檩托和檩条流水、定尺，在主体结构顶部以设计间距焊接檩托。通过螺栓安装固定 Z 形檩条，利用檩托上面的长圆孔调节檩条的安装高度误差，利用檩条上面的长圆孔调节檩条的水平间距误差。

第二步，波形屋面底板以倒挂的方式，采用自攻螺钉倒挂在檩条底部，在屋面底板上表面铺贴 SBS 隔汽膜，SBS 隔汽膜边部需要粘贴在檩条侧表面，防止室内的湿气浸入岩棉。然后，在檩条之间铺设下层保温岩棉。

第三步，在檩条顶部预铺设镀锌钢丝网，采用几字托将镀锌钢丝网夹在檩条顶部，使镀锌钢丝网处于紧绷状态，采用自攻螺钉固定。然后，在镀锌钢丝网上部铺设上层保温岩棉，同时在几字托内填充保温岩棉。

第四步，在上层保温岩棉上表面铺设 TPO 防水层，在几字托相应位置的顶部采用自攻螺钉安装固定 T 形码，在 T 形码与 TPO 之间增设丁基胶垫片，解决自攻螺钉带来的漏水隐患。最后，在 T 形码顶部扣压屋面板，以大口咬合小口的方式进行安装。

2）深化构造层且优化施工工艺

本工程金属屋面工程结合节能设计、构造层厚度受限、现场工况受限等原因，进行构造层深化和施工工艺优化，选择空腔式 Z 形支撑型轻量化金属屋面装配安装技术。利用 Z 形檩条与下层岩棉高差设计，加之支撑钢丝网的设置，形成空腔保温夹层，既可增大材料利用率，又可提高屋面保温、隔声等节能效果。采用吊挂式底板构造与滑动式操作平台施工方法相结合，实现屋面底板经济选型，提高屋面观感效果，降低屋面构造厚度，节省架体搭设措施和机械的投入，解决工况受限问题，实现多专业插入施工。结合檩托、檩条预开长圆孔，以及天沟整体安装的方式，提高安装质量。

第 21 章 机电工程创新施工技术

21.1 结构楼板高强地板辐射供暖管道施工技术

1. 技术概况

国家会展中心（天津）一期工程 S16 展厅采用冬季地板辐射供暖系统。展厅高度为 24m，单展厅面积达 12000m²，属于高大空间建筑。同时，该展厅兼具宴会厅和会议厅的功能，对于冬季供暖的舒适性要求较高。由于地面荷载在 50kN/m²，超过常规的供暖系统地面的荷载要求。因此，设计人员改变传统地供暖管道敷设于建筑层的做法，改为将管道敷设于混凝土结构层内上、下两层钢筋之间，此做法既满足展览使用功能要求，又达到地面承重要求，取得较好效果。

2. 技术难点

常规建筑层地供暖管道往往施工于结构层地面完成后，建筑层地面浇筑施工前，与其余专业穿插较少。但因结构层地供暖管道敷设于结构板内两层钢筋之间，每道工序都会存在地供暖专业与土建专业之间的交接情况，再加上与防雷接地等交叉施工，因此不同专业分包的工序穿插衔接尤为重要，施工流程的组织梳理是重点。因此，本项目的施工难点在于，多专业在同一区域穿插施工的前提下，既要保证进度，更要加强成品保护，最终确保工程质量。

3. 技术要点

1）设计方案选择分析

常规的展馆类建筑因冬季无办展需求，仅仅满足展馆内管道防冻及设备运行的最低温度即可。因此通常展馆采用一次回风的全空气系统，靠组合式空调机组提供展馆的冬季供暖负荷，S1 ~ S15 标准展厅均采用此方式进行冬季供暖，该方式能满足展厅内设备正常运行的最低温度，但无法满足冬季人员活动区域对温度的要求（图 21.1-1）。

S16 展厅有展览大型设备的用途，地面荷载较高，达到 50kN/m²，而常规地供暖系统管道敷设于建筑面层内，要求荷载一般不大于 20kN/m²。因此考虑采取改变传统地供暖管道的敷设做法，采用结构地供暖方式：将挤塑保温板敷设于混凝土垫层与底层钢筋之间，将地供暖管道敷设于上、下两层钢筋之间，依靠两层钢筋的支撑及上方混凝土结构的作用力对地供暖管道进行保护，能满足重载地面下地供暖管道的地面承重需求。经过技术讨论，本工程最终采用地板辐射供暖系统作为空调系统的辅助方式进行冬季供暖（图 21.1-2）。

2）结构地供暖系统散热量计算

由图 21.1-1 可知，单一使用空调系统供暖可使标准展厅的冬季温度达到 18℃，而按照业主需求 S16 展厅冬季室内温度应达到 20℃。为满足供暖效果，对地供暖系统的散热量进行计算，并最终确认采用 d25×2.3 的 PE-Xa 供暖管道，盘管间距为 300mm（表 21.1-1）。

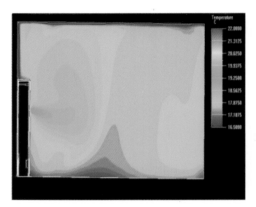

图 21.1-1 标准展厅冬季垂直地面温度场

图 21.1-2 S16 展厅冬季供暖示意

地供暖供暖计算结果　　　　　　　　　　　　表 21.1-1

管道间距	mm	100	200	300	400
供暖输出	W/m²	107.9	97.9	87.5	77.6
地表平均温度	℃	30.57	29.62	28.62	27.68
供水流量	kg/（m²·h）	11.2	10.26	9.29	8.39
向下的热损失	W/m²	22.4	21.4	20.6	20
总供暖输出	W/m²	130.3	119.3	108.1	97.6

3）施工工艺

（1）铺装隔热层挤塑保温板：对地供暖管道施工前，应对土建施工素混凝土垫层进行检查，对于不平整的垫层，应及时与土建施工单位联系重新进行找平，确保素混凝土垫层的场地平整及整洁。素混凝土垫层经检查合格后进行挤塑板隔热层敷设，挤塑板要注意敷设平整，挤塑板敷设完成的接缝处要结合紧密，并用胶带做好固定，对于不规则的部位要进行异形切割。挤塑板敷设完成后，安排结构队伍进行底层钢筋的放线定位及敷设，敷设底层钢筋时，应派专人看护提醒做好挤塑板的成品保护（图 21.1-3）。

（2）敷设固定地暖管：按照 300mm 间距进行地供暖管道敷设，敷设地供暖管道时，利用十字绑扎法将地供暖管道与钢丝网片和底层钢筋绑扎在一起。安装时，应防止管道扭曲，弯曲管道时，圆弧的顶部应加以限制，并用管卡进行固定。管道走向采用往复形式，这种形式适合大面积、大跨度的区域，敷设管道时，按照土建钢筋绑扎顺序进行分块施工（图 21.1-4）。

（3）管道打压与保压：地供暖管道敷设完成后进行打压试验：每路管道进行打压试验，试验压力 0.9MPa，稳压 1h，压力降不大于 0.05MPa 为合格。请相关人员验收完成后，泄压到工作压力 0.6MPa 持续保压，安排专人进行 24h 看护。打压试验完成后，土建方面进行钢筋马凳安装及顶层钢筋敷设。在敷设顶层钢筋的过程中，应设专人提醒做好挤塑板和地供暖管道的成品保护，24h 巡查所连接压力表的示数变化（图 21.1-5）。

图 21.1-3　挤塑保温板敷设

图 21.1-4　地暖管敷设固定

图 21.1-5　地暖管打压试验

（4）防雷接地施工：顶层钢筋敷设完成后进行防雷接地施工，防雷接地焊接时，在地供暖管道上方敷设好防火毯，避免挤塑板和地供暖管道损坏，施工完成后进行验收（图 21.1-6）。

（5）浇筑混凝土：最终验收完成后，浇筑混凝土。混凝土浇筑时，应由专人 24h 看护所敷设地供暖管道，及时读取所连接压力表示数，如发现管道泄压，及时暂停混凝土浇筑，清理拆除钢筋后，重新进行管道敷设，并再次保压。浇筑混凝土时，不得在管道附近使用插入式振捣棒，避免管道被损坏；浇筑完成后，应及时进行养护，保证工程的施工质量。在混凝土的整个浇筑过程和初凝阶段，PE-Xa 管必须处于保压状态，不得泄压。

样板段验收完成后，根据样板段施工工序，进行分区域整体施工（图 21.1-7）。

图 21.1-6 防雷接地施工

图 21.1-7 完成效果

4. 技术小结

为解决高大展厅空间的重载地面供暖问题，本项目设计采用了结构层地供暖系统，地暖管敷设在底层钢筋与上层钢筋中间，浇筑隐蔽于混凝土中。这种系统既能有效保证使用功能，又能避免地暖管道在重载地面使用过程中的损坏风险。该施工技术于 2019 年 7 月在国家会展中心（天津）S16 展厅敷设地供暖系统时使用。在此施工技术的实施过程中，多专业工序的穿插衔接及成品保护尤为重要。本项目所采用的施工工艺及成品保护措施经证明切实有效，能够满足项目工期及质量的要求。实践证明，结构层地供暖施工技术适用于对大空间承重要求较高的地面。今后如有此类案例，可按照本文所述流程及标准施工，此施工技术值得在同行业进行推广使用。

21.2 机电安装在大型会展中的高效建造技术

1. 技术难点

项目 16 个展厅的空调机房数量多达 288 个，每个展厅同规格同尺寸立式空调机组达 34 台。竖向风管高差近 10m，而每节风管标准长度仅为 1240mm，安装精度要求高，高空作业时间长，且不良体位不利于提高工作效率。

展位箱电缆安装于展厅地面次管沟内，每个展厅共计 16 条次管沟，每条次管沟共计 10 台展位箱，电缆引自南、北两侧强电井，因数量多、电缆长度大，如采用 T 接箱接驳，不仅现场施工空间有限，且耗费人工。

本项目地源热泵打井分东、西两个区域，共 2716 口换热井，其中西区 1456 口，打井区域绝对施工工期不足两个月，包含横管敷设及回填土等工序。

本项目综合管廊单条长约 340m，机电管线密集处包含 15 趟桥架和 35 趟水暖管道，内部管线长、数量多、管线安装要求精度高。

2. 技术要点

1）空调机房管道预制施工技术（图 21.2-1）

针对风管安装施工，面对高差近 10m 的竖向风管，为了减少高空作业紧固螺栓停留时间，先行将风管在地面进行密封处理及螺栓紧固工作，再采用整体吊装形式安装在预先固定好的支吊架上，极大地减少了安装时长，可实现高效安装，同时大大减少了工人在高空停留的作业时间。

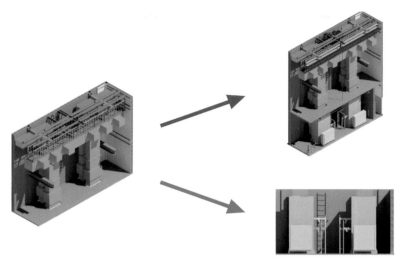

图 21.2-1　管道预制拆分示意图

机房内空调供回水管安装施工，由于各个机房内相似程度极高，整体施工作业面广，同步施工对人力物力要求较高，管道焊接工作量大，难以把控焊接质量。项目严格落实样板引路制度，样板确认完成后进行大面积管道阀组预制工作，将阀组周边焊接焊口减少至两道，且预制施工不受各专业施工条件限制，在库房内加工即可，现场作业面移交之后，能在最短时间内完成管线施工，为项目机电工程工期履约打下坚实基础。

2）预分支电缆施工技术

为保证现场展位箱接驳空间，加快施工进度，保证后续维护方便，电缆采用预分支电缆，把分支电缆外套的合成材料进行气密性模压密封，其具有供电安全可靠、绝缘性能好、配电成本低、安装环境整洁及安装后维护要求低等优点，预分支电缆是将已在厂内标准化生产好的电缆利用其终端吊头与挂钩吊具水平安装于次管沟内，主干电缆顶端配置绝缘牵引挂具，并依靠挂钩横担固定支架及电缆夹具等，这些辅件用来承担电缆的质量，并将它们固定，利用厂家进行电缆分支预制节省现场施工时间、降本增效，如图 21.2-2、图 21.2-3 所示。

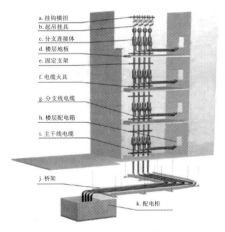

图 21.2-2　预分支电缆原理图

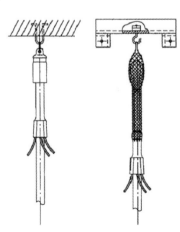

图 21.2-3　电缆敷设安装大样图

3）地源热泵换热井打井综合施工技术

为保证地源热泵工期进度及施工质量，采用自制钻杆运输车代替人工进行钻杆倒运，每个钻杆使用完放到运输车上，靠车辆自身的高差传送到下一口井的位置，每口井打完之后，再将车辆推到下两口井中间的位置进行再次使用，此装置既可节省人工，同时也能够加快施工进度。

同时，采用可移动式泥浆车代替传统挖沟方法进行泥浆回填，泥浆罐为高2m、直径2.2m的圆柱罐，下面拼装有支撑台及滚动轮。为满足运输需要，泥浆车下垫槽钢轨道，通过交替移动轨道进行运输。泥浆车每次可供4口井同时进行打井施工，当一个区域施工完成后，可借由车轮及轨道将车运输至下一区域进行施工。此装置既可满足绿色文明施工，同时也能够提高施工效率，加快施工进度。

4）管廊大型综合支架施工技术

在综合管廊的施工中，支架的施工是前提，一旦控制精度出现偏差，将耗费巨大的投入进行拆改，并会对后期管道的对接安装产生影响。为保证管廊的施工进度及质量效果，本项目结合现场实际情况，对大型综合支架进行了工厂化预制及现场拼接。从对支架进行受力分析计算开始，确定支架型材规格，按照BIM模型分别对支架进行测量预制，按照工序对支架进行流水化作业，实现了管廊大型综合支架的快速施工，如图21.2-4所示。

图 21.2-4 管廊大型综合支架图

3. 小结

高效建造技术绝不仅仅是对于速度的要求，更多关注的是对质量及效率的把控，也就是优质的高效建造。优质高效建造是一种科学、经济、高标准的施工管理和作业方式，由于质量是企业的生命，也是工程的价值所在，因此，实现优质高效建造的前提是保证工程质量。高效建造可以缩短工程施工期，减少施工成本，同时可以加快开发企业的资金周转。而合理科学的高效建造更侧重于管理和技术的革新，相比于以往靠"人海战术"的抢工模式效果更佳。

21.3　异形支架"梅花桩"成排管线施工技术

1. 技术概况

本工程共有 32 个展厅，每个展厅有 18 个空调机房，共 576 个空调机房内管道需要出机房顶伸至 V 形梁内，采用"梅花桩"造型的成排管线施工技术，既解决了管道的生根安装问题，又实现了管线明露区域的做法统一，造型大气美观，和整体建筑风格相得益彰（图 21.3-1）。

2. 技术难点

空调机房顶板标高 12.8m，V 形梁底板标高 18.2m，明露管段长度约 5.4m，较长管段在高空生根安装难度大。

空调机房数量庞大，且机房顶至 V 形梁为明露区域，成排管线施工安装需保证造型的一致和美观。

中间立柱焊接的丝杆角度实际施工时偏差较大，容易造成不同空调机房顶上"梅花桩"造型的差异。

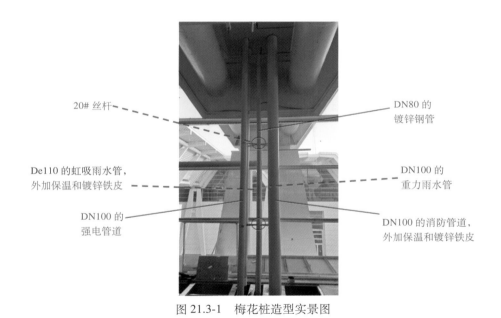

图 21.3-1　梅花桩造型实景图

3. 采取措施

考虑采用"梅花桩"造型，中间立柱为 DN80 镀锌钢管，周围四根管道通过 20 号丝杆、制式管卡和中间立柱连接。立柱底部与钢梁施焊，顶部与 10 号槽钢焊接，槽钢与钢结构圆梁搭接施焊，解决了成排管线的生根问题（图 21.3-2）。

根据现场的安装空间建模，考虑横担位置和造型后，确定丝杆角度和管道间距（图 21.3-3）。

为实现每个"梅花桩"的造型统一，统一制作了丝杆焊接的模具，减少了安装误差，同时提高了工作效率。中间立柱安装完后，管道通过制式管卡和丝杆连接生根。

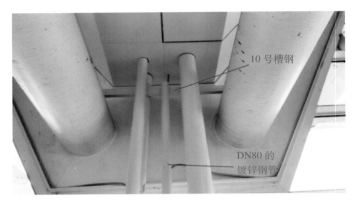

图 21.3-2 梅花桩顶部生根示意图

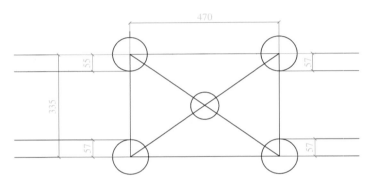

图 21.3-3 梅花桩平面尺寸标注图

4. 小结

异形支架"梅花桩"成排管线施工技术一方面通过中间立柱生根，传递给周围四根管道，解决了高空成排管线的生根问题；另一方面，通过建模和丝杆焊接模具的制作，实现了"梅花桩"成排管线的美观和一致性，对高空成排明露管线的安装有一定的借鉴意义（图 21.3-4）。

图 21.3-4 梅花桩丝杆焊接模具及加工实景图

21.4 地源热泵高效车载式泥浆转运施工技术

1. 技术概况

本工程地埋管系统占地面积约 34000m^2，共计 1375 眼换热孔。为避免在场地开挖大量的泥浆沟槽和泥浆坑，采用高效的车载式泥浆转运技术，既可实现绿色文明施工，同时也能提高施工效率、加快施工进度，解决了场地受限无法开挖泥浆池的问题。

2. 技术难点

地源热泵钻机施工需要开挖大量的泥浆沟槽和泥浆坑，用于泥浆的存放、沉淀和倒运（图 21.4-1）。开挖大量的泥浆沟槽和泥浆坑耗工耗时，项目体量大、工期紧，会影响施工进度。

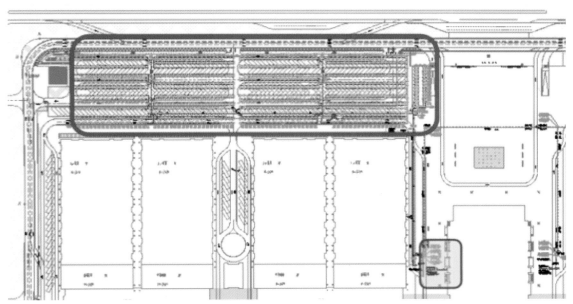

图 21.4-1 项目地源热泵地埋井区域

地源热泵区域涉及路面施工的交叉工序，在场地边界区域，由于场地受限，不具备泥浆池的开挖条件。同时，泥浆池的水分外渗会严重影响路基压实度。

项目各种检查多，众多泥浆沟槽和泥浆池布置凌乱，多余泥浆清理困难，达不到安全文明的施工要求。

3. 采取措施

制作可移动式泥浆罐车作为泥浆转运装置。采用 5mm 的钢板制作，管内采用∟50 角钢支撑，防止盛满泥浆后变形.泥浆罐上方设置安装水泵电机的平台,下方焊接 10 号槽钢用于固定移动平台，移动平台的 4 个支点位置加装承重不低于 4t 的移动胶轮。

滑道采用 10 号槽钢，槽钢下铺设枕木，两台泥浆泵（功率 15kW、流量 60m^3/h、扬程 65m）和泥浆管道用于泥浆的倒运（图 21.4-2）。

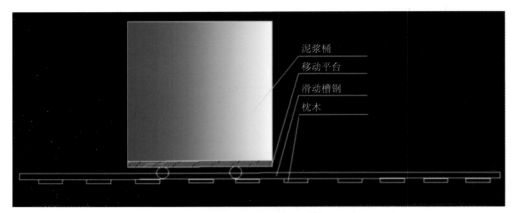

图 21.4-2　泥浆罐车及运输滑道构造示意图

将泥浆罐放置在打孔的换热井附近，使用螺杆泵将泥浆沟内的泥浆抽至泥浆罐内。待泥浆在罐车内沉淀后，将回水管放置在罐车内泥浆上层，泥浆泵抽水打入钻杆内，用于下一个井的钻孔。该口井下完管后，将回水管降至罐车内泥浆下层，泥浆泵抽泥浆换热孔口，用于泥浆的回灌。

4. 小结

高效车载式泥浆转运适用于地源热泵泥浆转运的各种环境，克服了传统地源热泵钻机施工时开挖大量的泥浆沟槽和泥浆坑的缺点，既可实现绿色文明施工，同时也能极大地提高施工效率，加快施工进度，避免了泥浆池水分外渗影响路基压实度的问题，也解决了部分场地受限不具备开挖条件的难题。

21.5　高强度地埋灯施工技术

21.5.1　技术概况

随着会展业态的发展，其规模越来越大，展览种类丰富多样，重型机床、重型汽车展览频频出现，所以重载地面成为国内大型展馆的标配。有的项目地面荷载要求大于 $100kN/m^2$。地面疏散指示灯成为重载地面的一个难点，既要保证地面荷载，同时也要兼顾疏散指示布置要求。

以国家会展中心（天津）为例，地面疏散指示灯主要涉及单向指示、双向指示、初始双向指示三种形式。灯具类型为 A 型灯具，集中电源集中控制型；功耗为 1W，地面嵌装，防护等级不小于 IP67；展厅地面指示灯，满足展厅承载要求，不应小于 10t（图 21.5-1）。

展馆区地面指示灯主要体现在展厅区域 F1 层，交通连廊 F1、F2 层，中央大厅 F1、F2 层（图 21.5-2）。

21.5.2　技术难点

地埋指示灯底盒标高控制不足，现场底盒上边沿与地面标高控制不一，灯具与地面的贴合度差，不能保证与耐磨地面研磨完成面高度一致。

地埋灯体与底盒之间能良好地将承载力传导至结构地面，保证灯体在使用过程中不会变形，影响防水密封。

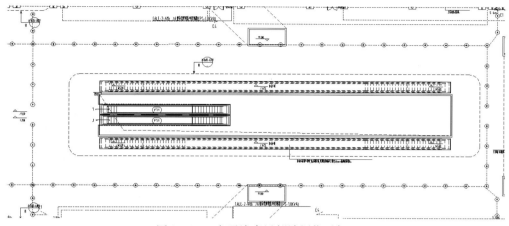

图 21.5-1　交通连廊局部地埋指示灯

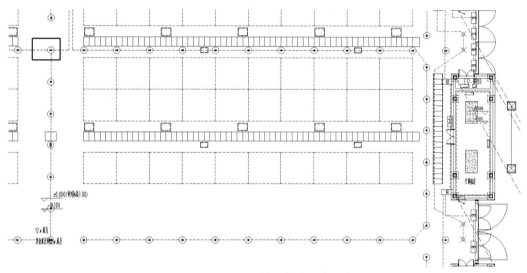

图 21.5-2　展厅区域局部地埋指示灯

灯具布置直线度，线盒安装不正，造成后期安装灯盖板，箭头方向不正，与轴线不重合，成型效果不好。

地埋指示灯线管堵塞无法完成穿线，后期只能剔凿耐磨地面，造成地面的感官质量变差。

地面进行多次打磨，造成线盒内大量积灰和存水，后期清理非常费工费时。

21.5.3　技术要点

1. 灯具选型

此款地埋灯与预埋盒套件是根据市场需求及调研各类展厅实际场景而设计的会展专用疏散照明地埋灯，满足会展中心等场所的静态荷载及苛刻的施工环境，方便前期施工预理与后期维护使用。灯具与预埋盒套件及地面之间为实心接触，并在底部增加减振垫。在施加高强度大面积荷载时，套件紧密包裹住灯体，保证灯体表面将荷载直接传导给大地，加之受到减振垫的缓冲作用，保护灯体本身安全，从而为项目提供准确与安全的应急疏散路径。

材质如下：灯具主体面板采用 5mm 厚 SUS304 不锈钢，发光区域采用一体化实体优质阻燃 PC，底壳采用高强度阻燃 PA66+30%GF 材质，一体浇筑完成，使灯具整体达到了远超 IP67 的防护等级，可以使灯具在潮湿地面环境下达到荷载 15t 的情况下正常使用。

灯具参数见图 21.5-3。

正面　　　　　　　　　　　背面

性能特征：
- 实时主报工作状态
- 远程控制频闪、开、灭灯功能
- 电路熔断器保护
- 网格化智能分析模块

基本参数：
- 输入电压：DC24V或DC36V
- 功率：1W/0.3W
- 应急时间：90min
- 应急转换时间：<1s
- 总线技术：无极性二总线
- 防护等级：IP67
- 执行标准：GB17945-2010

图 21.5-3　灯具选型

2. 土建合理配合工序

（1）安装地埋灯时，一定要在一次结构地面剔凿完成、地面砸麻面之后开始，避免因土建处理地面造成已经校准的控制线重新复核，避免反复安装线盒，减少土建地面砸麻面对管线及灯盒造成破坏。

（2）开始安装预埋盒时，需要次管沟边 Z 形钢安装校核完成，现场具备复核参照，保证预埋盒上边沿能与地面齐平。

（3）展厅区域内地埋盒及线管的施工，要先完成两个管沟对应区域内的管线及灯盒，待土建专业完成该区域内地面浇筑后，开始进行展厅中间主路的管线预埋。应防止因土建浇筑罐车通行对中间通道敷设的管线进行碾压，导致成品破坏。安装顺序见图 21.5-4。

（4）施工时间

待土建次管沟边缘 Z 形钢安装校正完成，一次结构地面剔凿完成后，耐磨地面计划施工前，开始预留预埋地埋指示灯，以减少因与土建工序交叉的影响。

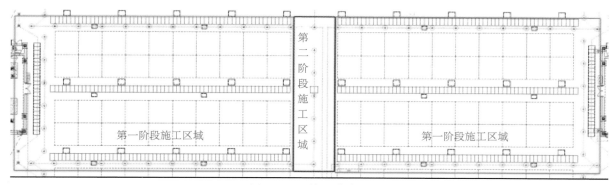

图 21.5-4 施工路线图

3. 施工流程

1) 测量放线

安装地埋指示灯时，要保证最终成排的灯在一条直线上，所以正式安装之前，应着重完成测量工作。首先找准土建地面测放的控制线，然后复核其准确性及偏差，复核校准完成后，根据校准的控制线从一端开始放指示灯盒中心控制线。同时，需要保证相邻两条管线上的灯位也在一条直线上。

为保证放线的准确性，以及后续安装完成后的复核，在现场弹的每条控制线上固定至少三个胀栓作为固定标记点，防止因其他因素扰动造成所画标记线模糊、消失等，造成现场安装失去控制线，同时作为现场最终复核的依据。

预埋灯盒底部均带有箭头，实际安装时，需要保证箭头、箭尾标志在一条直线上，还需要保证线盒内部两个固定耳平整，以确保最终盖板安装完成后能够成排成线。

每一个线盒均需要按照图纸箭头方向进行安装，防止装错，造成最终安装疏散指示错误。

对于实际控制效果，应保证东西方向、南北方向的地埋灯均在一条直线上，如图 21.5-5 所示。

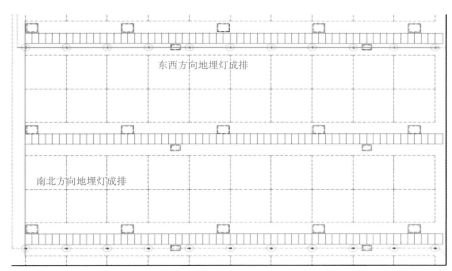

图 21.5-5 施工定位图

2）灯具底盒预埋（图 21.5-6）

安装线管及固定防水底盒。底盒连同防水盖一起用拉爆固定于地面。盖与底盒用胶带固定防止泥浆进入底盒。根据周边的 Z 形钢高度，用激光投线仪找出水平面，测量好轴线灯具底盒高度均值，仅允许比 Z 形钢低 5mm，统一切割预制底盒，底盒是使用 160PVC 排水水管制作的。调整出线管顺直后，将底盒口使用密封盖密闭，防止在地面浇筑时泥浆进入。在密封盖上做一个标桩，用于检测在混凝土浇筑过程以及振捣过程中是否发生偏移。

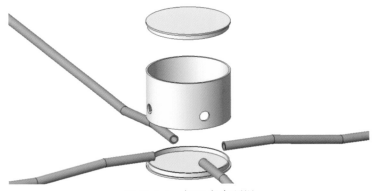

图 21.5-6　灯具底盒预埋

3）混凝土地面浇筑

浇筑在初凝压光收面后，应及时在次管沟边将密封盖上的混凝土清理干净，避免后期找不到底盒，剔凿对混凝土地面的破坏（图 21.5-7）。

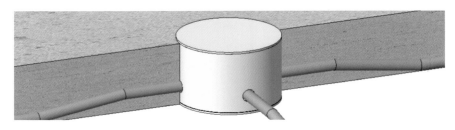

图 21.5-7　混凝土地面浇筑

4）配管

线盒校准完成以后，JDG 线管做登高弯进入线盒，管口与线盒位置增加锁母，匹配调整后的线盒预留孔洞，保证线盒与管连接紧密。灯位之间线管采用三处固定点，线管起底盒根部 20mm 采用一个固定卡，增强固定效果，管线中间对直线段再进行固定，保证管线的牢固，如图 21.5-8 所示。

两个固定卡子
增强固定效果

线盒两侧线管登高弯效果

图 21.5-8　灯具配管

5）灯具安装

待地面凝固后打磨完，回灌细石混凝土，混凝土振捣密实；并放入定位预埋件，控制灯具安装空间统一，将多余的混凝土从预留口挤出，用抹布清理干净，注意提前防护埋件螺丝孔。预留支架注意指示方向顺直（图 21.5-9）。

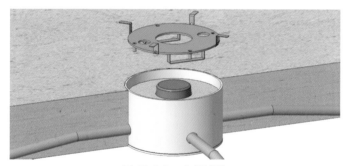

图 21.5-9　支架安装

待回灌细石混凝土上强度后，折断预埋件挂钩，安装灯具即可（图 21.5-10）。

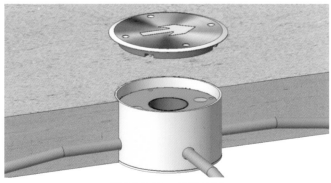

图 21.5-10　支架处理

安装灯具面板时，保证防水硅胶垫平整，无褶皱，灯面板覆膜完整（图21.5-11）。

图 21.5-11　灯具安装

4. 质量控制要点

开始安装预埋灯盒前，对各个施工班组进行技术交底工作，明确各个环节的控制要点。

专业配合：现场样板交底，熟悉操作工艺。

盯灰看护，打灰时安排专人看护，尤其是在振捣时，避免对灯体预埋底盒造成移位。

在预埋支架上螺丝孔提前用胶带粘好，电线导管在穿线前管口用防水胶带密封，避免泥浆进入（图21.5-12）。

需要预留预埋盒固定螺栓，如图21.5-13所示。

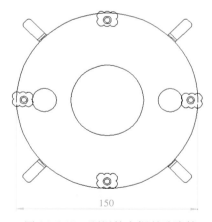

图 21.5-12　预埋件上螺丝孔防护

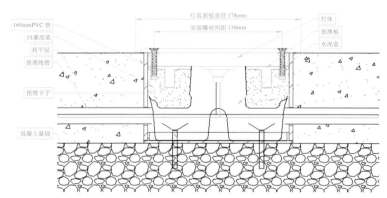

图 21.5-13　预留示意图

巡查：当预留底盒后在耐磨地面时，有较长一段时间需要成品保护，避免重载车辆碾压，防止做好的防护遭受破坏，需要加强日常巡查管理（图21.5-14）。

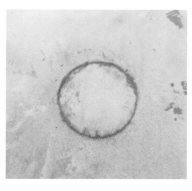

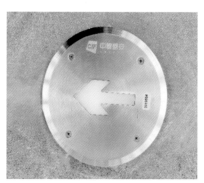

图 21.5-14　实施效果

21.6　绿建三星机电技术在国家会展的应用

21.6.1　设计背景

随着社会经济与科技同行发展的趋势，中国建筑行业也在不断创新而融入更多的智能化元素。与此同时，绿色建筑的发展和推广同样越来越受到行业人的关注。建筑相关企业和单位对 BIM 技术、装配式建设的大力提倡，从另一方面促进了绿色建筑与经济环保理念的结合，帮助绿色建筑发挥真正意义上的绿色概念。作为中国北方最大的会展中心，其本身的定位和要求已经高于一般工程，而预设的绿建三星级标准将更好地保障技术落地和效果展现。基于国内绿色建筑技术应用相关实践成果，结合项目设计与规划特点，创新绿色技术应用方案，将更好地探索绿色建筑技术在超大型会展建筑中的综合应用。会展中心项目采用先进的设计理念，横向比较，纵向深挖，因地制宜地选择切实可行的绿色建筑技术策略，以期达到绿建三星的建设目标。

21.6.2　技术概况及要点

1. 预制模块井的应用

在机电安装施工过程，体量巨大的给中水系统、雨污水系统和电缆的敷设在保证正常的运行之外，还需要高精度标准的 BIM 模型，同时管道的各种井室施工是施工质量的关键所在。为此，国家会展中心（天津）项目应用混凝土预制模块井，包括给中水井室 158 座，雨污水检查井 669 座，电力检修井 378 座。

预制模块井施工技术的应用，不仅保证了井室的快速建造，而且节约劳动力，缩短工期，同时提高建筑质量，助力赢得鲁班奖。半装配式的预制模块也成为当下绿色建筑施工的新载体（图21.6-1）。

图 21.6-1 预制混凝土模块井

2. 大跨度大面积的光伏发电技术

国家会展中心（天津）项目的屋面面积大，可利用率高，结合项目所在地天津津南区的日照时长，将展厅屋面与光伏发电系统相结合，展现了绿色生态、绿色能源的设计理念，成为绿色建筑的重要组成部分，也符合建筑行业绿色建筑的发展趋势。屋面上的光伏发电系统应用不仅是节约能源、绿色环保的典范，也在空间的合理分配和利用上有所创新。

3. 能源综合利用的策划和实施

能源综合利用规划指依据方案规划，遵循节能环保和降低碳排放的原则，结合综合资源规划（IRP）的原理，对所开发区域的能源系统进行策划和规划。能源综合利用规划应包括能源的现状分析、能源需求分析、建筑节能、可再生能源利用等内容。国家会展中心（天津）项目由16个展厅及中央大厅构成，结合建筑本身的特点，有针对性地制订了相关联的节能方案。

1）中央大厅空调通风系统

中央大厅建筑室内净空高度超过30m，室内气流存在明显分层现象，且垂直温度梯度很大，而人员活动区域主要集中在底部2～3m高度范围内。针对大厅空间特点采用分层空调的形式，即仅仅控制人员活动区域的室内温度，而对中央大厅上空的部位进行自然通风，从而避免上部空气温度过高。大厅侧墙高位及顶部设置有可电控开启的开启扇，过渡季节或大厅顶部温度过高时可电动开启，通过加大一次回风全空气系统空气处理机组将提供空气初效（G4）、中效（静电）过滤（F8）、加热/冷却、加湿等功能，以尽可能地减少空调设备承担的冷负荷（图21.6-2）。

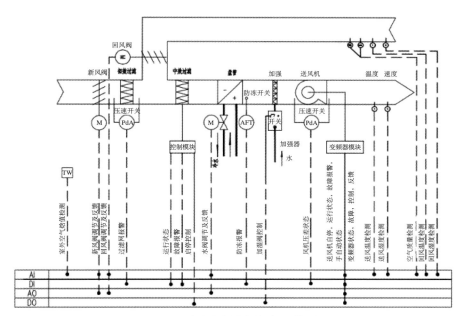

图 21.6-2　卧式变频空调机组工作原理图

2）交通廊空调通风系统

交通廊分段设置可变新风量的定风量一次回风全空气空调系统，过渡季节最大新风比可达 70%，既可提高室内空气品质，同时也可通过室外新风直接消除部分室内空调负荷，减少冷水机组的负荷消耗。首层交通廊采用上送上回的空调送回风方式，送回风口均设置在吊顶。根据绿色建筑要求，空调机组送风机变频（图 21.6-3）。

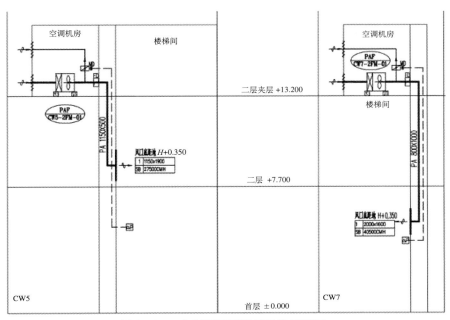

图 21.6-3　交通廊正压送风系统示意图

二层交通廊为高大空间，最高处距地约 15m，采用分层空调，仅控制人员活动区域的室内温度。交通廊顶部设置可机械开启的天窗，可通过加强顶部自然通风的方式降低上部空气温度、消除部分负荷，同时使交通廊的空调通风系统满足规范规定的可变新风比要求。

3）空调热负荷及热源

空调热源采用园区热力与地源热泵空调系统联合供热的方式。地源热泵属于可再生能源。利用技术具有环保、高效节能，运行稳定、可靠安全等特点，节省空调系统运行费用，同时实现社会效益。依据绿建三星要求，本项目地源热系统设计工况下的供热量达到建筑热负荷的 28% 以上。螺杆式和离心式地源热泵机组设置在中央大厅地下室东、西两侧的制冷机房内。中央大厅地下室东、西两侧分别设置热交换站离心式地源热泵机组与板式换热机组，共同为本项目提供空调热水。地源热泵机组优先运行。

4. 智能化设计要点

1）技术积淀，智慧会展

智慧会展是在新一代互联网技术的广泛应用基础上建立起来的一种创新环境下的建筑形态。它具有智能管控的多功能综合系统，涵盖健康监测、环境管理、能耗分析和服务支持等各个方面，可以实现对建筑及环境中所有事物的广泛连接、深度感知、智能分析和有效控制。借助各类先进技术，根据工程定位对其功能需求的不同，设置最适宜的智能体验是智慧会展的重要体现（图 21.6-4）。

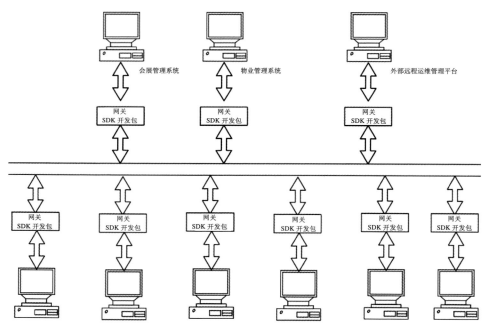

图 21.6-4 综合运维管理平台（部分）

BIM 技术、物联网技术、云计算技术、大数据技术和人工智能技术是会展建筑实现智慧化的关键技术，为智慧会展的发展与研究提供了重要的技术支撑，是智慧会展追求行业目标的必要手段。

各种技术之间相辅相成，既需要发挥各自的技术优势，又需要相互之间的技术合作。BIM 技术可以对智慧会展建筑生命周期的各个阶段进行建筑性能分析、模拟预测，结合大数据的数据挖掘技术，探索智慧会展建筑的前瞻性研究（图 21.6-5）。

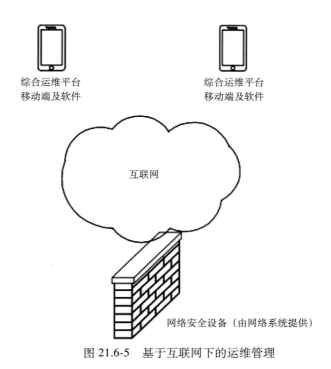

图 21.6-5　基于互联网下的运维管理

物联网技术是智慧会展建筑实现全面感知的重要技术基础，实时采集的大量数据为建筑实现智慧化提供了必要的信息资源。云计算的计算能力、交互能力为智慧建筑的数据分析与计算提供了可靠的技术保障，它的高可靠性保证了建筑系统的服务质量。云计算技术与大数据的技术合作可以对采集的会展建筑专业数据做出有效的分析和智能的挖掘，为会展运营做出智慧化决策提供可靠的依据。

2）智能应用，科学管理

绿色建筑发展期间，应用智能化元素越来越多。构建智慧管理体系，即运用信息技术和通信技术来感测、整合、分析城区各系统的运行信息，为环境保护、资源节约及城区治理等提供管理与决策依据。智慧管理不仅是一种管理模式或应用技术，也是一种管理理念。在投入新设备时，也能提质增效。国家会展中心（天津）项目在能量计量及自动控制方面卓有成效，从源头上营造了智能架构（图 21.6-6）。

本工程室内空调末端采用自动控温调节，可满足室内人员的舒适性要求。风机盘管设有独立温控器（具有冷热模式转换功能），用于用户自主调节室温。风机盘管回水管设置具有断电复位功能的电动两通阀，就地手动控制风机启停和转速。新风机组、空调机组回水管路设置动态平衡电动调节阀，根据负荷变化自动调节水量。

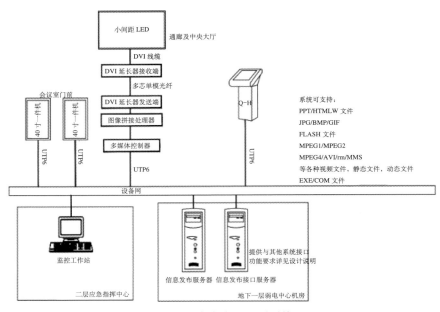

图 21.6-6 信息发布及导引系统图

21.6.3 小结

新建建筑执行绿色建筑的要求，满足健康建筑、超低能耗建筑等相关标准的要求。健康建筑是指在满足建筑功能的基础上，为建筑使用者提供更加健康的环境、设施和服务，促进建筑使用者身心健康，实现健康性能提升的建筑。国家会展中心（天津）项目中，室内设置二氧化碳空气质量监控装置，用以保证健康舒适的室内环境。中央大厅、展厅、交通廊等主要房间空调机组和新风机组设置静电中效过滤（F8）可以对 PM2.5 进行有效过滤，PM2.5 过滤效率不低于 90%。地下停车库每 500m² 设置了一氧化碳浓度探测器。使用时，可根据一氧化碳的浓度选择不同的通风模式，既可保证车库的通风效果，还能减少运行费用。

第22章　装饰工程创新施工技术

22.1　装配式墙面装饰施工技术

1. 技术概况

本工程展厅及交通廊公共区域墙面采用穿孔埃特板、平板埃特板施工，展厅大厅的正立面为穿孔埃特板，机房侧边为平板埃特板墙面（图22.1-1）。

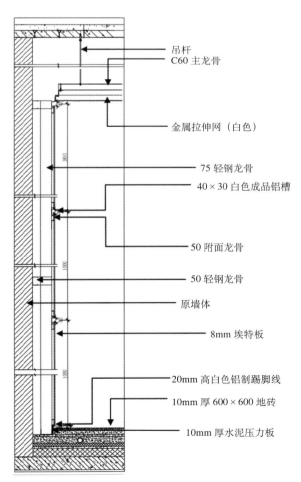

- 吊杆
- C60主龙骨
- 金属拉伸网（白色）
- 75轻钢龙骨
- 40×30白色成品铝槽
- 50附面龙骨
- 50轻钢龙骨
- 原墙体
- 8mm埃特板
- 20mm高白色铝制踢脚线
- 10mm厚600×600地砖
- 10mm厚水泥压力板

图22.1-1　埃特板标准墙面纵剖图

　　墙面基层统一为 40 角钢、75 天地龙骨、75 竖向龙骨、50 副龙骨卡件、50 副龙骨、玻璃丝棉、玻璃丝布等材质施工，施工顺序如下：施工准备→定位放线→连接件安装→天地龙骨安装→零距离卡件安装→竖向龙骨安装→玻璃丝棉安装→玻璃丝布安装→横向幅面龙骨安装→隐蔽验收→安装埃特板饰面板→成品铝槽安装→踢脚线安装→分项验收。

　　顶面基层为 40 角钢、ϕ 8 吊杆、38 主龙骨、50 副龙骨等材质施工，施工顺序如下：施工准备→定位放线→连接件安装→安装吊杆→主龙骨挂件安装→主龙骨安装→次龙骨安装→隐蔽验收→安装饰面板→分项验收。

　　应考虑施工的先后顺序，材料之间的收口关系，注意穿孔埃特板自身穿孔率及孔距、孔到板边的距离，不得随意加工。

2. 技术要点

墙面埃特板施工要点如下。

（1）竖向龙骨 3 个固定点及 3 个拉结点，固定点采用 40 角钢与结构工字钢进行焊接，使其外伸端面做到垂直平整，40 角钢一端与竖向 75 龙骨 2 个以上燕尾螺丝固定；拉结点采用 50 副龙骨内折 90°，ϕ 10 尼龙胀栓不小于 2 个固定点与结构条板墙固定，使其外伸端面做到垂直平整，另一端与竖向 75 龙骨 2 个以上拉铆钉固定。

（2）埃特板面板安装采用同埃特板颜色一致的拉铆钉进行固定，展厅埃特板尺寸1500mm × 1100mm，使用 9 个拉铆钉进行固定，中间的 3 个固定点（带大箍套）为紧固点，两侧的 6 个固定点（带小箍套）为滑动点，主要为防止结构变形导致的埃特板断裂问题。

顶面埃特板施工要点如下。

（1）38 主龙骨与 40 角钢转换层采用 ϕ 8 的吊杆进行固定，50 副龙骨采用连接件与 38 主龙骨连接。

（2）埃特板面板安装采用同埃特板颜色一致的拉铆钉进行固定，应采用 9 个拉铆钉进行固定，所有固定点（带大箍套）为紧固点，主要为防止埃特板脱落（图 22.1-2）。

图 22.1-2　白色埃特板墙面示意图

3. 技术难点

埃特板墙面、吊顶基层施工阶段重点如下：放线、龙骨加工定位、连接固定钢架排布、门洞口及球喷预留洞口龙骨排布。

埃特板墙面、吊顶面层阶段重点关注展厅及交通廊墙面埃特板平整度质量控制、埃特板末端点位开孔、埃特板面板尺寸排版、阴阳角收口处理方式、预留门洞及球喷洞口尺寸、色差等，针对本项目特点进行分区段质量管理。

U 形铝槽的安装阶段重点如下：U 形铝槽的接口位置与埃特板之间的关系、阴阳角的处理方式、防火门与 U 形铝槽的关系、色差问题等。

4. 小结

本项目白色埃特板大面积使用在室内墙面，埃特板本身具有平整度高、色差小、防火、防水、防霉等优点，给人的感觉非常干净、整洁，可以完美地呈现埃特板墙面的结构安全性、后期实用性和整体观感性，对后期类似的项目具有一定的借鉴意义（图 22.1-3）。

图 22.1-3　白色埃特板墙面示意图

22.2　多功能装配一体化智慧中心

1. 技术概况

本工程装配一体化智慧中心地面采用防静电架空活动地板，墙面采用复合彩钢板墙面，吊顶采用微孔铝板吊顶。中心机房按功能划分主机房、UPS 设备间、消防间。

1）地面装修说明

数据中心机房地板铺设高度为 0.35m，为空调下送风和强电管道预留空间，机房地板采用优质 600×600 架空陶瓷面全钢防静电地板（图 22.2-1），地板下边在 UPS 区域加固，并做散立支撑，分载 UPS 承重问题，地板下有其他防尘做法。

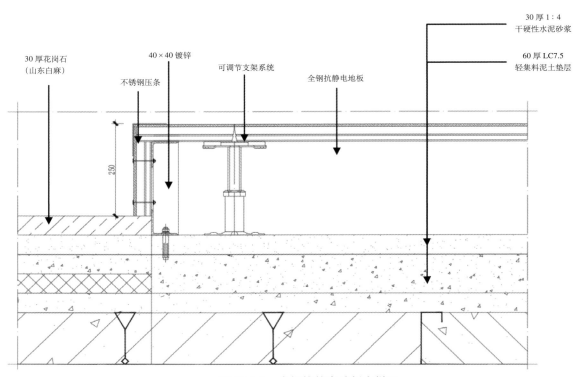

图 22.2-1 全钢抗静电地板大样图

2）吊顶装修说明

数据中心机房所有天花板全部采用微孔铝合金金属板吊顶，顶内回风配套主龙骨，次龙骨，龙骨采用 40×4 角钢支撑。梁、顶做防尘处理。

3）墙体装修说明

机房配电区设置防火区，基层面板安装复合彩钢板，内填充防火棉，并根据现场装修尺寸做分缝安装，并按照接地要求对彩钢板做接地处理。按照机房环境要求，机房内墙面进行隔声、防火、屏蔽处理。

4）门窗装修说明

机房出口设置向疏散方向开启且能自动关闭的门。机房主入口、主控间和网络机房之间安装门禁系统，房间里设置出门按钮，外边刷卡，保证在发生火灾时自动打开门禁系统，机房里面的人员可自由出去，可保证人员在火警情况下安全撤离。

2. 技术要点

机房将以国家 A 类标准进行建设，机房土建装修设计将满足机房防尘、防潮、抗静电、电磁屏蔽等机房环境需求。机房供配电系统设计将满足机房高质量、持续、稳定供电需求。机房精密空调系统设计将满足机房温度调节、湿度调节、风量调节等需求。机房安全系统将满足机房防盗、门禁、防雷接地、消防灭火等物理安全需求。机房环境监控系统将监控机房设备的运行情况。

1）机房安保监控系统

监控系统选用一体化球形摄像机或者半球形摄像机，主要在主机房（2 个）、UPS 配电房（1 个）、消防间（1 个）等重点区域进行实时图像监控和录像。在监控室设置数字硬盘录像主机，从而保证监控系统 24h 不间断监控录像。摄像机吊顶安装，电源采用 UPS 统一供电。

2）机房门禁系统

（1）根据安全防范系统规范，在机房重要区域设置键盘感应卡式读卡器，采用"刷卡 + 密码"开门的方式严格控制各个出入口人流、物流的进出情况，确保机房内设备等资源的安全。

（2）门禁控制主机位置放在系统管理室，门禁控制器吊顶或地板下安装，感应读卡器墙装。

（3）系统与消防实现联动。

（4）火灾发生时，门禁系统自动把门打开。方便室内人员安全撤离。

3. 技术难点

机房设计要求能够通过 TCP/IP 网络、RS232/RS485 等媒介实现对中心机房、分散于不同地域的机房等场地内的动力环境设备进行有效的集中监控，监控对象范围为动力设备、专用精密空调、室内空气质量检测、低压配电柜、新风机、环境系统（温湿度检测、地面漏水检测报警、照明）、UPS 等（图 22.2-2）。

1）UPS 的状态

实时监测 UPS 运行状态，根据 UPS 厂家提供的通信协议所定义的条件及用户提供的报警要素确定报警内容。一旦 UPS 报警，系统会自动切换到相应的报警界面，产生报警声音、拨打电话、发送短信，并有相应的文字提示。

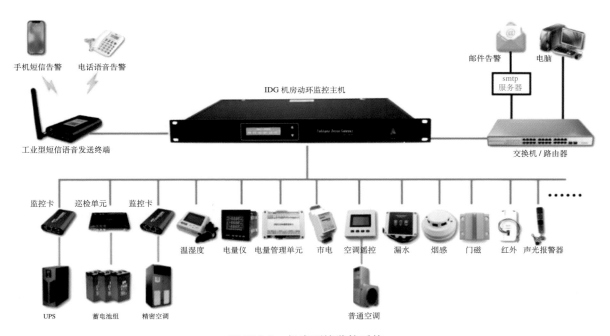

图 22.2-2　机房环境监控系统

2）环境系统

（1）空调监控：实时监控精密空调运行状态，系统一旦报警，将会自动切换到相应的报警界面，产生报警声音、拨打电话、发送短信，并有相应的文字提示。

（2）漏水监控：精密空调和普通空调下方防水围堰中设置漏水传感器，机房重要区域设置漏水传感器。漏水传感器能以数字通信信号的格式输出至监控终端。系统可检测感应线上任何点的漏水位置，并有声音报警。一旦发现某个区域漏水，系统会自动切换到相应的报警界面，显示漏水区域，并产生报警声音。

（3）温湿度监控：对于大型计算机机房，由于气流及设备分布的影响，温、湿度值会有较大的区别，应根据主机房实际情况，安装温湿度传感器，检测机房内的温、湿度。一旦温湿度传感器报警，系统会自动切换到相应的报警界面，显示温湿度失控区域，并产生报警声音。

（4）烟雾检测预警系统：烟雾检测预警系统作为重要的预警系统，在火势未引起灾害前，可通知维护人员采取适当措施，以防止火灾的发生和蔓延。一旦烟雾检测预警系统报警，监控屏显示灯会自动切换到相应的报警界面，显示报警区域，并产生报警声音。

4. 小结

本项目装配式智慧一体化中心机房不仅包含所涉及的各个专业，还包括从数据中心到动力机房整体解决方案。

第23章 大型会展施工测量关键技术

由于工程为特大型展览建筑，工期紧张，施工区域地质条件差，其施工工艺对定位精度要求高，传统的测量方法、仪器及技术已无法满足施工测量精度的要求。因此，针对本工程的特点及施工过程中遇到的难点，根据以往钢结构展览建筑施工中总结出的经验，对涉及的关键测量技术进行研究并加以创新，形成了多种施工测量关键技术，主要包括单基站RTK平面控制网引测施工技术、桁架拼装测量控制技术、单立柱空间折线大悬挑树形柱施工测量技术、超大面积展馆混凝土地面实时测控技术。多项测量技术的合理运用，确保了测量质量和效率。

23.1 单基站RTK平面控制网引测施工技术

1. 技术概况

本项目占地面积大，分两期建设，工期紧，基坑面积大，影响范围广，钢结构工程内部精度要求较高，如何引测二级平面控制网，保证整个控制网的精度、整体性、稳定性和建设过程中的一致性，是顺利进行施工测量的关键（图23.1-1）。

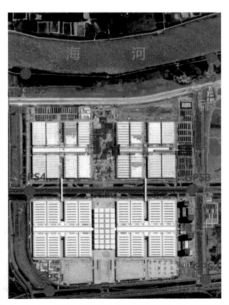

图23.1-1 测绘单位提供的平面控制点示意图

2. 技术难点

1）控制网的选点及复核

测绘单位提供的平面控制点距离较远，且不具备通视条件，故无法使用全站仪进行坐标复核；二期项目北侧为海河河道，除河堤外无更好的控制点埋石位置，若使用 RTK 一步法复核须考虑如何消除多路径效应的影响。

2）控制网的引测

由于场区面积大，地质条件差，导致需要引测的二级平面控制点数量多，不易保证控制点的稳定性；采用传统导线测量方法，最弱点中误差较大，且工作量大；采用静态测量方法，需联测的三角形数量大，效率低。

3）控制网的布设

因施工场地条件限制，如何使场区控制网既方便于施工放样，又尽量减少基坑变形及现场施工机械等的影响，是控制网布设时考虑的主要问题。

3. 采取措施

1）采用一步法对测绘单位提供的坐标点进行校核

采用 GPS 动态作业测量模式对测绘单位提供的控制点进行坐标数据采集，将已知点的地方坐标与测量出的 WGS84 坐标进行匹配，手簿上的软件可以直观地显示各个点位坐标的平面坐标偏差值。

2）采用强制观测基准站、单基站 RTK 向场区内引测二级平面控制网及全站仪边角检核的方法对控制点进行内符合精度的复核

（1）强制观测基准站位置的选择：两个测量站载波相位差分观测量准确性的首要前提是基准站位置及发射信号的稳定性。基准站位置的稳定性是指基准站在整个施工作业期间不因时间、外界环境的影响而产生位移。发射信号的稳定性是指在基准站工作期间基准站接收机和数据通信链（电台）发射与接收信号不受外界干扰（图 23.1-2）。

图 23.1-2　强制观测基准站

（2）单基站 RTK 向场区内引测二级平面控制网：强制观测基准站（图 23.1-2）稳定后，以静态测量观测的方式联测首级平面控制点，采用解算软件求得基准站的平面坐标。二级平面控制网的控制点间距要适宜，同时要保证控制点的稳定性和通视良好。引测控制点时，本工程采用徕卡 GS15 型接收机配合三脚架及基座的方式进行，每个点位的观测时间应大于 3min，2DCQ 值应小于 2mm（图 23.1-3）。

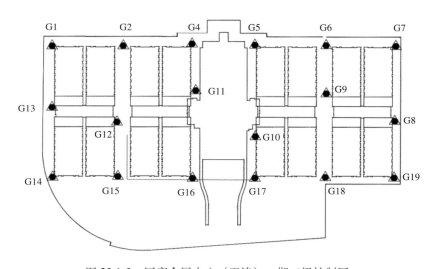

图 23.1-3　国家会展中心（天津）一期二级控制网

（3）用全站仪边角检核的方法进行控制点内精度的复核：二级控制网引测完成后，要使用全站仪进行控制点内精度复核。复核时，联测设站点相邻的所有控制点。对于超限点位（大于 5mm），使用 GPS 或全站仪重测。复测施工工程中的控制点时，也应在控制点复测完成后使用此方式进行复核。

4. 小结

单基站 RTK 平面控制网引测施工技术解决了大场区内导线边过多引起的最弱点中误差过大的问题，相对于传统静态测量方式大大提高了效率，在满足平面控制网定位精度的前提下，提高了控制网引测及复测的效率，同时满足了现场施工测量放线的要求，为大型会展建筑施工控制网的引测提供了成功的实践经验。

23.2　桁架拼装测量控制技术

23.2.1　技术概况

钢桁架拼装测量中，桁架起拱值及连接节点处的平面位置与高程控制是桁架拼装的关键，是后续单位衔接施工的基础。在施工过程中，桁架拼装金属模板的精度，对吊装完成后的桁架旋管定位精度影响较大，为保证后续分段拼装的精度，应采用合理简便的测量方法控制桁架拼装金属模板。

23.2.2　技术难点

1. 较难把控金属模板进场拼接时角度误差

金属拼装模板进场为散装托运进场，进场后需自行拼装焊接，若直接按照各散装构件进行拼接，难以控制因拼装或其他因素导致的模板角度误差。

2. 较难控制拼装金属模板底部横梁抄平及桁架定位中心线

施工中，由于拼装模板放置的地面位置不尽相同，地面承载力存在较大差异，不易进行不同地面结构上的模板底部抄平工作。金属模板拼装完成后，因不同横梁间存在不同的构件出厂误差，很难保证相邻桁架底座中心间距的精确性。

3. 难以控制桁架起拱精度

模板拼装完成后，桁架起拱只能在模板横梁上方进行起拱，而起拱值为 7 ~ 130mm 不等。若单独控制每根桁架的起拱值，会增加重复工作量，也极易出现误差。

4. 较难控制两榀桁架空中拼接的旋管节点位置

钢结构桁架施工采用分段吊装空中拼接的方法，两榀桁架之间为旋管连接，而管口位置在吊装时处于不稳定状态，难以实现精确控制。

5. 采取措施

1）布设独立控制网控制金属模板角度误差

将徕卡 TS09 "1S" 全站仪架设在展厅西南角，整平后，在激光对中器打出的激光点上做好控制点标识。在同展厅西北侧大致对齐方向放置徕卡圆棱镜，测定仪器与棱镜之间的距离。为保证长边控制短边的测量放样施工原则，应根据展厅实际情况布设至少长向为 100m 的施工控制点。测距满足 100m 的要求后做好点位标记，以全站仪设站点为原点（0，0），棱镜点为（100，0）进行坐标定向，定向误差控制在 1mm 以内。将仪器顺时针转动 90°，在测量距离为 50m 的位置处做好控制点标识，或直接放样出（0，50）控制点位置。变换仪器位置至（100，0）控制点，采用相同的方法转角测量或直接放样出（100，50）控制点，完成展厅独立控制网的布设，如图 23.2-1 所示。

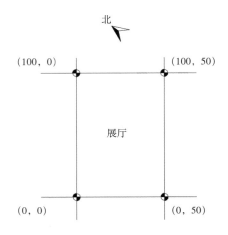

图 23.2-1　展厅独立控制网示意图

　　由施工图纸确定场区放置拼装金属模板位置后，首先架设全站仪以展厅布设的控制网点进行边角复核，保证控制点角度距离误差最小化。复核结果无误后，使用全站仪按照相对坐标的方法，根据拼装金属模板设计的具体外轮廓尺寸，放样出两两垂直的直线，闭合成矩形，将长度误差控制在 3mm，直角角度误差控制在 5"，根据直线的方向进行模板长边及短边的拼装工作，从而达到避免模板拼装过程中产生较大角度误差，以及对后续施工造成不良影响的目标。

　　2）根据模板放置处的地面条件选择支撑方法

　　拼装的金属模板受地面平整及稳定程度影响最大，在展厅拼装时拼装面为 C28 强度混凝土地面，地面稳定性良好，可以不考虑沉降因素。在横梁抄平时，最主要影响因素即为混凝土地面的平整程度，可采用在模板底部焊接与偏差相同高度的工字钢的方法（图 23.2-2）保证金属模板底部水平度，将水平度误差控制在 ±5mm。

图 23.2-2　垫加工字钢横梁抄平图

　　3）全站仪与钢尺结合确定金属模板中心线

　　对于桁架定位中心的控制，由于拼装完成的金属模板各部件存在出厂时的构件误差，不能采用每根横梁直接分中进行定位的方法，应采用钢尺分中与全站仪精密测距相结合的方法进行中心定位。以模板两侧立柱下侧为起始点，使用钢尺量取横梁两侧的长度及宽度并分出中心点（图 23.2-3）。在首段横梁中心点架设全站仪，瞄准尾段横梁中心点进行定向。首先，测量出首尾横梁中心点位的距离；其次，向中心点左右两侧各转动 90°（角度误差控制在 6" 内），并在各段横梁及上方立柱托板上打出转动角度后的点位。根据模板相邻横梁的跨度，使用全站仪的测距功能，平均分配首尾中心点位的距离与设计尺寸的误差，将每一跨度的误差控制在 3mm。最后，分取桁架底座的中心，放置在模板横梁上时，与之前分取的中心线对齐（图 23.2-4），V 架悬挑分中后，与立柱上方方形托板中心对齐后，即可进行焊接工作。

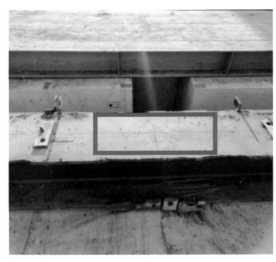

图 23.2-3　横梁中心点示意图　　　　　图 23.2-4　V 架中心与横梁中心对齐图

4）水准仪相对高程法测定起拱值

金属模板底部横梁抄平后，应按顺序吊装确定好相应横梁处的桁架起拱值，为吊装做好准备。因各部位起拱值完全不同（图 23.2-5），需优先确定出第一段横梁底部起拱值，例如：第一段横梁设计起拱值为 14mm，则在该段横梁两侧对应的后续需放置 V 字桁架底座处，采用垫加 14mm 小钢板或钢条的方法确定起拱值，见图 23.2-6。剩余横梁处起拱以第一段垫加钢板后的横梁为起算零点，采用相对高程法，根据剩余各段横梁起拱值与第一段起拱值的差值，垫加相应厚度的钢板，以准确地确定各段横梁位置处的起拱值。

5）全站仪自由设站法 mini 小棱镜模式观测定位旋管

桁架采用分段吊装空中连接的施工方法，需着重控制两榀桁架旋管管口处的平面位置与高程，防止后续施工中旋管无法搭接。桁架旋管需要在吊装前，根据管口直径进行分中并做好标记，以此作为节点控制的关键。以下旋管管口中心点为例，见图 23.2-7。使用徕卡 TS09 "1S"级仪器，自由设站并复核控制点无误后，以 mini 小棱镜模式对旋管节点处的平面位置与高程进行动态观测，直至每榀桁架焊接稳定，并记录焊接稳定后每段旋管的中心位置及高程。

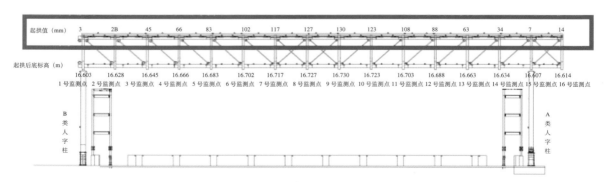

图 23.2-5　桁架各段起拱值示意图

图 23.2-6　横梁底部垫加钢板钢条示意图

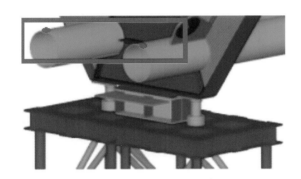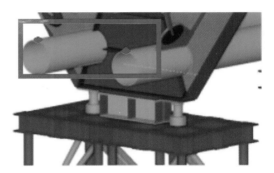

图 23.2-7　两段桁架下旋管管口中心 mini 小棱镜放置点位图

23.2.3　小结

在桁架拼装测量控制中，应合理地选择金属模板抄平前的支撑方式，采用正确的模板及桁架分中措施，使用全站仪自由设站配合 mini 小棱镜的方法。这样可避免拼装场地条件不良情况下模板抄平的难度，减少了测量误差的累积，满足了模板及桁架中心点位的需求精度，精确控制了两榀桁架间连接旋管处的平面位置与高程，从而保证了桁架拼装的高精度，为后续工序施工奠定了基础。

23.3　单立柱空间折线大悬挑树形柱施工测量技术

23.3.1　技术概况

中央大厅钢结构是树状钢柱支撑的大跨钢结构，柱距 36m 或 39m，结构总高 32.8m，国家会展中心（天津）一期中央大厅的屋面结构主要支承体系由 32 根相互连接的树形柱及局部大跨屋面桁架共同构成，形成 4×8 的纵横网格。

本项目树形柱钢结构安装测量精度要求高，建筑平面大，施工作业呈流水段。伞柱拼装过程中施工顺序、施工分段、定位放线的精度和放线方便是伞柱拼装的关键。

23.3.2 技术难点

1. 地脚锚栓的定位精度难以控制

地脚锚栓定位测量是整个工程中钢结构测量最关键的一步，地脚锚栓埋设定位的准确性将影响之后钢柱与钢梁的安装，如何利用独立坐标系实现地脚锚栓的精准定位也是一个难题。

2. 树形柱校正测量

树形柱构件为散装托运进场，进场之后需自行焊接拼装。由于树形柱单体结构较大，质量较大，造成树形柱在焊接拼装过程中难以测量校正。

3. 树状伞形结构变形量难以控制

树状伞形结构采用分阶段吊装，结构不同于常规框架结构，施工时变形控制难度大，对测量要求精度高。

23.3.3 采取措施

1. 布设独立控制网控制地脚锚栓的定位精度

地脚锚栓和定位板测量放线：待土建基础面钢筋网片绑扎完后（柱脚竖向钢筋绑扎前），用全站仪定位出 A1 的位置，以确定预埋螺栓中点位置，再用同样的方法定位出 A2、A3，控制预埋螺栓的轴线，之后按照螺栓间距标注螺栓定位点位置，见图 23.3-1。

图 23.3-1 地脚锚栓定位示意图

使用全站仪根据相对坐标的方法，计算出地脚锚栓坐标点，实际放样以地脚锚栓坐标点为准，施工时转换成独立坐标更便于施工。安放锚栓和限位板时，首先把锚栓穿过限位板，锚栓与限位板绑扎临时固定，锚栓根据测放的点和中心线进行初步定位。其中，锚栓限位板采用 10mm 钢板制作。将地脚锚栓与定位板固定，复核地脚锚栓间相对尺寸关系，无误后整体预埋。对于地脚锚栓标高的控制，首先架设全站仪调节全站仪的仪器高，然后根据地脚锚栓平面布置图用全站仪测放地脚锚栓顶标高，见图 23.3-2。

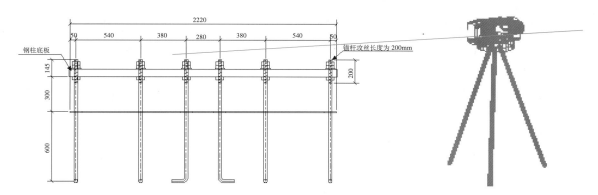

图 23.3-2　地脚锚栓标高测量示意图

土建浇筑混凝土过程中会出现混凝土的收缩变形，以及施工过程中会出现钢筋施工的扰动，从而造成地脚锚栓的变形和破坏。所以，在土建混凝土浇筑之前，要进行地脚锚栓的复测，对于造成扰动的锚栓，还要进行调整。安装完成且经检验合格后，在锚栓丝扣表面用塑料包裹，以保护好丝扣，防止浇筑混凝土过程中污染和碰伤螺纹，并应做好工序交接工作，提醒下道工序进行成品保护。

2. 钢柱的校正

其内容包括安装前的准备工作、柱底就位、钢柱标高测量、钢柱轴线测量等。

（1）根据所测放的轴线校正预埋件偏差过大的螺栓，以利于钢柱安装时的柱底就位；在钢柱底板边缘画出钢柱的中心线，为钢柱安装就位做准备；清除预埋件上的丝口保护套；凿平垫块位置的混凝土；用水准仪从高程点引测标高，根据所测垫块所在位置混凝土面与钢柱柱底标高的偏差值，用不同厚度的垫铁找平。

（2）柱底就位：柱底应尽可能在安装时一步到位，少量的校正可用千斤顶和撬棍进行操作。柱底就位后，轴线偏差不应大于 3mm。

（3）测量钢柱标高：钢柱标高采用绝对标高控制，下部钢柱安装完成后，提供预控数据，结合上部钢柱进场构件验收情况，提供上部钢柱的标高控制数据。

（4）钢柱轴线测量：现场所有钢柱标高和垂直度校正完毕后，立即进行柱顶轴线的偏差测量施工，操作仪器选用全站仪＋反射小棱镜。由于本工程钢柱截面较大，施工精度要求高，采用同截面多点测量钢柱截面定位。根据场地的通视条件，架设全站仪于二级坐标控制点或全站仪自由设站，输入仪器站点坐标值，转动仪器照准后视点，确定仪器测量方位角，开始测量钢柱柱顶轴线偏差。进行测量作业时，一名测量员操作仪器进行观测，全站仪目镜照准反射小棱镜开始测量，记录该点的观测坐标值，记录完毕，转至下个点进行测量。施测出全部钢柱柱顶坐标点的坐标数据后，将每根钢柱坐标点的实测坐标值与理论坐标值进行对比，得出钢柱的轴线偏差值，整理数据后报项目部审核。对于轴线坐标值偏差较大的钢柱，则用经纬仪观测进行垂直度的二次校正，校正完毕，重新用全站仪进行轴线坐标复测。所有钢柱的柱顶轴线偏差值达到规范要求后通知焊接工开始焊接施工。

（5）派专人驻厂监造，提高整体构件加工精度；根据模拟采取正确吊装方式；在现场吊装期间进行实时监测，测量实时跟踪；提前测算安装变形量，在施工过程中对不同位置进行分阶段监测，监控其标高及偏差值，保证控制在设计及规范允许误差内。根据吊装单元顺序及单把伞吊装模拟分析，安装时，需要对单把伞进行 5 个点测量控制，即地上二节柱柱顶（KZ1），下层分叉与柱内分叉分段点（KZ2），柱内分叉顶部（KZ3），上层中分叉 V 字形吊装单元（KZ4），上层角部吊装单元（KZ5），见图 23.3-3。

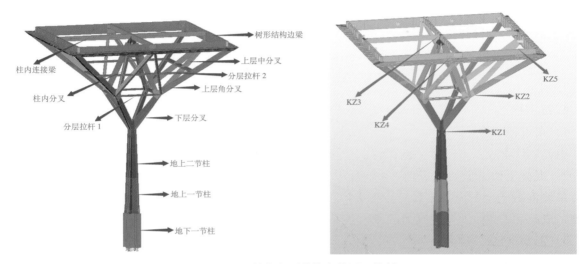

图 23.3-3　树状伞形结构安装测量控制

23.3.4　小结

地脚锚栓的定位测量是整个树形柱施工测量工作的基础阶段，通过建立独立坐标系统，既可满足地脚锚栓在测量过程中的精确定位，又能保证精确安装后续钢柱和钢梁。在钢柱校正阶段，通过对钢柱安装前、安装过程中和安装后各个步骤的把控，成功克服了因钢柱单体结构和质量较大难以校正的困难。在树形柱吊装过程中，采用分阶段吊装和分阶段跟踪监测的方法，解决了因树形柱结构复杂导致变形量难以控制的问题。

23.4　超大面积展馆混凝土地面实时测控技术

国家会展中心（天津）项目展馆部分由展厅、交通连廊、中央大厅及东入口大厅组成，单个展厅（共 32 个）145m×81m，面积为 11745m²，室内混凝土地面面积总计约 50 万 m²（图 23.4-1）。如何控制如此大面积混凝土地面的工程质量，保证混凝土浇筑过程中及浇筑完成后的高程和平整度，是混凝土地面施工的重中之重。

图 23.4-1　展厅地面完成后实景图

1. 技术难点

1）布设控制点

由于展厅面积太大，影响因素较多，控制点的布设和保护成为施工首先考虑的因素。

2）混凝土地面施工的高程控制

单块混凝土地面面积过大，传统支模、拉线控制对于施工过程中混凝土完成面整体标高控制不佳，成品后的整体平整度成为质量验收的重要指标。

3）混凝土地面裂缝

施工完成后，由于内部应力作用和外部荷载等因素的影响，不均匀沉降会导致混凝土地面发生裂缝；混凝土地面面积大，会发生整体沉降，以及与周围墙体发生挤压或分离。这将是后续测控工作的难点。

2. 采取措施

展厅总面积较大，经过讨论后，控制点布设采用整体加局部组合控制的方法。在展厅四角加中轴布设整体平面控制点，其点位设置在管沟沟底，作为地面施工完成后切缝放线的控制点位。地面施工前，应进行控制点校核，混凝土地面质量应符合《建筑地面工程施工质量验收规范》GB 50209 及《混凝土结构工程施工质量验收规范》GB 50204 的要求，平整度满足 2m 区域内 ±2mm，分格缝平直度不大于 3mm。高程控制点布设在每个展厅四角加中间轴线端点处，施工前，将附近的高程点引测到作业范围内，做到从整体到局部，进行层层控制（图 23.4-2、图 23.4-3）。

通过试验，发现使用传统的方法控制大面积混凝土地面高程结果不太理想，引进激光扫平仪解决了这一技术难点，使用激光扫平仪和刮平机联合作业的方式进行全程动态控制摊铺高程，能较好地解决这一问题。具体操作流程如下：施工前，将控制网上的高程点引测到准备施工的施工仓附近，每个施工仓附近至少配备两个控制点，其高程为设计地面高程，点位要选取视野好、不易被施工过程扰动的点位。使用三脚架架设激光发射器，整平后，打开激光发射按钮。将激光接收器安装到手扶杆上，再把手扶杆放到控制点上，复核无误后设置 ±0.000。将激光接收器连接到刮平机上，设置好参数后，随着机器移动，实时观测地面高程。刮平机作业半径之外的角落需用人工刮平，刮平后，使用手扶杆测量地面实时高程（图23.4-4）。

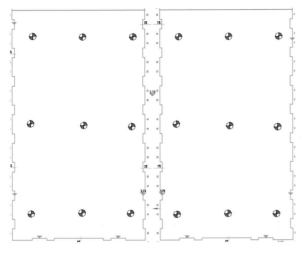

图 23.4-2　高程控制点分布图

图 23.4-3　高程点位实景图

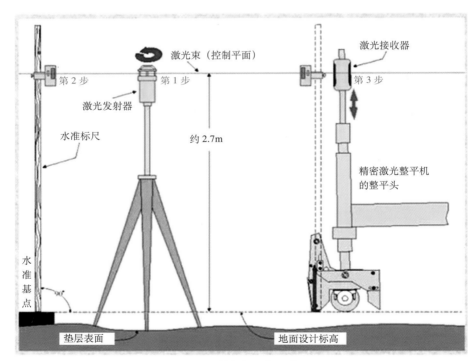

图 23.4-4　激光扫平仪工作原理

　　为保证施工方便和成品保护采用两道管沟之间部位（9m×30m）为一个施工仓施工，按照"分块规划、跳仓浇筑、局部控制、整体成型"的原则施工，使混凝土温度收缩裂缝得到有效控制。

在管沟边缘安装角钢，保证了伸缩缝施工及安装管沟盖板过程中混凝土边缘不被破坏。混凝土收面完成 24h 后左、右切缝，根据切缝图纸用墨斗弹线，切缝机按线切缝，避免由混凝土徐变、不均匀沉降等因素导致地面开裂（图 23.4-5）。

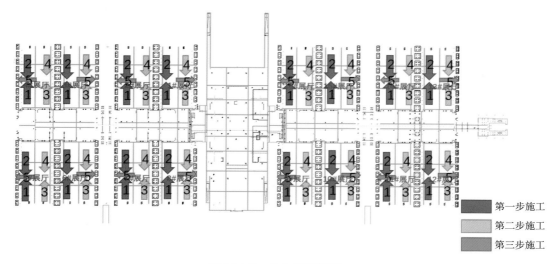

图 23.4-5　分仓施工简图

3. 小结

本项目使用的激光扫平仪解决了难以控制超大面积混凝土地面高程差的技术难题，其不仅操作简单，单人就可完成大面积测量工作，也能够消除常规水准测量中因信息沟通发生故障、误解联络信号、标尺读数差错、操作失误等引起的延误工期和增加复测工作成本，并且能昼夜不间断工作，从而缩短了施工工期，降低了项目成本。

第 5 篇
大型会展绿色智慧施工技术

第24章 大型会展施工资源节约技术

1. 大型会展施工节能技术

项目采用分布式光伏发电系统，利用金属屋面敷设 3.5 万 m² 的光伏板，实现了展馆整体设备绿色供电，预估发电量 754.65 万 kW·h/年，节约用电成本 100 万元/年，充分利用了屋顶资源，发挥了智能光伏电站的价值（图 24-1、图 24-2）。

图 24-1 太阳能发电板组装

图 24-2 分布式光伏电站

2. 大型会展施工节水技术

雨水收集再利用，通过透水铺装设计、设置下凹式绿地、采用雨水调蓄池等措施对雨水进行调蓄处理，调蓄池总调蓄容积 13350m³，可实现雨水年径流总量控制率达到 80%。项目全场区采用虹吸雨水系统，总汇水面积达 286200m²，雨水收集后，通过室外管网汇集到雨水调蓄池，供项目的绿地喷灌使用，实现中水再利用，如图 24-3 所示。

3. 大型会展施工节材技术

本工程主体结构 100% 采用装配式钢结构设计，建筑围护内外墙 100% 均采用预制条板隔墙；项目整体装配率 66%，达到 A 级装配式建筑要求（图 24-4）。

4. 大型会展施工节地技术

1）中建箱式板房应用

本工程采用中建总公司的标准化箱式用房，每间箱式房尺寸为长 6.055m，宽 3.01m，标准单间面积 18.23m²，密封和保温性能良好，拆装方便，节省工期，而且可以重复利用（图 24-5）。

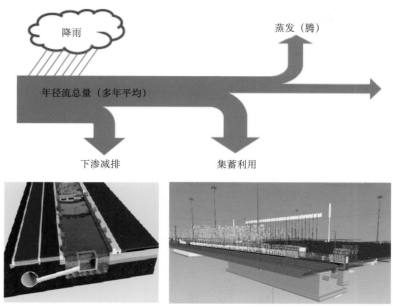

图 24-3　雨水调蓄池收集图

图 24-4　装配式钢结构设计

图 24-5 箱式板房应用

2）可周转使用组合式材料存储架

采用方钢、螺栓自由拼接的组合式材料储物架，安拆方便，可周转使用，并可根据材料的规格任意改变储物架的组合形式，节约储存材料投入，同时可极大地节约材料存储用地（图 24-6）。

图 24-6 可周转使用组合式材料存储架

5. 大型会展施工人力资源节约技术

1）人才培养目标

人才培养以"弘扬工匠精神，传承鲁班文化"为宗旨，以"精益求精、开拓创新、匠心引领、铸魂育人"为文化，围绕"创新攻关、培养骨干、服务引领"的主题，激发创新意识，营造科技创新、追求卓越的活动氛围，带动工程整体品质提升。

通过"高师带徒"等形式，培养至少 4 支成熟的会展及类似大空间优秀施工团队。

2）制订人才培养工作计划

根据局及公司相关手册，结合工程群实际生产情况，制订每年的人才培养计划。

人才培养计划内容包括工作例会、技术交流、培训宣贯等，还包括工作要求、时间节点等。

人才培养计划经项目经理审核后，开始宣贯实施。

3）开展教育培训、技术交流与方案审核

每周进行专业技能培训（含 BIM 培训及 EBIM 平台操作培训交流）；不断开展质量创优对标学习，引进新技术、新工艺、新材料、新设备。

总结和提炼在生产实践中形成的有特色的"绝技绝活"，编制操作工法，每年至少在技术攻关上取得一项成果，并注重推广传授。

应履行"名师带徒"义务，并制订带教计划进行专门传授。

成立方案审核管理小组，进行方案审核、审批、会审。

第25章　大型会展施工环境保护技术

　　扬尘主要控制措施如下：由专人采用专业设备洒水，以保持现场主要道路持续湿润，围挡和塔式起重机等部位采用喷淋降尘，裸土采取植被绿化和防尘网覆盖；临时道路全部进行硬化并有专人负责清扫；办公生活区的垃圾定时有环卫车从现场垃圾站运至垃圾处理站（图 25-1）。

图 25-1　施工环境保护

　　环境监测系统依托自动化监测设备，可对室内空气质量或对室外区域环境的空气及噪声进行实时监测。其中，室外环境监测设备可对噪声、PM2.5、PM10、风向、风速、湿度、温度、大气压等多项环境参数要素进行全天候现场精确测量，自动联动除尘设备，根据现场实际情况自动运行，并回传数据到相关系统，如图 25-2 所示。

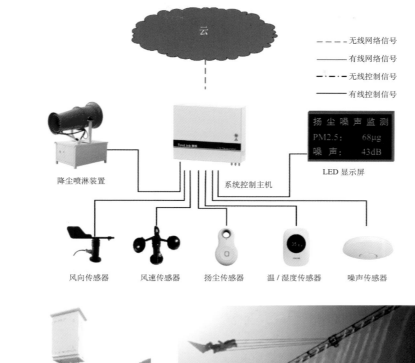

----	无线网络信号
——	有线网络信号
—·—·—	无线控制信号
——	有线控制信号

图 25-2　环境监测系统

第26章 GIS+BIM+AI 智慧运维技术

本项目旨在建成当前智慧化水平最高的国家级会展平台，其中高水平智慧化平台的建设是整个项目智慧化建设的总抓手。

国家会展中心（天津）项目智慧化子系统包括智慧应用、数字平台、云平台基础设施三部分，整个智慧化子系统具备可扩展、可演进，支撑场馆和会展主业态实现稳定、智慧化运行，打造国内一流会展中心，通过智慧化运营实现会展场馆商业模式的创新，带来会展及相关业态的客流，如图26-1所示。

图26-1　指挥中心运维管理平台展示效果

智慧化系统项目建设基于在数字化和智慧化项目的实践，梳理场馆和会展业务智慧化的数字场景、数字化的流程，结合人工智能、物联网、视频云和大数据等新技术和新平台，建设能够支撑国家会展中心（天津）持续运营和创新的智慧化子系统。

本项目采用 IaaS、PaaS 私有云方案，四层架构包括云基础设施平台、数字平台、智慧化应用系统和智能化子系统，各组成部分特点如下。

1. 云基础设施平台

作为国家会展中心（天津）信息化的基础设施，云平台以云服务的方式为信息化系统提供弹性且可靠的计算、存储、网络资源，实现会展中心信息化基础设施资源的统一规划、统一建设、按需调配、即需即用、有效共享，满足各部门、各业务系统 IT 基础设施的应用需求，同时为未来会展中心业务扩充奠定基础。

2. 数字平台

数字平台作为国家会展中心（天津）整个方案的核心，将会展中心内的人、车、物等相关的设备、设施通过物联网统一接入，同时通过数字平台的集成平台，将原本孤立的监控、周界、门禁、消防、车辆、楼宇、群控、配电等智能化子系统统一接入、汇聚、建模，形成综合分析和展示、集成联动和统一服务的能力。

基于数字平台上的应用平台沉淀的业务资产，快速构建智能运营中心、综合安防、智慧设施管理、资产管理系统、智慧能源系统、车辆调度系统等各个展馆智慧化应用系统；基于数据平台上沉淀的数据资产，实现各业务系统的数据统一集成、清洗和分析，为应用提供数据服务；通过集成平台和各通用平台，实现前端设备子系统的统一接入和集中管理。通过定义一套接口及消息标准，屏蔽不同外部系统能力提供者的接口差异，对智慧化应用系统提供统一的业务控制逻辑和数据格式，使得上层业务系统和底层硬件系统之间、各个业务子系统之间能够方便地实现互联互通。

数字平台从垂直方向打通各业务子系统信息孤岛，消除数据壁垒，实现数据全融合；统一应用服务和数据出口，将数据调用化繁为简；基于数字平台沉淀的业务资产，使得应用开发更敏捷，新业务上线周期更短，效率更高。从水平方向看，新业务能力通过云服务平台快速复制分发，减少未来的重复投资。

3. 智慧化应用系统

国家会展中心（天津）智慧化应用系统构建在数字平台基础之上，包括场馆管理、会展运营、智能运营中心和内外部门户四大模块。其中，场馆管理模块主要实现会展中心日常管理功能，包括综合安防系统、智慧设备管理系统、资产管理系统、智慧能源系统、检修管理系统、物流车辆调度系统、应急指挥系统等业务系统；会展运营模块包括会展商业服务系统、场馆业务系统、会展业务系统、智慧导航系统、信息导览、支付系统等业务系统。

4. 智能化子系统

智能化子系统为完成会展中心各个子功能模块的弱电子系统，通过标准接口协议与数字平台进行对接，实现数据融合汇聚，服务统一接入和开放。

1）智慧化集成

国家会展中心（天津）项目以数字平台为核心，通过统一的数字平台，实现与会展中心一、二期智慧化、智能化子系统对接，同时保障未来业务的平滑扩充。数字平台作为承上启下的核心部件，承担南向设备子系统集成，北向应用服务开放的功能。

本项目以数字平台为核心，围绕数字平台实现了系统三个层级的集成。

（1）实现上层智慧化应用集成：上层应用集成实现了智慧化应用与数字平台的集成，包含两种情况，一种是基于数字平台实现智慧化应用之间的集成，另一种是通过数字平台实现与独立应用软件包的集成。通过应用集成，将各应用系统中的数据和功能按场景统一展示给用户，实现各应用系统的接入和集成，提供支持信息访问、传递以及协作的集成化环境，实现个性化业务应用的高效开发、集成、部署与管理。

（2）实现数字平台的集成：数字平台包括位置服务组件、统一认证登录服务组件、应用平台、集成平台、视频云平台、物联网平台、大数据、人工智能等模块；所有模块通过集成平台提供统一的接口，提供给业务平台或者第三方应用系统使用；所有子系统的业务数据通过应用和数据集成平台进行集成和汇总。数据治理与分析模块对数据进行结构化或非结构化处理，根据业务需要对数据进行处理，并集合应用的指标，汇总到数据资产中心给对应的业务模型服务。视频云主要的集成内容包括摄像头接入、视频分析算法和各种告警消息集成。视频分析产生的各种消息通过集成平台对外进行发布，由各个应用平台或者业务应用进行订阅。物联网平台主要负责对应用终端和设备子系统进行消息和数据集成，并且通过集成平台将各个数据采集入库，进行一定的数据清洗和处理，发布给相关的应用进行处理。

（3）实现前端智能化子系统集成：项目中前端智能化子系统包括视频监控、楼宇自控、能耗计量、一卡通门禁、闸机系统、停车管理、报警系统、信息发布、消防系统、照明系统等。对这些子系统的集成，主要通过统一的信息集成、数据集成、API 服务等方式实现；并且根据本项目运营的需要，对各个子系统的数据进行梳理，形成标准数据规则，打造统一的数字底座，消除底层智能化子系统的信息孤岛。各智能化系统主要通过集成平台、物联网平台、视频云平台进行数据和消息的集成。

2）智慧场馆关键技术

（1）BIM+GIS 技术：BIM+GIS 技术即场馆空间管理技术，涉及大楼内场的管理，也有园区外场的管理。这个立体空间管理着众多相对静态和动态变化的数据，包括园区的建筑基础信息，水电管网等设施基础 BIM 信息，空调、水暖、消防等楼控信息，资产、人员、车辆管理等物业信息，园区的安全运行状态信息，ICT 基础设施分布和使用信息，以及园区运营的绩效数据信息等。这些信息分别有不同的子系统载体，对于园区管理者而言，如何做到各子系统分散的控制，集中管理，对园区的整体运行情况有全面的了解和感知，做到可察（物联感知）、可视（可见）、可管（管理到系统或者人）、可追溯，实现方便快捷的管理，有效的决策处置非常重要。

GIS 平台是一个二维、三维一体化的 GIS 服务平台，实现对场馆空间静态数据的采集、储存、管理、运算、分析、显示，并支持与位置服务系统集成，实现室内的人员定位与导航基本功能，供上层应用（如 IOC 等应用）集成，可实现统一视图可视化的园区管理；突破以人工管理为主的常规园区管理模式，解决传统模式中信息孤立、流通不畅、缺乏综合分析、难以共享、应对突发事件反应迟缓、安全隐患较大等问题，实现物联网时代全面感知园区各种信息，让园区管理更加智能和便捷。

（2）IoT 技术：IoT 平台主要的功能为设备管理，主要针对 IoT 设备的接入，数据的收集，设备的监控和维护等。业界典型的设备云厂家主要提供这部分能力，比如帮助智能硬件厂家快速将其产品接入网络。为了与网络侧的设备管理功能相配合，IoT 解决方案为端侧提供 IoT Agent，帮助 IoT 设备快速接入 IoT 平台。

（3）AI 技术：AI 技术的主要功能为应用使能，即帮助 IoT 应用开发者能够快速的开发，部署其需要的 IoT 应用，主要提供比如数据分析、规则引擎、第三方支撑能力的集成等。

第27章　施工装配式关键技术

27.1　超大悬挑无支撑树形结构自平衡安装施工技术

1.薄壁多腔异形组合构件加工制作技术

通过BIM技术对节点合理划分,模拟装配过程,采用小电流焊接、分段退焊、组装单元单独校正,控制焊接变形,将隐蔽焊缝转变为外露焊缝,解决了树形结构大量的薄壁多腔、异形构件加工难度大的难题,保证了组合构件的拼装精度及焊接质量,提高了加工效率,共计节约加工周期50d。

2.受限条件下树形结构施工模拟技术

相邻树形结构之间间距为6m,使用BIM软件对吊车机械施工可转动范围进行模拟,并采用Madis软件对180mm厚的上车楼板进行承载力分析,实现了操作空间及承载力受限条件下的安全吊装。

3.树形结构模块化自平衡安装关键技术

单个树形结构顶部尺寸达30.3m×30.3m,直线悬挑15m,质量约450t,利用Tekla三维建模技术对结构单元进行模块分段处理。下分权单元、内分权单元、中分权单元、边梁L形单元,依据自下而上、由内向外的方向,确定每个构件的施工顺序,在此过程中逐步构建多级平衡体系,确定整体施工顺序,通过分级对称安装,实现整体无支撑自平衡。

4.树形结构可调节组合式操作平台施工技术

通过研制可调节组合式操作平台、便携式钢爬梯等,形成了大悬挑树形结构的安全防护体系,提高了材料周转效率和安装效率,确保了现场施工安全。

27.2　"海鸥"式大跨度预应力四弦凹形桁架钢结构施工技术

1.变截面多肋箱形铰接人字柱施工技术

通过设计箱形人字柱专用拼装平台腹板夹具、翼缘定位卡板,保证将人字柱的整体平整度与垂直度控制在2mm内,并发明了一种新型埋入式钢柱定位装置、一种适用于反顶钢构件吊装工装装置来进行柱脚安装及矫正。

2."海鸥"式四弦凹形桁架施工技术

采用"5+6+5"分段形式,设计定型拼装胎架,在胎架底部设置预起拱控制垫板。研发自稳定标准化格构式可拆卸支撑,顶部设置可调标高的临时工装,通过有限元分析,模拟施工过程指导现场进行桁架起拱与卸载,解决了桁架安装精度低、起拱控制难度大等难题,将卸载误差控制在

5mm 内，确保了后续工序的精确安装。

3. 大直径预应力无套筒式钢拉杆施工技术

通过发明十字钢拉杆拼装装置，并设计一种由液压油泵、反力支撑架、液压千斤顶、张拉钢绞线等组成的钢拉杆张拉装置，解决了无调节套筒钢拉杆无张拉着力点及角度控制难题，同时解决了钢拉杆不同应力值的控制难题。

4. 大直径桁架钢圆管快速施工技术

研发了同轴测量装置、接口快速校正装置，对圆管进行圆度测量和校正，发明大直径桁架钢圆管焊接装置，一次焊接合格率达 98.29%。解决了钢圆管对接错边难题，实现了圆管接口快速精确对接，将精度控制在 2mm 内，并缩短工期 30d。

5. 超大面积复杂外围护结构施工技术

1）超大面积金属屋面防渗漏综合控制技术

通过对金属屋面系统从标准节点到特殊部位节点进行深化和处理，实现构造防水，有效解决金属屋面易渗漏的通病，保证了整体屋面的施工质量。

2）临海地区超大面积金属屋面抗风揭控制技术

为保证大面积金属屋面施工及使用的安全性，通过 BIM 技术进行了抗风揭模拟试验，并根据模拟方案进行了多次试验，确定抗风夹的最优位置及形式。

3）超高幕墙竖向支撑片状钢桁架施工技术

中央大厅立柱桁架总体高度为 33m，通过 BIM 技术，对钢桁架进行合理分节。采用 2 台吊车将桁架结构双机抬吊，安装至预定位置。解决了限制空间内超高单片式幕墙立柱桁架精确安装施工难题，将桁架变形控制在 2mm 内。

4）大面积金属幕墙高精度定位控制技术

研发了可拆卸十字形定位装置，解决了幕墙板间拼缝 1mm 精度人工操作难以实现的问题，利用定型模具辅助安装，确保了大面积金属幕墙的安装精度，加快了现场施工进度。

5）轨道式吊架应用技术

利用结构自有平台设置架体轨道，架体上端与轨道相连，下端焊接滑轮，将其支撑在结构墙体或幕墙龙骨位置，整个架体重 1.3t，可由人力在结构面范围拖动，从根源解决交叉作业问题，有效缩短工期。无架体妨碍，材料垂直运输作业面大，材料及成品保护效果好，施工工效提高。

6）轨道式升降平台应用技术

利用结构自有平台设置升降车轨道，采购成品升降车进行改装，安装至轨道上，利用升降车的特点，可进行异形结构各个标高的施工作业。与传统架体相比，轨道升降平台施工灵活，成本低，视野通透，且在过程中易于控制整体施工质量。

6. 装配式条板墙安装施工技术

使用墙板安装机安装条板，可以实现现场装配式施工，并可节省大量人工。

后　记

国家会展中心（天津）工程自 2019 年 3 月开工，2023 年 6 月竣工。建设过程中艰辛备至，国展项目管理团队克服种种困难，进行系列科技攻关，自主创新，在工期、质量、安全等方面圆满完成建设任务。本工程作为国家级会议会展建筑的典型案例，总结和分析会议会展建筑的综合施工技术，形成本专著。

本工程在施工建设和专著编写过程得到诸多专家、领导、同仁的大力支持，特别是得到了

天津市住房和城乡建设综合行政执法总队

王书生，刘宝昌，杨忠亮，穆凤麟，冯凯

国家会展中心（天津）有限责任公司

马文彦，郭济语，阚国良

中国建筑科学研究院有限公司

肖从真，孙建超，洪菲，赖裕强，赵建国，卫海东，王犀，詹永勤，姚艳青，柯尊友，胡登峰，

张娜娜，叶俐祺，张伟威

德国 GMP 国际建筑设计有限公司

Stephan Schuetz，吴蔚，Stephan Rewolle，Mattias Wiegelmann，郑飞，

Maarten Harms，孔晶，林巍

天津市建设工程监理公司

王庆、马龙

等的大力支持，再次表示衷心的感谢。

本工程技术方案研讨人员：周申彬、陈学光、王岩峰、乔浩、李振、张杰、魏鹏、董玉磊、张保国、廖宝辉、段新华、李幻弟、刘明明、汲传名、崔爱珍、刘燕清、贾红学、杨海龙、单兴伟、杨志欣、鹿红立、杨涛、刘艳华、郭凯等。

本工程主要管理人员：隋杰明、刘飞、解永飞、杜康、王飞宇、闫鹏、李志斌、陈毅、吴涛、马俊峰、夏建永、胡军、郭建、杨宾、苑飞、安青鹏、万诚、闫祥、李伟、刘伟伟、王翠红、李金朋、潘通华、鹿红立、李化哲、赵国旭、王岳峰、郭凯、邓曦、房先伟、丁晓光、宋建辉、郭峰、张闯、孙国鹏、范世勇、李瑞、刘海波、宁长彬、徐帆、张冰、张学飞、刘若望、张明磊、倪泽飞、王洋、郭鞠、张永伟、李朝辉、陈华杰等。

同时，感谢参建单位主要管理人员的大力支持：杜智慧、孙钰林、冯君勇、李帅、高猛、于崇华、时瑞阳、陈祖金、孙佳伟、马高玉、何珊春、吴金根、贾忠新、张欣、崔志明、王飞、王钊、马大龙、张亮、王湘玺等。

国家会展中心（天津）工程的参建单位

工作分工	单位	工作内容
建设单位	国家会展中心（天津）有限责任公司	发包方
政府单位	天津市住房和城乡建设综合行政执法总队	监督单位
勘察、设计	天津市勘察设计院集团有限公司	勘察单位
	中国建筑科学研究院有限公司	设计单位
	德国 GMP 国际建筑设计有限公司	
	天津市建筑设计研究院有限公司	
	北京京江国际工程咨询有限公司	
工程总承包单位	中国建筑第八工程局有限公司（华北分公司实施）	总承包
施工单位	中建八局天津建设工程有限公司	幕墙、精装施工
	中建深圳装饰有限公司	幕墙施工
	中建八局第二建设有限公司	幕墙、精装、屋面施工
	北京金宇恒升建设工程有限公司	条板墙施工
	天津鸿灏祥禾建筑工程有限公司	条板墙施工
	山东华建科邦建设发展有限公司	耐磨地面施工
	天津市汇瑞福建材科技有限公司	耐磨地面施工
	天津市得瑞地面装饰有限公司	耐磨地面施工
	中建电子信息技术有限公司	智能建筑
	同方股份有限公司	智能建筑
	天津通泰机电设备安装工程有限公司	智能疏散
	天津中信仁恒机电工程有限公司	消防工程
	天津市三品机电工程有限公司	室外给水工程
	天津嘉诚广晟市政工程有限公司	室外道路工程
	天津佳融市政景观工程有限公司	绿化工程
	天津杰作建设工程有限公司	室外路基工程
监理单位	上海建科工程咨询有限公司	工程监理
	天津市建设工程监理公司